VDE-Schriftenreihe 32

Schutz von Kabeln und Leitungen bei Überstrom

DIN VDE 0100 Teil 430 mit Beiblatt, DIN VDE 0298

Elektromeister Heinz Haufe
Dipl.-Ing. Heinz Nienhaus
Dipl.-Ing. Dieter Vogt

3., vollständig neubearbeitete Auflage, 1992

vde-verlag gmbh · Berlin · Offenbach

Redaktion: Erhard Sonnenfeld

Die Deutsche Bibliothek – CIP-Einheitsaufnahme

Haufe, Heinz:
Schutz von Kabeln und Leitungen bei Überstrom: DIN VDE 0100 Teil 430 mit Beiblatt, DIN VDE 0298 / Heinz Haufe; Heinz Nienhaus; Dieter Vogt. – 3., vollst. neubearb. Aufl. – Berlin; Offenbach: vde-verlag, 1992
(VDE-Schriftenreihe; 32)
2. Aufl. u. d.T.: Haufe, Heinz: Bemessung und Schutz von Leitungen und Kabeln nach DIN 57100-VDE 0100 Teil 430 und Teil 523
ISBN 3-8007-1798-0
NE: Nienhaus, Heinz; Vogt, Dieter:; Verband Deutscher Elektrotechniker: VDE-Schriftenreihe

ISBN 3-8007-1798-0
ISSN 0506-6719

Druck: graphoprint – Koblenz 9204

Vorwort

Mit Erscheinen der DIN VDE 0100 Teil 430/11.91 und dem Beiblatt 1 hierzu, die den Entwurf DIN VDE 0100 Teil 430 A 1/06.83 und den Weißdruck Teil 430/06.81 ersetzten, ergab sich hinsichtlich der Strombelastbarkeit von Leitungen sowie der Zuordnung von Überstrom-Schutzeinrichtungen für den Schutz bei Überlast und Kurzschluß eine völlig neue Situation für den Anwender der DIN VDE-Normen. Eine gründliche Überarbeitung des Bandes 32 der VDE-Schriftenreihe wurde somit unumgänglich.

Der nun vorliegende, in wesentlichen Teilen neugestaltete Band 32 soll vor allem dem Praktiker eine Hilfe bei der Auswahl der Schutzeinrichtungen für den Schutz von Kabeln und Leitungen bei Überlast und Kurzschluß bieten. Er erläutert die Hintergründe der hier relevanten DIN VDE-Normen, primär auf der Basis der europaweit geltenden Harmonisierungsdokumente HD 384.4.43 S1 und 384.4.473 S1.

Diese Erläuterungen stellen keinen Ersatz für den Bestimmungstext der Normen dar. Sie sollen vielmehr als Erklärung und Interpretation der Normenanforderungen das Verständnis nach objektiver Betrachtungsweise erleichtern.

Die Verfasser danken auch an dieser Stelle den Herren Dipl.-Ing. *Werner Hörmann*, Siemens, Erlangen; Dipl.-Ing. *Hermann R. Menges*, ABB Stotz-Kontakt, Heidelberg und Dipl.-Ing. *Bernd Schröder*, DKE, Frankfurt, deren Anregungen und Hinweise eine wertvolle Hilfe bei der Überarbeitung des Bandes 32 waren. Für die verlagsseitige Bearbeitung sei Herrn *Erhard Sonnenfeld* in gleicher Weise gedankt.

Essen/Schöppenstedt, im März 1992 Die Verfasser

Inhalt

		Seite
1	**Einleitung**	11
2	**Begriffe**	13
3	**Strombelastbarkeit von Kabeln und Leitungen**	15
3.1	Physikalische Grundlagen	15
3.2	Einflußgrößen der Strombelastbarkeit (DIN VDE 0298 Teil 4, Abschnitt 4 und Beiblatt 1 zu DIN VDE 0100 Teil 430)	18
3.2.1	Allgemeines	18
3.2.2	Aufbau und Werkstoffeigenschaften der Leitung	19
3.2.2.1	Allgemeines	19
3.2.2.2	Zulässige Betriebstemperatur am Leiter	20
3.2.2.3	Innerer Wärmewiderstand	20
3.2.2.4	Wirkwiderstand der Leitung	23
3.2.3	Betriebsbedingungen (Betriebsart, Verlege- und Umgebungsbedingungen)	23
3.2.3.1	Allgemeines	23
3.2.3.2	Betriebsart	23
3.2.3.3	Verlegebedingungen (Verlegearten) nach DIN 0298 Teil 4	24
3.2.3.3.1	Allgemeines	24
3.2.3.3.2	Verlegebedingungen für Leitungen für feste Verlegung	25
3.2.3.3.3	Verlegebedingungen für flexible Leitungen mit Nennspannungen bis 1000 V	29
3.2.3.3.4	Verlegebedingungen für flexible Leitungen mit Nennspannungen ab 0,6/1 kV	32
3.2.3.3.5	Verlegebedingungen für wärmebeständige Leitungen	32
3.2.3.4	Umgebungsbedingungen (Umgebungstemperatur, Lufttemperaturerhöhung, Wärmestrahlung)	33
3.2.3.4.1	Allgemeines	33

3.2.3.4.2 Umgebungstemperatur 33
3.2.3.4.3 Lufttemperaturerhöhung durch Verlustwärme 35
3.2.3.4.4 Wärmestrahlung 40

3.3 Strombelastbarkeitswerte (DIN VDE 0298 Teil 4 und Beiblatt 1 zu DIN VDE 0100 Teil 430) 41

3.3.1 Allgemeines 41

3.3.2 Strombelastbarkeitswerte von Kabeln und Leitungen für feste Verlegung (Verlegearten A, B 1, B 2, C und E) 42

3.3.2.1 Allgemeines 42

3.3.2.2 Ergänzung von Strombelastbarkeitswerten für 25 °C Umgebungstemperatur 42

3.3.2.3 Änderung von für die Installationstechnik wichtigen Strombelastbarkeitswerten 43

3.3.3 Strombelastbarkeit von flexiblen Leitungen mit Nennspannungen bis 1000 V 50

3.3.4 Strombelastbarkeit von flexiblen Leitungen mit Nennspannungen ab 0,6/1 kV 50

3.3.5 Strombelastbarkeit von Leitungen mit erhöhter Wärmebeständigkeit 51

3.3.6 Strombelastbarkeit von im Erdreich verlegten Kabeln 51

3.3.7 Strombelastbarkeit von Leitungen und Kabeln in Sonderfällen .. 51

3.3.7.1 Allgemeines 51

3.3.7.2 Strombelastbarkeit von Kabeln und Leitungen bei Aussetz- und Kurzzeitbetrieb 55

3.3.7.3 Strombelastbarkeit von Kabeln und Leitungen bei Mehrmotorenbetrieb 56

3.3.7.4 Strombelastbarkeit von Verbindungsleitern zwischen Maschinen, Transformatoren, Akkumulatoren, Schaltanlagen und dergleichen 59

3.3.7.5 Strombelastbarkeit von Leitern in Stromschienensystemen 60

3.3.7.6 Leitungen im Innern von Geräten sowie typgeprüften und partiell typgeprüften Niederspannung-Schaltgerätekombinationen 61

4	**Schutz von Kabeln und Leitungen bei Überstrom**	63
4.1	Allgemeines (DIN VDE 0100 Teil 430, Abschnitt 3)	63
4.2	Überstrom-Schutzeinrichtungen (DIN VDE 0100 Teil 430, Abschnitt 4)	63
4.2.1	Überstrom-Schutzeinrichtungen, die sowohl den Schutz bei Überlast als auch bei Kurzschluß übernehmen (DIN VDE 0100 Teil 430, Abschnitt 4.1)	63
4.2.1.1	Leitungsschutzsicherungen (Schmelzsicherungen)	63
4.2.1.1.1	Wirkungsweise bei Überlast	63
4.2.1.1.2	Wirkungsweise bei Kurzschluß	64
4.2.1.1.3	Klassifizierung nach DIN VDE 0636	64
4.2.1.1.4	Zeit/Strom-Bereiche	65
4.2.1.1.5	Schaltvermögen	68
4.2.1.1.6	Back-up-Schutz	68
4.2.1.2	Leitungsschutzschalter	68
4.2.1.2.1	Wirkungsweise bei Überlast	68
4.2.1.2.2	Wirkungsweise bei Kurzschluß	69
4.2.1.2.3	Auslösecharakteristiken	72
4.2.1.2.4	Schaltvermögen	82
4.2.1.2.5	Back-up-Schutz	83
4.2.1.3	Leistungsschalter	84
4.2.2	Überstrom-Schutzeinrichtungen, die nur den Schutz bei Überlast übernehmen (DIN VDE 0100 Teil 430, Abschnitt 4.2)	85
4.2.3	Überstrom-Schutzeinrichtungen, die nur den Schutz bei Kurzschluß übernehmen (DIN VDE 0100 Teil 430, Abschnitt 4.3)	86
4.3	Schutz bei Überlast (DIN VDE 0100 Teil 430, Abschnitt 5)	86
4.3.1	Allgemeines (DIN VDE 0100 Teil 430, Abschnitt 5.1)	86
4.3.2	Zuordnung der Überstrom-Schutzeinrichtungen	87
4.3.2.1	Zuordnungsbedingungen (DIN VDE 0100 Teil 430, Abschnitt 5.2)	87
4.3.2.2	Zuordnungstabelle (Beiblatt 1 zu DIN VDE 0100 Teil 430)	91
4.3.2.3	Absicherung von Beleuchtungs- und Steckdosen-Stromkreisen	98
4.3.3	Auswahl geeigneter Schutzeinrichtungen zum Schutz bei Überlast	99
4.3.3.1	Allgemeines	99

4.3.3.2 Nutzungsgrad N ... 99

4.3.3.3 Schutzgrad S ... 102

4.3.3.4 Wie erfüllen die verschiedenen Leitungsschutzschalter-Charakteristiken die Zuordnungsbedingungen? ... 105

4.3.3.5 Wie erfüllen Leitungsschutzsicherungen der Betriebsklasse gL die Zuordnungsbedingungen? ... 107

4.3.3.6 Wie erfüllen Leistungsschalter die Zuordnungsbedingungen? ... 108

4.3.4 Schutz von parallel geschalteten Leitern (DIN VDE 0100 Teil 430, Abschnitt 5.3) ... 108

4.3.5 Anordnung der Schutzeinrichtungen zum Schutz bei Überlast (DIN VDE 0100 Teil 430, Abschnitt 5.4) ... 113

4.3.5.1 Allgemeines (DIN VDE 0100 Teil 430, Abschnitt 5.4.1) ... 113

4.3.5.2 Versetzen der Schutzeinrichtungen zum Schutz von Kabeln und Leitungen (DIN VDE 0100 Teil 430, Abschnitt 5.4.2) ... 114

4.3.6 Fälle, in denen auf die Schutzeinrichtung zum Schutz bei Überlast verzichtet werden darf (DIN VDE 0100 Teil 430, Abschnitt 5.5) ... 116

4.3.7 Anordnung oder Wegfall der Schutzeinrichtungen zum Schutz bei Überlast in IT-Systemen (DIN VDE 0100 Teil 430, Abschnitt 5.6) ... 120

4.3.8 Fälle, in denen der Wegfall von Schutzeinrichtungen zum Schutz bei Überlast aus Sicherheitsgründen empfohlen wird (DIN VDE 0100 Teil 430, Abschnitt 5.7) ... 121

4.4 Schutz bei Kurzschluß (DIN VDE 0100 Teil 430, Abschnitt 6) ... 124

4.4.1 Allgemeines (DIN VDE 0100 Teil 430, Abschnitt 6.1) ... 124

4.4.2 Bestimmung des Stromes bei vollkommenem Kurzschluß (DIN VDE 0100 Teil 430, Abschnitt 6.2) ... 135

4.4.3 Kenngrößen der Schutzeinrichtungen zum Schutz bei Kurzschluß (DIN VDE 0100 Teil 430, Abschnitt 6.3) ... 137

4.4.4 Anordnung der Schutzeinrichtungen für den Schutz bei Kurzschluß (DIN VDE 0100 Teil 430, Abschnitt 6.4) ... 176

4.4.4.1 Allgemeines (DIN VDE 0100 Teil 430, Abschnitt 6.4.1) ... 176

4.4.4.2 Versetzen der Schutzeinrichtung für den Schutz bei Kurzschluß (DIN VDE 0100 Teil 430, Abschnitt 6.4.2) ... 178

4.4.4.3 Fälle, in denen auf den Schutz bei Kurzschluß verzichtet werden darf (DIN VDE 0100 Teil 430, Abschnitt 6.4.3) . . . 182

4.4.4.4 Fälle, in denen auf eine Schutzeinrichtung für den Schutz bei Kurzschluß aus Sicherheitsgründen verzichtet werden muß (Änderungsvorschlag des Deutschen Komitees bei IEC und CENELEC) . . . 183

4.4.4.5 Schutz von parallel geschalteten Leitern in ein- oder mehradrigen Kabeln und Leitungen (Änderungsvorschlag des Deutschen Komitees bei IEC und CENELEC) . . . 183

4.5 Koordinieren des Schutzes bei Überlast und Kurzschluß (DIN VDE 0100 Teil 430, Abschnitt 7) . . . 186

4.5.1 Schutz durch eine gemeinsame Überstrom-Schutzeinrichtung (DIN VDE 0100 Teil 430, Abschnitt 7.1) . . . 186

4.5.2 Schutz durch getrennte Schutzeinrichtungen (DIN VDE 0100 Teil 430, Abschnitt 7.2) . . . 186

4.6 Überstrombegrenzung durch die Art der Einspeisung (DIN VDE 0100 Teil 430, Abschnitt 8) . . . 187

4.7 Schutz nach Art der Stromkreise (DIN VDE 0100 Teil 430, Abschnitt 9) . . . 187

4.7.1 Netzformen . . . 187

4.7.1.1 Allgemeines . . . 187

4.7.1.2 TT-System (-Netz) . . . 188

4.7.1.3 TN-System (-Netz) . . . 188

4.7.1.4 IT-System (-Netz) . . . 189

4.7.2 Schutz der Außenleiter (DIN VDE 0100 Teil 430, Abschnitt 9.1) . 189

4.7.3 Schutz der Neutralleiter (DIN VDE 0100 Teil 430, Abschnitt 9.2) 190

4.7.3.1 Anlagen mit direkt geerdetem Sternpunkt: TN- oder TT-System (-Netz) (DIN VDE 0100 Teil 430, Abschnitt 9.2.1) . . . 190

4.7.3.2 Anlagen mit nicht direkt geerdetem Sternpunkt: IT-System (-Netz) (DIN VDE 0100 Teil 430, Abschnitt 9.2.2) . . . 192

4.7.4 Abschalten des Neutralleiters (Entwurf DIN VDE 0100 Teil 530/5.85, Abschnitt 531.1) . . . 193

5 Literatur . . . 195

6 Stichwortverzeichnis . . . 199

Die DIN-Normen bzw. die DIN VDE-Normen sind wiedergegeben mit Erlaubnis des DIN Deutsches Institut für Normung e.V. und des Verbandes Deutscher Elektrotechniker (VDE) e.V.
Maßgebend für das Anwenden der Normen ist deren Fassung mit dem neuesten Ausgabedatum, die bei der vde-verlag gmbH, Bismarckstraße 33, 1000 Berlin 12, und der Beuth Verlag GmbH, Burggrafenstraße 6, 1000 Berlin 30, erhältlich sind.

1 Einleitung

Sieht man von der in Zukunft immer mehr an Bedeutung gewinnenden Supraleitung ab, bieten Stromkreisleitungen dem elektrischen Strom Widerstände, die Verluste verursachen. Die vom elektrischen Feld geleistete Arbeit an den freien Ladungsträgern wird hierbei in Wärme umgesetzt. Üblicherweise spricht man in diesem Zusammenhang von »Kupferverlusten«, die über den Leiter hinaus im wesentlichen seine Isolierung und die unmittelbare Umgebung erwärmen. Bei übermäßiger Erwärmung ist mit einer Verschlechterung der Isolation und Brandgefahr zu rechnen. Deshalb müssen für einen gefahrlosen und zuverlässigen Betrieb von elektrischen Anlagen Leitungen und Kabel bei betrieblicher Überlastung und Kurzschluß geschützt werden. Dieser Schutz ist durch richtig bemessene Überstrom-Schutzeinrichtungen sicherzustellen.
Vor Veröffentlichung des Weißdrucks DIN VDE 0100 Teil 430/06.81 benutzten die europäischen Länder sehr unterschiedliche Maßstäbe bei der Bemessung und Anordnung von Überstrom-Schutzeinrichtungen. Die physikalischen Grundlagen, von denen ausgegangen werden muß, sind aber überall gleich. Darauf aufbauend wurden im Rahmen der Harmonisierungsarbeiten in der Europäischen Gemeinschaft neue Bestimmungen für den Überstromschutz erarbeitet, die als VDE 0100 m/... 72 (CENELECOM 64) auch der deutschen Öffentlichkeit zum Einspruch vorgelegen haben. Das Ergebnis der Einspruchsberatung wurde von der deutschen Delegation bei den internationalen Verhandlungen eingebracht. Das endgültige internationale Verhandlungsergebnis ist im CENELEC-Harmonisierungsdokument HD 25 »Überstromschutz von Leitungen und Kabeln« enthalten.
Die CENELEC-Partner haben sich gegenseitig verpflichtet, Harmonisierungsdokumente in ihre nationalen Bestimmungen zu übernehmen. In der Bundesrepublik Deutschland wurde die Übernahme mit Erscheinen von VDE 0100 m/7.76 als Schlußfassung vollzogen. Es wurde vorgegeben, daß die Neufassung VDE 0100 m/7.76 bis zum Vorliegen weiterer Harmonisierungsergebnisse gültig sein sollte. Ausgenommen von der Übernahme waren die Bestimmungen des Harmonisierungsdokuments 25, die die Zuordnungstabellen der Überlast-Schutzeinrichtungen und die Strombelastbarkeit von Leitungen enthielten. Dieser Teil sollte erst dann übernommen werden, wenn die Harmonisierungsgespräche im Rahmen der IEC eine weltweite Übereinkunft ergeben haben.
In Fortsetzung der weltweiten Beratungen im Bereich der IEC wurden 1978 die Kapitel 43 »Überstromschutzmaßnahmen« und Kapitel 47 »Anwendung der Schutzmaßnahmen« der Publikation 364 verabschiedet und als Publikationen 364-4-43 und 364-4-473 veröffentlicht. Die Stellungnahme der deutschen Fachöffentlichkeit zu den Inhalten dieser Kapitel ist mit VDE 0100 z/... 76 (IEC 64) eingeholt worden, soweit die IEC-Publikationen sachlich nicht schon mit VDE

0100 m/7.76 übereinstimmten. Inzwischen hatte auch die CENELEC die neuen Sachinhalte der IEC-Publikationen in das Harmonisierungsdokument 25 übernommen und die gesamten Bestimmungen zum Überstromschutz als neue Harmonisierungsdokumente mit den Nummern 384-3 und 384-4 veröffentlicht, deren Sachinhalt nun wiederum in VDE 0100 zu übernehmen war. Dieser Verpflichtung wurde mit der Veröffentlichung von DIN VDE 0100 Teil 430/06.81 Rechnung getragen. Außerdem wurde in Tabelle 2 von DIN VDE 0100 Teil 523 entsprechend VDE 0100 h/... 70 eine Umgebungstemperatur von 30 °C statt bisher 25 °C zugrunde gelegt. Damit war der sachliche Inhalt des harmonisierten Bestimmungstextes – das nationale DIN VDE-Normenwerk – übernommen.
Der neue Teil 430 von DIN VDE 0100 des Jahres 1991 – basierend auf den Harmonisierungsdokumenten HD 384.4.43 S1 und 384.4.473 S1 – löst DIN VDE 0100 Teil 430 aus dem Jahre 1981 ab. Hinzugefügt ist ein Beiblatt, dessen Grundlage DIN VDE 0289 Teil 4 ist und Strombelastbarkeiten für verschiedene Verlegearten auf der Basis einer Umgebungstemperatur von 25 °C enthält. Der Bestimmungstext der DIN VDE 0100 Teil 430/11.91 ist noch enger dem Harmonisierungstext angeglichen als das in der Vorgängernorm der Fall war.
DIN VDE 0100 Teil 523 wurde schon früher teilweise durch DIN VDE 0100 Teil 520/11.85 und DIN VDE 0298 Teil 4/02.88 ersetzt; einige Abschnitte wurden als entbehrlich befunden. Damit ist der Teil 523 von DIN VDE 0100 ungültig; er ist überwiegend ersetzt durch Teil 4 der DIN VDE 0298, der insbesondere eine praxisgerechte Aufteilung der Verlegearten enthält.
Die vorliegende Ausarbeitung soll dazu dienen, die Neufassung der DIN VDE 0100 Teil 430 einschließlich des Beiblattes 1 und die in diesem Zusammenhang relevanten Normen der Reihe DIN VDE 0298 – die schon allein aufgrund der internationalen Einflüsse eine Vielzahl von Fragen über das »Wie und Warum« aufwirft – durch Erläuterungen mit Bildern und praxisbezogenen Anwendungsbeispielen leicht verständlich zu machen.

2 Begriffe

Ansprechstrom I_2

Siehe Auslösestrom I_2.

Auslösestrom I_2

Ein Strom, der eine Auslösung der Schutzeinrichtung unter den in den Gerätebestimmungen (DIN VDE 0636, DIN VDE 0641, DIN VDE 0660 Teil 101 und Teil 104) festgelegten Bedingungen bewirkt.

Belastbarkeit

Kurzbezeichnung für die Strombelastbarkeit I_z.

Belastung

Kurzform der Strombelastung.

Betriebsstrom I_b

Der Betriebsstrom eines Stromkreises bei ungestörtem Betrieb.

Kurzschluß

Verbindung mit vernachlässigbarer Impedanz zwischen aktiven Teilen ein- und desselben Stromkreises.

Kurzschlußstrom

Ein Überstrom, der durch einen Fehler vernachlässigbarer Impedanz zwischen aktiven Leitern – die im ungestörten Betrieb unterschiedliches Potential haben – verursacht wird.

Nennstrom der Schutzeinrichtung I_n

Entspricht dem Strom, mit dem die Schutzeinrichtung gekennzeichnet ist. Bei einstellbaren Schutzeinrichtungen entspricht der Nennstrom dem eingestellten Wert.

Schutzeinrichtung

Kurzform für die Überstrom-Schutzeinrichtung.

Strombelastbarkeit I_z

Der höchstzulässige Strom, der von einem Leiter unter festgelegten Bedingungen dauernd geführt werden kann, ohne daß die zulässige Betriebstemperatur am Leiter bei ungestörtem Betrieb einen festgelegten Wert überschreitet.

Strombelastung

Ein durch eine bestimmte Betriebsart oder einen Fehlerfall gegebener Strom, der der Leitung bzw. dem Kabel aufgebürdet wird.

Überlaststrom

Ein Überstrom, der in einem fehlerfreien Stromkreis auftritt.

Überstrom

Jeder Strom, der die zulässige Strombelastbarkeit I_z überschreitet. Zu unterscheiden sind Überlaststrom und Kurzschlußstrom.

Überstrom-Schutzeinrichtung

Betriebsmittel, das den Strom beim Ansteigen über eine vorgeschriebene Grenze hinaus selbständig unterbricht.

Zulässige Betriebstemperatur

Höchste zulässige Temperatur am Leiter bei ungestörtem Betrieb. Sie findet Anwendung bei der Berechnung der Belastbarkeit im ungestörten Betrieb.

Zulässige Kurzschlußtemperatur

Höchste zulässige Temperatur am Leiter bei Kurzschluß mit einer Kurzschlußdauer bis einschließlich 5 s. Sie findet Anwendung bei der Berechnung der Belastbarkeit im Kurzschlußfall.

3 Strombelastbarkeit von Kabeln und Leitungen

3.1 Physikalische Grundlagen

Beim Fließen eines elektrischen Stromes durch einen ohmschen Widerstand entsteht Wärme **(Bild 3-1)**.

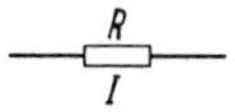

Bild 3-1. Ohmscher Widerstand als Wärmeerzeuger

Wärmeleistung eines vom elektrischen Strom durchflossenen ohmschen Widerstandes:

$$P = I^2 \cdot R \quad \text{in A}^2 \frac{\text{V}}{\text{A}}$$

$$P = I^2 \cdot R \quad \text{in W}$$

Darin bedeuten:

I Strom in A
P Leistung in W
R Widerstand in Ω

Erzeugte Wärmemenge in einem vom elektrischen Strom durchflossenen Widerstand in der Zeit t:

$$Q = I^2 \cdot R \cdot t \quad \text{in A}^2 \frac{\text{V}}{\text{A}} \text{s}$$

$$Q = I^2 \cdot R \cdot t \quad \text{in Ws}$$

$$Q = I^2 \cdot R \cdot t \quad \text{in J}$$

Darin bedeuten:

I Strom in A
Q Wärmemenge in Ws
R Widerstand in Ω
t Zeit in s

Jeder Leiter in einer Leitung stellt einen ohmschen Widerstand dar, in dem vom elektrischen Strom Verlustwärme erzeugt wird **(Bild 3-2)**.

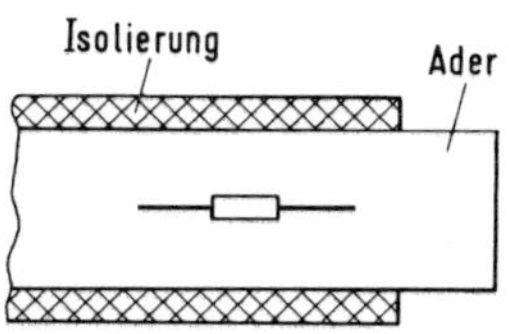

Bild 3-2. Leiter als Verlustwärmeerzeuger

Widerstand eines Leiters:

$$R = \frac{l}{\varkappa \cdot S} \quad \text{in} \quad \frac{\text{m}}{\text{m}\Omega^{-1}\,\text{mm}^{-2}\,\text{mm}^2}$$

$$R = \frac{l}{\varkappa \cdot S} \quad \text{in}\ \Omega$$

Darin bedeuten:

l Länge in m
$\varkappa$ Leitfähigkeit in $\text{m}\Omega^{-1}\,\text{mm}^{-2}$
S Querschnitt in mm^2

Verlustwärme eines Leiters von 1 m Länge:

$$Q/\text{m} = I^2 \cdot R \cdot \text{t}$$

$$Q/\text{m} = \frac{I^2 \cdot t}{\varkappa \cdot S} \quad \text{in J/m}$$

Darin bedeuten:

I Strom in A
R Widerstand in Ω
t Zeit in s
$\varkappa$ Leitfähigkeit in $\text{m}\Omega^{-1}\,\text{mm}^{-2}$
S Querschnitt in mm^2

Die Verlustwärme muß aus dem Leiter abgeführt werden, damit sich der Leiter nicht unzulässig hoch erwärmt.
Die Verlustwärme wird nach dem Gesetz für die Wärmeströmung **(Bild 3-3)** abgeleitet, das im Aufbau dem Gesetz für die elektrische Strömung (Ohmsches Gesetz) **(Bild 3-4)** ähnlich ist.
Bei einer Leitung mit gegebenem Wärmewiderstand erhöht sich die Verlustleistung quadratisch mit steigendem Strom. Die höhere Verlustleistung kann nur mit Hilfe einer höheren Wärmespannung, d. h. einer höheren Temperaturdifferenz, abgeführt werden.

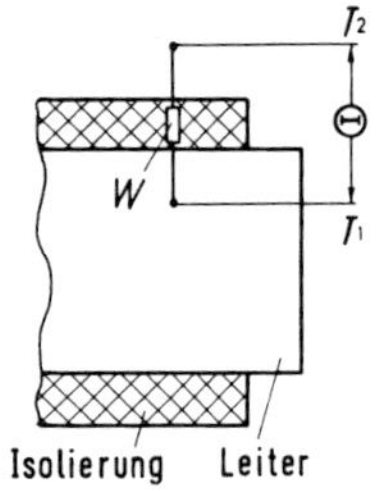

$$Q = \frac{\Theta}{W} \quad \text{in} \quad \frac{\text{K}}{\text{kh/J}}$$

$$Q = \frac{\Theta}{W} \quad \text{in J/h}$$

Darin bedeuten:

T_1 Adertemperatur in K
T_2 Außentemperatur in K
Θ $T_1 - T_2 =$ Temperaturdifferenz in K
Q Wärmestrom in J/h
W Wärmewiderstand in Kh/J

Bild 3-3. Darstellung des Gesetzes für Wärmeströmung

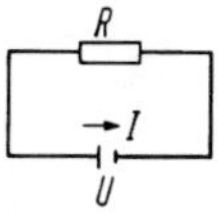

$$I = \frac{U}{R} \quad \text{in A}$$

Darin bedeuten:

I Strom in A
U Spannung in V
R Widerstand in Ω

Bild 3-4. Darstellung des Gesetzes für elektrische Strömung (Ohmsches Gesetz)

Beispiel

Fall 1	Fall 2	Fall 3
I_1	$I_2 = 2\,I_1$	$I_3 = 3\,I_1$
$T_{1/1} = 40\ °C$	$T_{1/2} = ?$	$T_{1/3} = ?$
$T_{2/1} = 20\ °C$	$T_{2/2} = 20\ °C$	$T_{2/3} = 20\ °C$
$\Theta_1 = 20\ °C$	$\Theta_2 = ?$	$\Theta_3 = ?$
$Q = I^2 \cdot R \cdot t$		
$Q_1 = I_1{}^2 \cdot R \cdot t$	$Q_2 = I_2{}^2 \cdot R \cdot t$	$Q_3 = I_3{}^2 \cdot R \cdot t$
	$= (2\,I_1)^2 \cdot R \cdot t$	$= (3\,I_1)^2 \cdot R \cdot t$
	$= 4\,I_1{}^2 \cdot R \cdot t$	$= 9\,I_1{}^2 \cdot R \cdot t$
$\Theta = Q \cdot W$		
$\Theta_1 = Q_1 \cdot W$	$\Theta_2 = Q_2 \cdot W$	$\Theta_3 = Q_3 \cdot W$
$= I_1{}^2 \cdot R \cdot W$	$= 4\,I_1{}^2 \cdot R \cdot t \cdot W$	$= 9\,I_1{}^2 \cdot R \cdot t \cdot W$
	$= 4\,\Theta_1$	$= 9\,\Theta_1$
	$= 4 \cdot 20\ °C$	$= 9 \cdot 20\ °C$
	$\Theta_2 = 80\ °C$	$\Theta_3 = 180\ °C$
	$T_{1/2} = \Theta_2 + T_{2/2}$	$T_{1/3} = \Theta_3 + T_{2/3}$
	$= 80\ °C + 20\ °C$	$= 180\ °C + 20\ °C$
	$T_{1/2} = 100\ °C$	$T_{1/3} = 200\ °C$

Liegen mehrere Leitungen nebeneinander, ist die Verlustwärme mehrerer Wärmequellen abzuführen. Für ihre Abführung wird im Vergleich zu einer einzelnen Leitung eine höhere Temperaturdifferenz benötigt **(Bild 3-5)**.
Die Außentemperatur der weiteren Umgebung bleibt konstant (großes zu erwärmendes Volumen). Die höhere Temperaturdifferenz wird durch eine zwangsläufige Erhöhung der Leitertemperatur erreicht. Die Leitung erwärmt sich, mit ihr eventuell auch die nähere Umgebung.

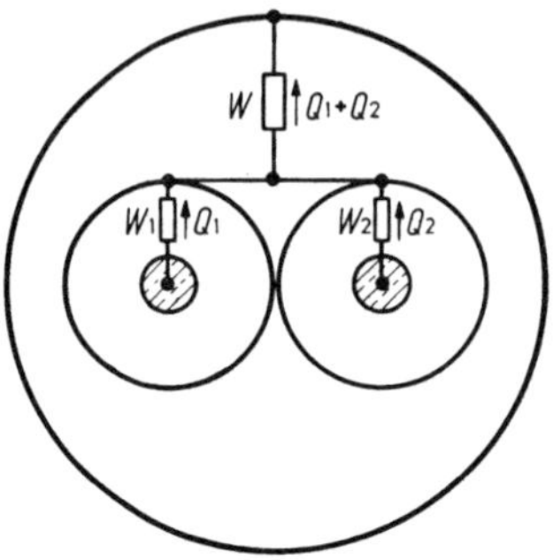

$W_1 = W_2 \leq W$
$Q_1 = Q_2 = Q$.

Betrieb eines Leiters:
$\Theta_1 = \Theta_2 = Q \cdot W$

Betrieb beider Leiter:
$\Theta_{ges} = \Theta_1 + \Theta_2$
$Q_1 \cdot W + Q_2 \cdot W$
$(Q_1 + Q_2)\, W$
$2\, Q \cdot W$

(vereinfachte Darstellung)

Bild 3-5. Verlustwärme mehrerer Wärmequellen

Wird die Erwärmung zu groß, entstehen Schäden an der Isolierung, an den die Isolierung umgebenden Materialien (nähere Umgebung) und am Leiter selbst, die eine Brand- und Unfallgefahr darstellen.
Wird eine Leitung längere Zeit über die zulässige Betriebstemperatur – z. B. 60 °C bei Gummi- und 70 °C bei PVC-Isolierung – erwärmt, so mindert sich mit der Zeit ihr Isoliervermögen und damit ihre Lebensdauer. Bei länger anhaltenden Temperaturen über 70 °C tritt bei PVC der Weichmacher aus, die Leitung wird spröde und verliert ihre isolierenden Eigenschaften.
Durch den Einbau von Überstrom-Schutzeinrichtungen muß dafür gesorgt werden, daß keine unzulässig hohen Temperaturen an den Leitungen und deren Umgebung auftreten können **(Bild 3-6)**.

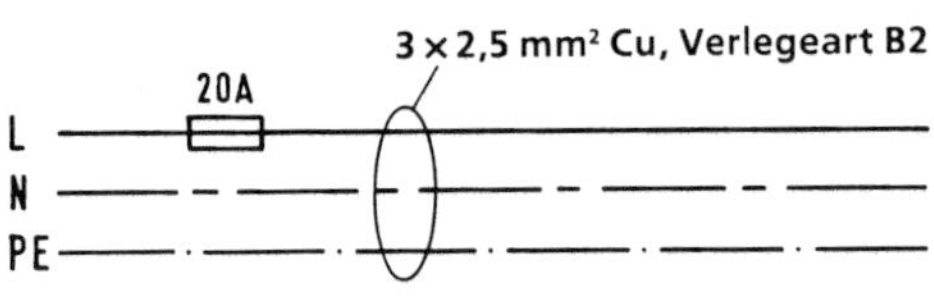

Bild 3-6. Überstrom-Schutzeinrichtung zur Verhinderung unzulässig hoher Temperaturen

3.2 Einflußgrößen der Strombelastbarkeit (DIN VDE 0298 Teil 4, Abschnitt 4 und Beiblatt 1 zu DIN VDE 0100 Teil 430)

3.2.1 Allgemeines

Überstrom-Schutzeinrichtungen sollen sowohl bei betriebsmäßiger Überlastung (Schutz bei Überlast, **Bild 3-7**) als auch bei Kurzschluß (Schutz bei Kurzschluß, **Bild 3-8**) durch Unterbrechung des Stromes das Auftreten zu hoher Temperaturen verhindern.

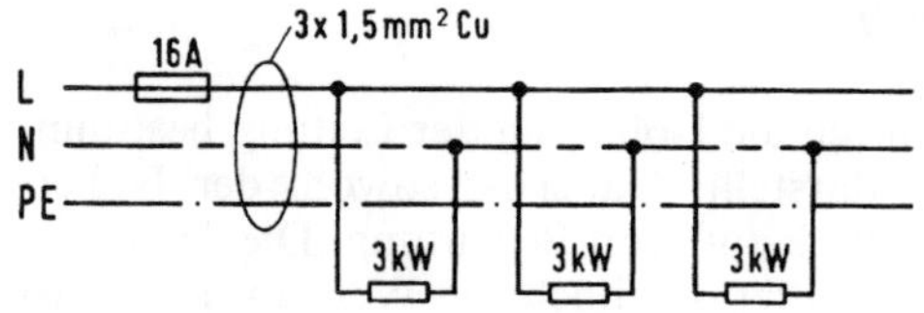

Bild 3-7. Überstrom-Schutzeinrichtung schützt bei betriebsmäßiger Überlastung

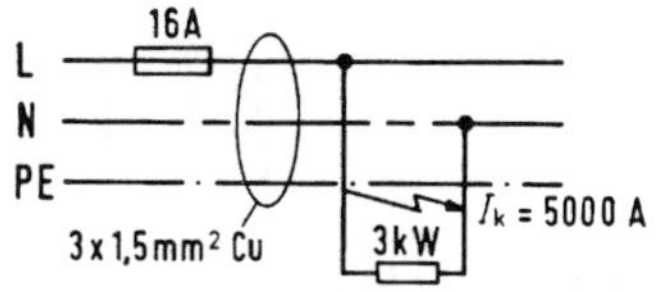

Bild 3-8. Überstrom-Schutzeinrichtung schützt bei Kurzschluß

Um die richtige Überstrom-Schutzeinrichtung auszuwählen, die den Schutz einer Leitung gewährleisten soll, muß die Strombelastbarkeit der Leitung bekannt sein. Der Leiterquerschnitt ist so zu wählen, daß der Leiter an keiner Stelle und zu keinem Zeitpunkt über die zulässige Betriebstemperatur erwärmt wird.
Die Erwärmung einer Leitung – und damit ihre Strombelastbarkeit – ist abhängig
- vom Aufbau,
- von den Werkstoffeigenschaften,
- von den Betriebsbedingungen.

Darüber hinaus ist eine ggf. vorhandene zusätzliche Erwärmung der Leitung bei Umgebungstemperaturerhöhung durch Verlustwärme, Häufung mit anderen Leitungen, durch Heizungskanäle sowie durch Sonneneinstrahlung zu berücksichtigen.

3.2.2 Aufbau und Werkstoffeigenschaften der Leitung

3.2.2.1 Allgemeines

Alle vom Leitungsaufbau und den Werkstoffeigenschaften bestimmten Größen der Strombelastbarkeit werden als konstante Größen angenommen und sind bei der Berechnung und Festlegung der Strombelastbarkeitswerte in den zur Verfügung stehenden Tabellen mit Belastbarkeitswerten von Kabeln und Leitungen, z. B. DIN VDE 0298 Teile 2 und 4, berücksichtigt.
Solche aus dem Aufbau und den Werkstoffeigenschaften von Kabeln und Leitungen resultierenden Größen, die die Strombelastbarkeit beeinflussen, sind:
- zulässige Betriebstemperatur am Leiter (siehe Abschnitt 3.2.2.2),
- innerer Wärmewiderstand (siehe Abschnitt 3.2.2.3),
- Wirkwiderstand der Leitung (siehe Abschnitt 3.2.2.4).

3.2.2.2 Zulässige Betriebstemperatur am Leiter

Die zulässige Betriebstemperatur wird durch die Isolierung der Leitung bestimmt **(Bild 3-9)**, die einen Wärmewiderstand darstellt. Dabei ist sowohl der Isolier-Werkstoff als auch der Mantel-/Hüllen-Werkstoff von Bedeutung. Die Temperatur der Isolierung nimmt unmittelbar am Leiter den höchsten Wert an. Daher ist die Leitertemperatur an der Leiteroberfläche als Kriterium festgelegt. Als Betriebstemperaturen an der Leiteroberfläche sind nach DIN VDE 0298 Teil 3 in Abhängigkeit vom Isolierwerkstoff zulässig:

60 °C Naturkautschuk (NR), Synthetischer Kautschuk (SR),
70 °C Polyvinylchlorid (PVC),
90 °C Ethylenpropylen-Kautschuk (EPM),
Ethylen-Propylen-Dien-Kautschuk (EPDM),
Polyvinylchlorid (PVC) mit erhöhter Wärmebeständigkeit,
120 °C Ethylen-Vinylacetat-Copolymer (EVA),
135 °C Ethylen-Tetrafluorethylen (ETFE),
180 °C Silikon-Kautschuk (SiR).

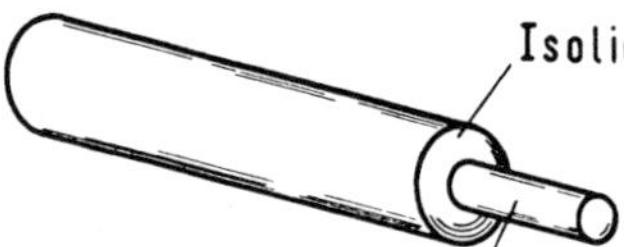

Bild 3-9. Isolierung als Einflußgröße der Strombelastbarkeit

Eine Aufstellung zulässiger Betriebstemperaturen in Abhängigkeit von der Leitungsbauart für Leitungen für feste Verlegung zeigt **Tabelle 3-1** (Werte entsprechen Tabelle 1 aus DIN VDE 0298 Teil 4), für flexible Leitungen ist sie in **Tabelle 3-2** (Werte entsprechen Tabelle 1 aus DIN VDE 0298 Teil 4) wiedergegeben. Die in den Tabellen 3-1 und 3-2 aufgeführten zulässigen Betriebstemperaturen entsprechen dabei den in DIN VDE 298 Teil 3 festgelegten Werten.

3.2.2.3 Innerer Wärmewiderstand

Der innere Wärmewiderstand ist abhängig von den spezifischen Wärmewiderständen der Leitungsmaterialien (siehe hierzu Abschnitt 3.1).

Tabelle 3-1. Zulässige Betriebstemperaturen von Leitungen für feste Verlegung (Werte entsprechen Tabelle 1 aus DIN VDE 0298 Teil 4)

Bauart mit Bauartkurzzeichen	Zulässige Betriebstemperatur nach DIN VDE 0298 Teil 3 °C	Isolier-	Mantel-/ Hüllen-
		Werkstoff*)	
Stegleitungen NYIF, NYIFY	70	PVC	-
PVC-Mantelleitung NYM	70	PVC	PVC
PVC-Mantelleitung mit Traggeflecht NYMZ	70	PVC	PVC
PVC-Mantelleitung mit Tragseil NYMT	70	PVC	PVC
PVC-Verdrahtungsleitungen H05V-K, H05V-U	70	PVC	-
PVC-Aderleitungen H07V-K, H07V-R, H07V-U	70	PVC	-
PVC-Verdrahtungsleitungen mit erhöhter Wärmebeständigkeit NYFAFW, NYFAW, NYFAZW	90	PVC	-
Gummiaderleitungen mit erhöhter Wärmebeständigkeit N4GA, N4GAF	120	EVA	-
ETFE-Aderleitungen mit erhöhter Wärmebeständigkeit N7YA, N7YAF	135	ETFE	-
Silikon-Verdrahtungsleitungen mit erhöhter Wärmebeständigkeit N2GFA, N2GFAF	180	SiR	-
Silikon-Aderleitungen mit erhöhter Wärmebeständigkeit H05SJ-K, A05SJ-K, A05SJ-U	180	SiR	Glasseide
Umhüllte Rohrdrähte für Räume mit Hochfrequenzanlagen NHYRUZY	70	PVC	Zn/PVC
Bleimantelleitung NYBUY	70	PVC	Pb/PVC
Wetterfeste PVC-Leitung NFYW	70	PVC	PVC
Gummi-Pendelschnüre NPL	60	NR/SR	Textil
PVC-Pendelschnüre mit erhöhter Wärmebeständigkeit NYPLYW	90	PVC	PVC
Illuminationsflachleitung	60	NR/SR	CR

*) PVC Polyvinylchlorid
EVA Ethylen-Vinylacetat-Copolymer
ETFE Ethylen-Tetrafluorethylen
SiR Silikon-Kautschuk
NR Natur-Kautschuk
SR Synthetischer Kautschuk
Pb Blei
Zn Zink
CR Chloropren-Kautschuk

Tabelle 3-2. Zulässige Betriebstemperaturen von flexiblen Leitungen (Werte entsprechen Tabelle 1 aus DIN VDE 0298 Teil 4)

Bauart mit Bauartkurzzeichen	Zulässige Betriebstemperatur nach DIN VDE 0298 Teil 3 °C	Isolier-	Mantel-/ Hüllen-
		Werkstoff*)	
Leichte Zwillingsleitung H03VH-Y	70	PVC	-
Zwillingsleitung H03VH-H	70	PVC	-
PVC-Schlauchleitungen H03VV-F, H03VVH2-F	70	PVC	-
PVC-Schlauchleitungen H05VV-F, H05VVH2-F	70	PVC	PVC
PVC-Schlauchleitung NYMHYV	70	PVC	PVC
PVC-Steuerleitungen NYSLYÖ, NYSLYCYÖ	70	PVC	PVC
PVC-Flachleitungen H05VVH6-F, H05VVD3H6-F	70	PVC	PVC
PVC-Flachleitungen H07VVH6-F, H07VVD3H6-F	70	PVC	PVC
Gummi-Aderschnüre H03RT-F	60	NR/SR	Textil
Silikon-Aderschnüre N2GSA	180	SiR	Glasseide
Gummischlauchleitungen mit erhöhter Wärmebeständigkeit N2GMH2G	180	SiR	SiR
Gummischlauchleitungen H05RR-F, A05RR-F, A05RRT-F	60	NR/SR	NR/SR ggf. mit Textil
Gummischlauchleitungen H05RN-F, A05RN-F	60	NR/SR	CR
Gummischlauchleitungen H07RN-F, A07RN-F	60	NR/SR	CR
Sondergummischlauchleitungen NMHVÖU	60	NR/SR	CR
Geschirmte Gummischlauchleitungen NSHCÖU	60	NR/SR	CR
Gummischlauchleitungen NSSHÖU	90	EPR	CR
Gummischlauchleitungen für Hebezeuge NSHTÖU	60	NR/SR	CR
Gummi-Aufzugsteuerleitungen H05RND5-F, H05RT2D5-F	60	NR/SR	CR bzw. Textil
Gummi-Aufzugsteuerleitungen H07RND5-F, H07RT2D5-F	60	NR/SR	CR bzw. Textil
Gummi-Flachleitungen NGFLGÖU	60	NR/SR	CR
Leitungstrossen NT...	90	EPR	CR

*) PVC Polyvinylchlorid
NR Natur-Kautschuk
SR Synthetischer Kautschuk
SiR Silikon-Kautschuk
EPR Ethylenpropylen-Kautschuk (EPM) oder Ethylen-Propylen-Dien-Kautschuk (EPDM)
CR Chloropren-Kautschuk

3.2.2.4 Wirkwiderstand der Leitung

Durch den Wirkwiderstand der Leitung werden die Stromwärmeverluste in den Leitern mitbestimmt. Entscheidend sind der Querschnitt und das Leitermaterial. Für die in DIN VDE 0298 Teile 2 und 4 genannten Strombelastbarkeitswerte ist bei Wechsel- und Drehstrom eine Frequenz von 50 Hz vorausgesetzt. Bei höheren Frequenzen erhöht sich der Wirkwiderstand, die Strombelastbarkeit wird jedoch dadurch verringert.

3.2.3 Betriebsbedingungen (Betriebsart, Verlege- und Umgebungsbedingungen)

3.2.3.1 Allgemeines

Den Strombelastbarkeitswerten sind konkrete Betriebsbedingungen zugeordnet. Zu unterscheiden sind:
- Betriebsart (siehe Abschnitt 3.2.3.2),
- Verlegebedingungen (siehe Abschnitt 3.2.3.3),
- Umgebungsbedingungen (siehe Abschnitt 3.2.3.4).

Diese für die Bemessung von Kabeln und Leitungen vorgegebenen Betriebsbedingungen ergeben konkrete Belastbarkeitswerte. Für abweichende Betriebsbedingungen, z. B. Häufung, andere Umgebungstemperatur, müssen Umrechnungsfaktoren berücksichtigt werden.

3.2.3.2 Betriebsart

Die Betriebsart beschreibt den zeitlichen Verlauf des Stromes. Für den Schutz gegen zu hohe Erwärmung bei Überlast ist zunächst die Strombelastbarkeit im Dauerbetrieb festzulegen.
Der Dauerbetrieb ist ein Betrieb mit konstantem Strom. Die Dauer des Betriebes reicht aus, den thermischen Beharrungszustand (Nenntemperatur) zu erreichen **(Bild 3-10)**. Der Dauerbetrieb ist aber zeitlich nicht begrenzt. Er kann – der Name sagt es schon – auch nach Erreichen des thermischen Beharrungszustandes dauernd weitergeführt werden.

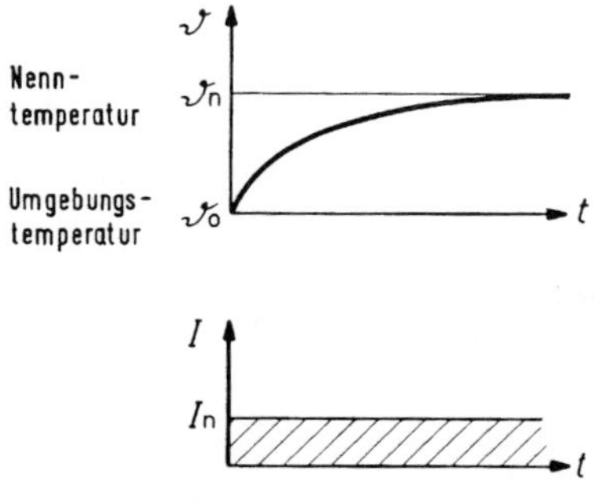

Bild 3-10. Dauerbetrieb (DB)

Den in DIN VDE 0298 Teile 2 und 4 genannten Strombelastbarkeitswerten liegt Dauerbetrieb zugrunde, die zulässige Betriebstemperatur am Leiter (siehe Abschnitt 3.2.2.2) wird also erreicht.

3.2.3.3 Verlegebedingungen (Verlegearten) nach DIN VDE 0298 Teil 4

3.2.3.3.1 Allgemeines

Die Strombelastbarkeit wird auch in starkem Maß durch die Verlegeart, d. h. durch die unterschiedlichen Wärmewiderstände der Umgebung bestimmt. Beispiele zeigt **Bild 3-11**. Den höchsten Wärmewiderstand hat stehende Luft, z. B. bei Verlegung in Rohren. Eine gute Wärmeableitung findet bei Verlegung der Leitung im Mauerwerk oder in freier Luft statt. Zu unterscheiden sind nach DIN VDE 0298 Teil 4 Verlegebedingungen für

- Leitungen für feste Verlegung,
- flexible Leitungen für Nennspannungen bis 1000 V,
- flexible Leitungen mit Nennspannungen ab 0,6/1 kV,
- wärmebeständige Leitungen.

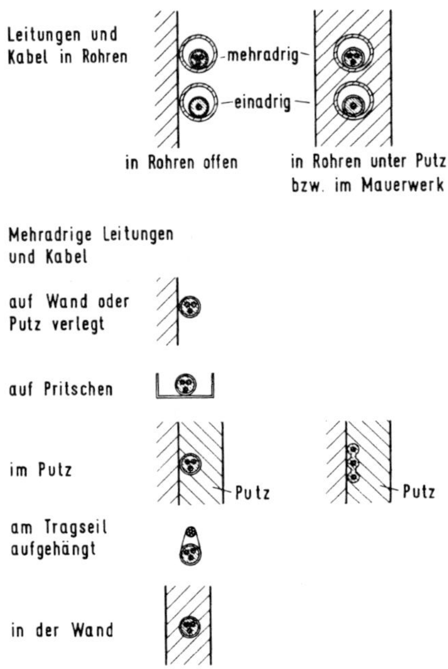

Bild 3-11. Verlegeart als Einflußgröße der Strombelastbarkeit

Hinsichtlich der unterschiedlichen Verlegearten sind von Bedeutung:

3.2.3.3.2 Verlegebedingungen für Leitungen für feste Verlegung
Unterschieden werden nach DIN VDE 0298 Teil 4 die Verlegearten A, B1, B2, C und E.

Verlegeart A **(Bild 3-12)**
Verlegung in wärmedämmenden Wänden:
- Aderleitungen im Elektro-Installationsrohr (Referenz-Verlegeart) *),
- mehradrige Leitung im Elektro-Installationsrohr,
- mehradrige Leitung in der Wand.

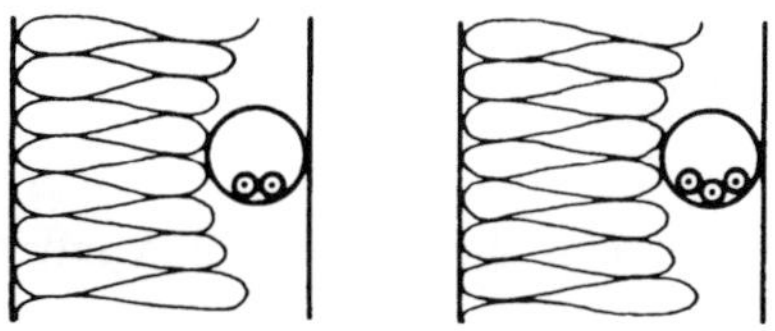

Aderleitungen im Elektro-Installationsrohr

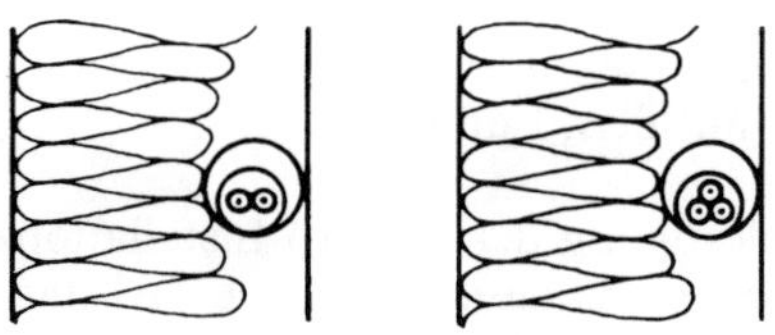

Mehradrige Leitung im Elektro-Installationsrohr

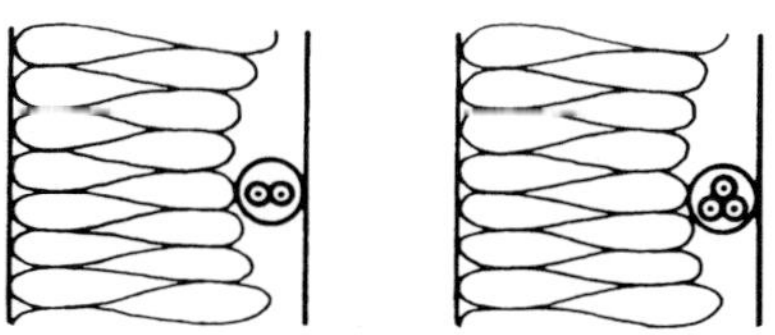

Mehradrige Leitung in der Wand

Bild 3-12. Verlegeart A – Verlegen in wärmedämmenden Wänden

*) Gilt auch für:
- Aderleitungen, einadrige Mantelleitungen, mehradrige Leitung im Elektro-Installationskanal im Fußboden (ohne wärmedämmende Materialien),
- Aderleitungen im Elektro-Installationsrohr in geschlossenen Fußbodenkanälen (Fußboden ohne wärmedämmende Materialien).

Hinweis: Die bei der Verlegeart A zugrunde gelegte wärmedämmende Wand hat folgenden Aufbau:
Sie besteht aus einer äußeren wetterfesten Platte, der Wärmedämmung, und einer inneren Platte aus Holz oder holzähnlichem Material. Dabei beträgt der Wärmeleitwiderstand der inneren Platte 0,1 $m^2 \cdot K/W$. Die mehradrige Leitung bzw. das Elektro-Installationsrohr sind in der Wand so angebracht, daß sie dicht an die innere Platte anschließen, sich also nicht mitten in der Dämmung befinden. Eine Berührung der inneren Platte durch die Leitung bzw. das Elektro-Installationsrohr muß aber nicht notwendigerweise erfolgen. Es wird somit angenommen, daß die Ableitung der Verlustwärme der Leitung nur über die innere Platte erfolgt. Der Werkstoff des Elektro-Installationsrohres darf aus Metall oder Kunststoff sein.

Verlegeart B1 **(Bild 3-13)**
Verlegung in Elektro-Installationsrohren oder -kanälen, die auf oder in Wänden, Decken und Fußböden angeordnet sind:
- Aderleitungen im Elektro-Installationsrohr auf der Wand, unter der Decke *) oder auf dem Fußboden **) (Referenz-Verlegeart),
- Aderleitungen im Elektro-Installationskanal auf der Wand, unter der Decke *) oder auf dem Fußboden,
- Aderleitungen, einadrige Mantelleitungen oder mehradrige Leitungen im Elektro-Installationsrohr in Wand, Decke oder auf dem Fußboden.

Hinweis: Bei der Verlegeart B1 wird die Befestigung der Elektro-Installationsrohre auf der Wandoberfläche so vorausgesetzt, daß der Abstand zwischen dem Elektro-Installationsrohr und der Wandoberfläche kleiner als das 0,3fache des Rohrdurchmessers ist.

---

*) Für die Verlegung unter der Decke ist für diese Verlegeart in DIN VDE 0298 Teil 4 ein Umrechnungsfaktor zur Berücksichtigung des Wärmestaus nicht konkret genannt. Die Berücksichtigung des Wärmestaus unter der Decke sollte – wie bei einlagig direkt unter der Decke angeordneten Leitungen – mit dem Umrechnungsfaktor 0,95 erfolgen (siehe Tabelle 3-7 [Werte entsprechen Tabelle 11 aus DIN VDE 0298 Teil 4] und Abschnitt 3.2.3.4.3). Dieser Faktor berücksichtigt nicht die Bündelung im Elektro-Installationsrohr bzw. Elektro-Installationskanal; erforderlichenfalls sind zusätzlich die entsprechenden Umrechnungsfaktoren für Bündelung (siehe Tabelle 3-7 [Werte entsprechen Tabelle 11 aus DIN VDE 0298 Teil 4] und Abschnitt 3.2.3.4.3) zu berücksichtigen.

**) Gilt auch für Aderleitungen im Elektro-Installationsrohr in belüfteten Fußbodenkanälen.

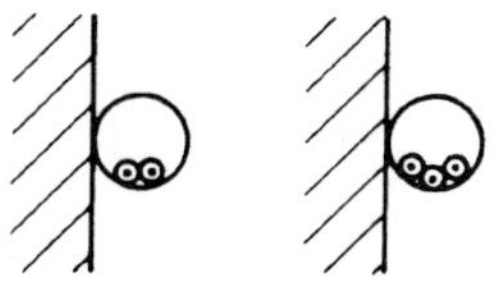

Aderleitungen im Elektro-Installationsrohr
auf Wand, Decke oder Fußboden

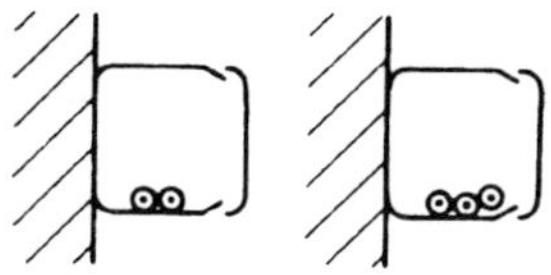

Aderleitungen im Elektro-Installationskanal
auf Wand, Decke oder Fußboden

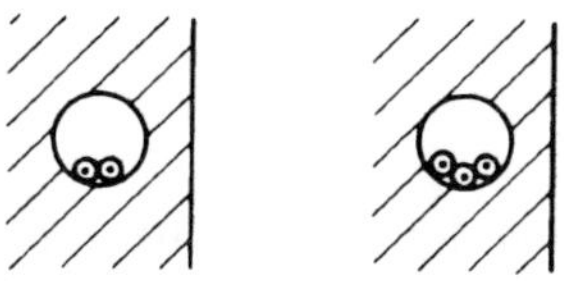

Aderleitungen, einadrige Mantelleitungen,
mehradrige Leitungen im Elektro-Installationsrohr
in Wand, Decke oder im Fußboden

Bild 3-13. Verlegeart B 1 – Verlegen in Elektro-Installationsrohren oder -kanälen, die auf oder in Wänden, Decken oder Fußböden angeordnet sind

Verlegeart B2 **(Bild 3-14)**
Verlegung in Elektro-Installationsrohren oder -kanälen

- mehradrige Leitung im Elektro-Installationsrohr auf der Wand, unter der Decke *) oder auf dem Fußboden,
- mehradrige Leitung im Elektro-Installationskanal auf der Wand, unter der Decke *) oder auf dem Fußboden.

---

*) Für die Verlegung unter der Decke ist für diese Verlegeart in DIN VDE 0298 Teil 4 ein Umrechnungsfaktor zur Berücksichtigung des Wärmestaus nicht konkret genannt. Die Berücksichtigung des Wärmestaus unter der Decke sollte – wie bei einlagig direkt unter der Decke angeordneten Leitungen – mit dem Umrechnungsfaktor 0,95 erfolgen (siehe Tabelle 3-7 [Werte entsprechen Tabelle 11 aus DIN VDE 0298 Teil 4] und Abschnitt 3.2.3.4.3). Dieser Faktor berücksichtigt nicht die Bündelung im Elektro-Installationsrohr bzw. Elektro-Installationskanal; erforderlichenfalls sind zusätzlich die entsprechenden Umrechnungsfaktoren für Bündelung (siehe Tabelle 3-7 [Werte entsprechen Tabelle 11 aus DIN VDE 0298 Teil 4] und Abschnitt 3.2.3.4.3) zu berücksichtigen.

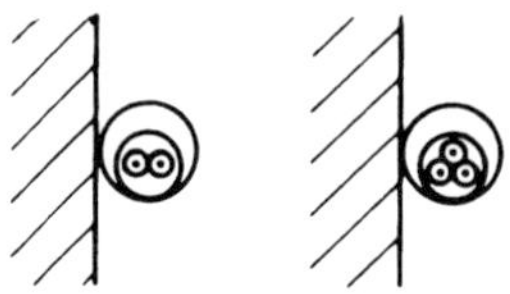

Mehradrige Leitung im Elektro-Installationsrohr
auf Wand, Decke oder Fußboden

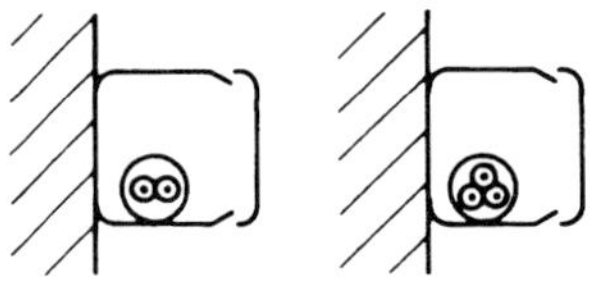

Mehradrige Leitung im Elektro-Installationskanal
auf Wand, Decke oder Fußboden

Bild 3-14. Verlegeart B2 – Verlegen in Elektro-Installationsrohren oder -kanälen, die auf oder in Wänden, Decken oder Fußböden angeordnet sind

Hinweis: Bei der Verlegeart B2 wird die Befestigung der Elektro-Installationsrohre auf der Wandoberfläche so vorausgesetzt, daß der Abstand zwischen Elektro-Installationsrohr und der Wandoberfläche kleiner als das 0,3fache des Rohrdurchmessers ist.

Verlegeart C **(Bild 3-15)**
Direkte Verlegung:
- mehradrige Leitung auf der Wand, unter der Decke *) oder auf dem Fußboden (Referenz-Verlegeart) **),
- einadrige Mantelleitungen auf der Wand, unter der Decke *) oder auf dem Fußboden,
- mehradrige Leitung in Wand, Decke, Fußboden oder unter Putz,
- Stegleitung in der Wand oder unter Putz.

*) Bei Verlegung unter der Decke ist ein Umrechnungsfaktor gemäß Tabelle 3-7 (Werte entsprechen Tabelle 11 aus DIN VDE 0298 Teil 4) aus Abschnitt 3.2.3.4.3 zu berücksichtigen.
**) Gilt auch für mehradrige Leitung in offenen oder belüfteten Kanälen.

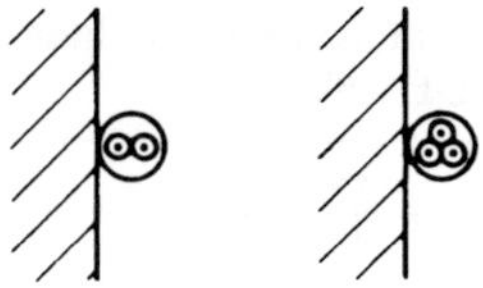

Mehradrige Leitung auf Wand, Decke oder Fußboden

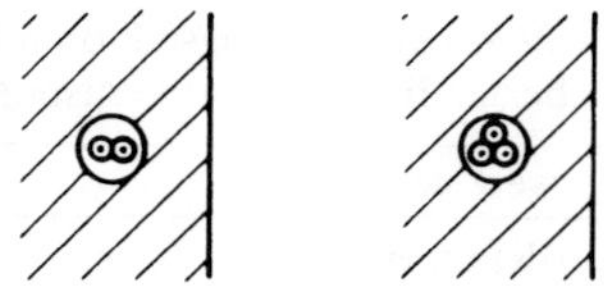

Mehradrige Leitung in Wand, Decke, Fußboden oder unter Putz, Steigleitung in der Wand oder unter Putz

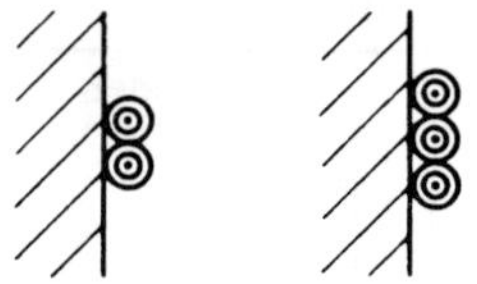

Einadrige Mantelleitung auf Wand, Decke oder Fußboden

Bild 3-15. Verlegeart C – Direktes Verlegen auf oder in Wänden, Decken oder Fußböden

Hinweis: Bei der Verlegeart C wird die Befestigung der Leitungen so vorausgesetzt, daß der Abstand zwischen den Leitungen und der Wandoberfläche kleiner als der 0,3fache Außendurchmesser der Leitungen ist.

Verlegeart E **(Bild 3-16)**
Verlegung frei in Luft, d. h. die ungehinderte Wärmeabgabe wird sichergestellt:
- bei Abstand der Leitung oder des Kabels von der Wand $\geq 0{,}3\,d$
- bei nebeneinanderliegenden Leitungen oder Kabeln mit einem Zwischenraum von mindestens 2fachem Außendurchmesser *d*,
- bei übereinanderliegenden Leitungen oder Kabeln mit einem senkrechten Zwischenraum von mindestens 2fachem Außendurchmesser *d*.

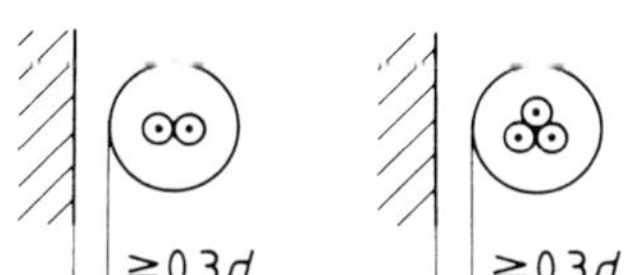

Bild 3-16. Verlegeart E – Verlegen frei in Luft (ungehinderte Wärmeabgabe wird sichergestellt)

3.2.3.3.3 Verlegebedingungen für flexible Leitungen mit Nennspannungen bis 1000 V

Zu unterscheiden sind:
- einadrige, gummiisolierte Leitungen, frei in Luft, mit Abstand untereinander $\geq d$ (A05RN-F, H07RN-F),
- einadrige, PVC-isolierte Leitungen, frei in Luft, mit Abstand untereinander $\geq d$ (H05V-U, H05V-K, H07V-U, H07V-K, H07V-R, NFYW),

Tabelle 3-3. Umrechnungsfaktoren für die Belastbarkeit von Leitungen mit erhöhter Wärmebeständigkeit (Werte entsprechen Tabelle 7 aus DIN VDE 0298 Teil 4)

Isolierwerkstoff	PVC	
Bauart-Kurzzeichen1)	NYFAW NYFAFW NYFAZW	NYPLYW
Zulässige Betriebstemperatur	90 °C	
Anzahl der belasteten Adern	1	2 oder 3
Verlegeart	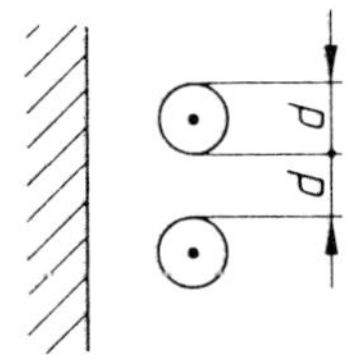	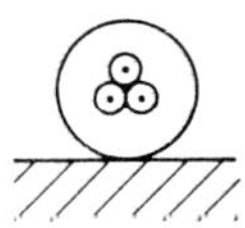
Umgebungstemperatur in °C	Umrechnungsfaktoren, anzuwenden auf die Werte der Tabelle 3-13, Spalte 3	Tabelle 3-13, Spalte 9
50	1,00	
55	0,94	
60	0,87	
65	0,79	
70	0,71	
75	0,61	
80	0,50	
85	0,35	
90	-	
95	-	
100	-	
105	-	
110	-	
115	-	
120	-	
125	-	
130	-	
135	-	
140	-	
145	-	
150	-	
155	-	
160	-	
165	-	
170	-	
175	-	

1) Auflistung der Bauart-Kurzzeichen mit Angaben, welchen Normen die Leitungen entsprechen siehe DIN VDE 0298 Teil 3

EVA	ETFE	SiR	
N4GA N4GAF	N7YA N7YAF	N2GFA N2GFAF H05SJ-K A05SJ-K A05SJ-U	N2GSA N2GMH2G
120 °C	135 °C	180 °C	
1	1	1	2 oder 3
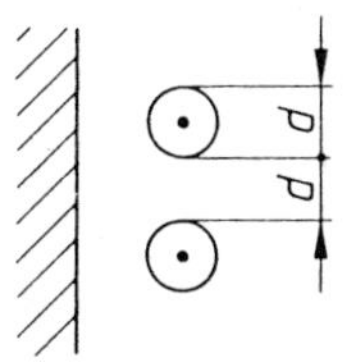	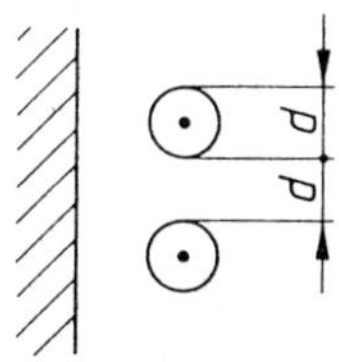	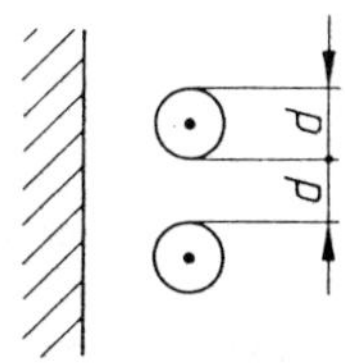	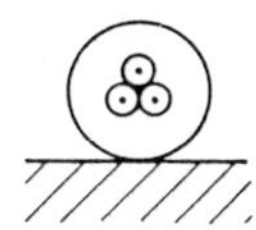
Umrechnungsfaktoren, anzuwenden auf die Werte der			
Tabelle 3-13, Spalte 2	Tabelle 3-13, Spalte 3	Tabelle 3-13, Spalte 2	Tabelle 3-13, Spalte 6
1,00	1,00	1,00	
1,00	1,00	1,00	
1,00	1,00	1,00	
1,00	1,00	1,00	
1,00	1,00	1,00	
1,00	1,00	1,00	
1,00	1,00	1,00	
1,00	1,00	1,00	
1,00	1,00	1,00	
0,91	1,00	1,00	
0,82	0,94	1,00	
0,71	0,87	1,00	
0,58	0,79	1,00	
0,41	0,71	1,00	
–	0,61	1,00	
–	0,50	1,00	
–	0,35	1,00	
–	–	1,00	
–	–	1,00	
–	–	1,00	
–	–	1,00	
–	–	0,91	
–	–	0,82	
–	–	0,71	
–	–	0,58	
–	–	0,41	

- mehradrige, gummiisolierte Leitung mit **zwei** belasteten Adern auf Flächen liegend für z. B. Haus- oder Handgeräte (H03RT-F, H05RR-F, A05RR-F, A05RRT-F, H05RN-F, A05RN-F, H07RN-F, A07RN-F),
- mehradrige, gummiisolierte Leitung mit **drei** belasteten Adern auf Flächen liegend für z. B. Haus- oder Handgeräte (H03RT-F, H05RR-F, A05RR-F, A05RRT-F, H05RN-F, A05RN-F, H07RN-F, A07RN-F),
- mehradrige, gummiisolierte Leitung mit **drei** belasteten Adern, auf oder an Flächen liegend (ausgenommen bei Verwendung für Haus- oder Handgeräte) (NPL, NIFLÖU, NMHVÖU, NGFLGÖU, NSHCÖU, NSHTÖU, H05RND5-F, H05RT2D5-F, H07RND5-F, H07RT2D5-F, H07RN-F, A07RN-F),
- mehradrige, PVC-isolierte Leitung mit **zwei** belasteten Adern auf Flächen liegend für z. B. Haus- oder Handgeräte (H03VH-Y, H03VH-H, H03VV-F, H03VVH2-F, H05VV-F, H05VVH2-F),
- mehradrige, PVC-isolierte Leitung mit **drei** belasteten Adern auf Flächen liegend für z. B. Haus- oder Handgeräte (H03VV-F, H05VV-F),
- mehradrige, PVC-isolierte Leitung mit **drei** belasteten Adern, auf oder an Flächen liegend (ausgenommen bei Verwendung für Haus- oder Handgeräte) (NYHHYV, NYSLYÖ, NYSLYCYÖ, H05VVH6-F, H05VVD3H6-F, H07VVH6-F, H07VVD3H6-F).

3.2.3.3.4 Verlegebedingungen für flexible Leitungen mit Nennspannungen ab 0,6/1 kV

Zu unterscheiden sind:
- mehradrige EPR-isolierte Leitungen mit **drei** belasteten Adern und Nennspannungen bis 6/10 kV, auf oder an Flächen liegend (NT..., NSSHÖU),
- mehradrige EPR-isolierte Leitungen mit **drei** belasteten Adern und Nennspannungen über 6/10 kV, auf oder an Flächen liegend (NT...).

3.2.3.3.5 Verlegebedingungen für wärmebeständige Leitungen

Bei Umgebungstemperaturen über 50 °C müssen Leitungen mit erhöhter Wärmebeständigkeit verwendet werden.
Bei Umgebungstemperaturen von mehr als 50 °C ist die Temperaturdifferenz zur zulässigen Betriebstemperatur der Leiter von z. B. 70 °C bei PVC so klein geworden, daß nur noch wenig Verlustwärme abgeführt werden kann. Deswegen sind dann Leitungen mit einer höheren zulässigen Betriebstemperatur, z. B. 180 °C bei Leitungen aus Silikon-Kautschuk (SiR), zu verwenden (siehe Abschnitt 3.2.2.2).
Tabellen, aus denen die Belastbarkeit von Leitungen mit erhöhter Wärmebeständigkeit direkt entnommen werden kann, gibt es in DIN VDE 0298 Teil 4 nicht. Bei Anwendung solcher Leitungen ist die Strombelastbarkeit über Umrechnungsfaktoren zu ermitteln. Die zur Ermittlung der Strombelastbarkeit von Leitungen mit erhöhter Wärmebeständigkeit verwendeten Umrechnungsfaktoren sind der **Tabelle 3-3** (Werte entsprechen Tabelle 7 aus DIN VDE 0298 Teil 4) zu entnehmen und anzuwenden auf vorgegebene Belastbarkeitswerte für flexible

Leitungen mit Nennspannungen bis 1000 V der Tabelle 3-13 (Werte entsprechen Tabelle 6 aus DIN VDE 0298 Teil 4 [siehe Abschnitt 3.3.5]).
Unterschieden werden die zulässigen Betriebstemperaturen:

- 90 °C für Polyvinylchlorid (PVC) mit erhöhter Wärmebeständigkeit,
- 120 °C Ethylen-Vinylacetat-Copolymer (EVA),
- 135 °C Ethylen-Tetrafluorethylen (ETFE),
- 180 °C Silikon-Kautschuk (SiR).

3.2.3.4 Umgebungsbedingungen (Umgebungstemperatur, Lufttemperaturerhöhung, Wärmestrahlung)

3.2.3.4.1 Allgemeines

Bei den die Strombelastbarkeit beeinflussenden Umgebungsbedingungen sind zu nennen:

- Umgebungstemperatur (siehe Abschnitt 3.2.3.4.2),
- Lufttemperaturerhöhung durch Verlustwärme (siehe Abschnitt 3.2.3.4.3),
- Wärmestrahlung (siehe Abschnitt 3.2.3.4.4).

3.2.3.4.2 Umgebungstemperatur

Unter Umgebungstemperatur ist die Temperatur der eine Leitung oder ein Kabel umgebenden Luft zu verstehen, wenn diese nicht belastet ist. International hat man sich auf eine Umgebungstemperatur von 30 °C verständigt. Die Werte in den Tabellen für die Belastbarkeit in DIN VDE 0298 Teil 4/02.88 sind also auf eine Umgebungstemperatur von 30 °C bezogen. Ausgenommen davon sind jedoch die Umgebungstemperaturen für wärmebeständige Leitungen (siehe Abschnitt 3.3.5).
Die international festgelegte Basistemperatur von 30 °C ist für die meisten Anwendungsfälle in der Bundesrepublik Deutschland sicherlich zu hoch angesetzt (siehe auch Abschnitt 3.3.2).
Um dem Planer und Errichter elektrischer Anlagen das Umrechnen mit Umrechnungsfaktoren zu ersparen, sind im Beiblatt 1 zu DIN VDE 0100 Teil 430 die Strombelastbarkeitswerte auf Basis einer Umgebungstemperatur von 25 °C veröffentlicht. Sie sind DIN VDE 0298 Teil 4 A1/01.91 (Entwurf) entnommen. Strombelastbarkeitswerte für Leitungen für feste Verlegung (Verlegearten A, B1, B2, C und E) auf Basis der Umgebungstemperatur von 25 °C wurden dort ergänzend aufgenommen, um dem Anwender die Arbeit zu erleichtern.
Da in besonderen Anwendungsfällen auch von anderen Umgebungstemperaturen als 25 °C bzw. 30 °C ausgegangen werden muß, gibt es für die vom Basiswert 30 °C abweichenden Umgebungstemperaturen Umrechnungsfaktoren (**Tabellen 3-4 bis 3-6**). Diese Faktoren sind beispielsweise auch bei Überschreiten der Basis-Umgebungstemperaturen von 30 °C an einzelnen Stellen des Leitungsweges anzuwenden.
In der Fachliteratur werden mitunter andere als die in den Tabellen 3-4 bis 3-6 angegebenen Werte zu finden sein. Planer und Errichter sollten die in den Tabellen 3-4 bis 3-6 genannten Werte benutzen, die DIN VDE 0298 Teil 4,

Tabelle 3–4. Umrechnungsfaktoren für abweichende Umgebungstemperaturen bei Isolierwerkstoff PVC*) (Werte entsprechen DIN VDE 0298 Teil 4, Tabelle 10)

Isolierwerkstoff	PVC
zulässige Betriebstemperatur	70 °C
Umgebungstemperatur °C	Umrechnungsfaktoren
10	1,22
15	1,17
20	1,12
25	1,06
30	1,0
35	0,94
40	0,87
45	0,79
50	0,71
55	0,61
60	0,50

*) PVC Polyvinylchlorid

Tabelle 3–5. Umrechnungsfaktoren für abweichende Umgebungstemperaturen bei Isolierwerkstoff NR/SR*) (Gummi) (Werte entsprechen DIN VDE 0298 Teil 4, Tabelle 10)

Isolierwerkstoff	NR/SR
zulässige Betriebstemperatur	60 °C
Umgebungstemperatur °C	Umrechnungsfaktoren
10	1,29
15	1,22
20	1,15
25	1,08
30	1,0
35	0,91
40	0,82
45	0,71
50	0,58
55	0,41

*) NR Natur-Kautschuk
SR Synthetischer Kautschuk

Tabelle 3-6. Umrechnungsfaktoren für abweichende Umgebungstemperaturen bei Isolierwerkstoff EPR*)
(Werte entsprechen DIN VDE 0298 Teil 4, Tabelle 10)

Isolierwerkstoff	EPR
zulässige Betriebstemperatur	80 °C
Umgebungstemperatur °C	Umrechnungsfaktoren
10	1,18
15	1,14
20	1,10
25	1,05
30	1,0
35	0,95
40	0,89
45	0,84
50	0,77
55	0,71
60	0,63
65	0,55
70	0,45

*) EPR Ethylenpropylen-Kautschuk (EPM) oder
Ethylen-Propylen-Dien-Kautschuk (EPDM)

Tabelle 10, entsprechen. Die in Tabelle 3-4 aufgeführten Werte sind darüber hinaus international abgestimmt und entsprechen IEC 364-5-523.
Die in Tabelle 3-6 (und auch Tabelle 3-14 aus Abschnitt 3.3.4) genannten 80 °C für die zulässige Betriebstemperatur von EPR (Sammelbegriff für Ethylenpropylen-Kautschuk (EPM) und Ethylen-Propylen-Dien-Kautschuk (EPDM)) sind international schon auf 90 °C festgelegt. Eine Umstellung von 80 °C auf 90 °C ist für die Bundesrepublik Deutschland geplant. In Tabelle 3-2 (Werte entsprechen Tabelle 2 aus DIN VDE 0298 Teil 4) ist die nach DIN VDE 0298 Teil 3 zulässige Betriebstemperatur für EPR (EPM und EPDM) schon mit 90 °C angegeben.
Für Kabel in Erde, die in diesem Band nicht behandelt werden, ist international eine Temperatur von 20 °C festgelegt.

3.2.3.4.3 Lufttemperaturerhöhung durch Verlustwärme
Die zwangsläufig auftretende Verlustwärme der Kabel und Leitungen beeinflußt die Strombelastbarkeit entscheidend. Sie muß abgeführt werden.
Wird die Umgebungstemperatur durch Abfuhr der Verlustwärme der Leitungen in geschlossenen Räumen, z. B. in begehbaren Kabelkanälen oder in Kabelzwischenböden erhöht, so sind die Umrechnungsfaktoren für abweichende Umgebungstemperaturen (siehe Tabellen 3-4 bis 3-6) anzuwenden.
Auch wenn ausgedehnte Kabelkanäle, -schächte, -geschosse und -böden sowie Bereiche von Kreuzungen und Abzweigungen zwischen den vorgeschriebenen

Brandabschnitten durch weitere Zwischenwände in kleinere Abschnitte aufgeteilt werden, sind die möglicherweise auftretenden Temperaturerhöhungen zu berücksichtigen.
Bei Häufung (Bündelung) von Kabeln und Leitungen beeinflußt die zwangsläufig auftretende Verlustwärme in jedem Fall die Strombelastbarkeit der gehäuft angeordneten Kabel und Leitungen. Die Verlustwärme der einzelnen Leitung kann einerseits nicht voll abgeführt werden, andererseits beeinflußt sie die anderen gehäuft angeordneten Kabel und Leitungen. Somit sind bei Häufung ebenfalls Umrechnungsfaktoren anzuwenden, unabhängig davon, ob die Kabel oder Leitungen den höchstzulässigen Strom I_z führen.
Die Umrechnungsfaktoren für Häufung reduzieren die Strombelastbarkeitswerte, die für den ungestörten Betrieb gelten. Sie werden daher auch Reduktionsfaktoren bzw. Reduzierfaktoren genannt.
Umrechnungsfaktoren für Häufung von

- Leitungen für feste Verlegung der Verlegearten A, B1, B2 und C,
- flexiblen Leitungen mit Nennspannungen bis 1000 V und
- flexiblen Leitungen mit Nennspannungen ab 0,6/1 kV

sind der **Tabelle 3-7** (Werte entsprechen Tabelle 11 aus DIN VDE 0298 Teil 4) zu entnehmen.
Dabei ist zu berücksichtigen, daß bei Anwendung der Umrechnungsfaktoren auf die Belastbarkeitswerte

- die Anzahl der belasteten Adern der gehäuften Leitungen,
- die Art der gehäuften Leitungen und
- die Verlegeart der gehäuften Leitungen

übereinstimmen.
Liegt die gemeinsame Häufung von mehradrigen Leitungen mit zwei und drei belasteten Adern vor, so ist der Umrechnungsfaktor für die gesamte Anzahl der gehäuften Leitungen zu wählen und jeweils auf die Belastbarkeit der Leitungen mit zwei bzw. drei belasteten Adern anzuwenden.
Beispiel: Es liegt die gemeinsame Häufung von zwei mehradrigen Leitungen mit drei belasteten Adern und drei mehradrigen Leitungen mit zwei belasteten Adern vor, die in einem Elektro-Installationskanal auf der Wand angeordnet sind.
Wie groß ist der für die gesamte Anzahl der gehäuften Leitungen anzusehende Umrechnungsfaktor?
Der Umrechnungsfaktor ergibt sich für fünf gebündelte Leitungen gemäß Tabelle 3-7 (Werte entsprechen Tabelle 11 aus DIN VDE 0298 Teil 4) zu 0,60. Dieser Umrechnungsfaktor ist nun anzuwenden sowohl für die Belastbarkeitswerte der Leitungen mit zwei belasteten Adern als auch für die Belastbarkeitswerte der Leitungen mit drei belasteten Adern.
Sofern bei Häufung von einadrigen Leitungen nur n Leitungen belastet sind, muß der Umrechnungsfaktor für $n/2$ oder für $n/3$ Stromkreise bestimmt und auf die Belastbarkeit von zwei bzw. drei belasteten Adern angewendet werden.

Tabelle 3-7. Umrechnungsfaktoren für Häufung von
- Leitungen für feste Verlegung der Verlegearten A, B1, B2 und C,
- flexible Leitungen mit Nennspannungen bis 1000 V,
- flexible Leitungen mit Nennspannungen ab 0,6/1 kV

(Werte entsprechen DIN VDE 0298 Teil 4, Tabelle 11)

Verlegeanordnung		Anzahl der mehradrigen Leitungen oder Anzahl der Wechsel- oder Drehstromkreise aus einadrigen Leitungen (2 bzw. 3 stromführende Leiter)														
		1	2	3	4	5	6	7	8	9	10	12	14	16	18	20
Gebündelt direkt auf der Wand, dem Fußboden, im Elektro-Installationsrohr oder -kanal, auf oder in der Wand	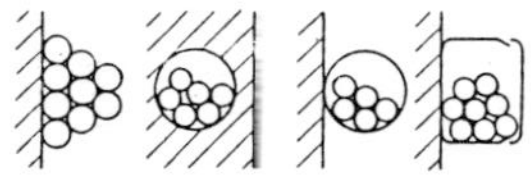	1,00	0,80	0,70	0,65	0,60	0,57	0,54	0,52	0,50	0,48	0,45	0,43	0,41	0,39	0,38
Einlagig auf der Wand oder dem Fußboden mit Berührung		1,00	0,85	0,79	0,75	0,73	0,72	0,72	0,71	0,70						
Einlagig auf der Wand oder dem Fußboden, mit Zwischenraum gleich Leitungsdurchmesser	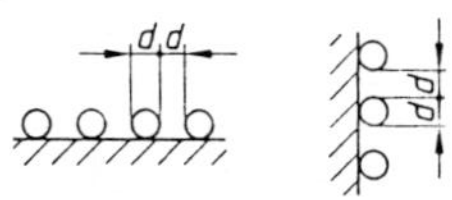	1,00	0,94	0,90	0,90	0,90	0,90	0,90	0,90	0,90	0,90	0,90	0,90	0,90	0,90	0,90
Einlagig unter der Decke, mit Berührung		0,95	0,81	0,72	0,68	0,66	0,64	0,63	0,62	0,61						
Einlagig unter der Decke, mit Zwischenraum gleich Leitungsdurchmesser	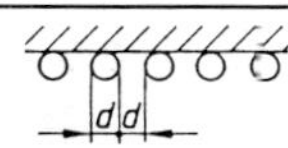	0,95	0,85	0,85	0,85	0,85	0,85	0,85	0,85	0,85	0,85	0,85	0,85	0,85	0,85	0,85

Hinweise:
- Die dargestellten Leitungen (Symbol ○) können einadrig oder mehradrig sein.
- Bei Anwendung dieser Umrechnungsfaktoren auf die Strombelastbarkeitswerte müssen die Anzahl der belasteten Adern, die Art der Leitung und die Verlegeart übereinstimmen.
- Bei gemeinsamer Häufung von mehradrigen Leitungen mit zwei und drei belasteten Adern ist der Umrechnungsfaktor für die gesamte Anzahl der gehäuften Leitungen zu wählen und jeweils auf die Belastbarkeit für Leitungen mit zwei bzw. drei belasteten Adern anzuwenden.
- Sind in einer Häufung von einadrigen Leitungen n belastet, so ist der Umrechnungsfaktor für n/2 oder für n/3 Stromkreise zu bestimmen und auf die Belastbarkeit von 2 oder 3 belasteten Adern anzuwenden.

Beispiel: Es liegt die gemeinsame Häufung von neun einadrigen Leitungen vor (2 Drehstromkreise mit L1, L2, L3, N und einem Schutzleiter [PE]), von denen nur sechs Leitungen belastet sind. Die Leitungen liegen im Elektro-Installationsrohr in der Wand.

Wie groß ist der Umrechnungsfaktor für die Stromkreise?

Mit $n/3 = 6/3 = 2$ Stromkreise ergibt sich der Umrechnungsfaktor gemäß Tabelle 3-7 (Werte entsprechen Tabelle 11 aus DIN VDE 0298 Teil 4) zu 0,8. Der Umrechnungsfaktor 0,8 ist nun für den Belastbarkeitswert für drei belastete Adern anzuwenden.

Eine Besonderheit beinhaltet die Tabelle 3-7 (Werte entsprechen Tabelle 11 aus DIN VDE 0298 Teil 4) hinsichtlich der Verlegung von Leitungen unter der Decke. Während üblicherweise bei nur einer mehradrigen Leitung keine Häufung vorliegt und demnach der Umrechnungsfaktor 1 angesetzt wird, ist bei der direkten Anordnung von Leitungen unter der Decke schon ein Umrechnungsfaktor zu berücksichtigen. Er beträgt 0,95 und berücksichtigt den physikalischen Effekt der aufsteigenden Wärme. Unter der Decke eines Raumes ist die Temperatur höher als die sonst im Raum vorherrschende Raumtemperatur.

Bei **allen** direkt unter der Decke verlegten Leitungen ist somit auch dann, wenn keine Häufung vorliegt, der Umrechnungsfaktor 0,95 nach Tabelle 3-7 (Werte entsprechen Tabelle 11 aus DIN VDE 0298 Teil 4) immer anzuwenden.

Für die Verlegung von Aderleitungen und mehradrigen Leitungen im Elektro-Installationsrohr bzw. Elektro-Installationskanal unter der Decke sind in der Tabelle 3-7 (Werte entsprechen Tabelle 11 aus DIN VDE 0298 Teil 4) konkret keine Umrechnungsfaktoren zur Berücksichtigung des Wärmestaus genannt. Die Berücksichtigung des Wärmestaus unter der Decke sollte – wie bei einlagig direkt unter der Decke angeordneten Leitungen – mit dem Umrechnungsfaktor 0,95 gemäß Tabelle 3-7 (Werte entsprechen Tabelle 11 aus DIN VDE 0298 Teil 4) erfolgen. Dieser Faktor berücksichtigt jedoch nicht die Häufung bzw. Bündelung. Bei Bündelung im Elektro-Installationsrohr bzw. Elektro-Installationskanal sind **zusätzlich** die entsprechenden Umrechnungsfaktoren für Häufung gemäß Tabelle 3-7 zu berücksichtigen.

Umrechnungsfaktoren für Häufung von Leitungen für feste Verlegung der Verlegeart E, frei in der Luft, sind der **Tabelle 3-8** (Werte entsprechen Tabelle 12 aus DIN VDE 0298 Teil 4) zu entnehmen.

Da auch bei aufgewickelten Leitungen die zwangsläufig auftretende Verlustwärme nicht problemlos abgeführt werden kann, wird auch hierbei die Strombelastbarkeit der aufgewickelten Leitung beeinträchtigt. Somit sind bei aufgewickelten Leitungen ebenfalls Umrechnungsfaktoren (Reduktions- bzw. Reduzierfaktoren) zu berücksichtigen. Umrechnungsfaktoren in Abhängigkeit von der Anzahl der aufgewickelten Lagen sind der **Tabelle 3-9** (Werte entsprechen Tabelle 14 aus DIN VDE 0298 Teil 4) zu entnehmen.

Bei mehradrigen Kabeln und Leitungen beeinflussen sich die Verlustwärme erzeugenden Adern gegenseitig in der Wärmeabfuhr. In den Tabellen mit Strombelastbarkeitswerten in DIN VDE 0298 Teil 4 (siehe Abschnitt 3.3) wird deshalb bei mehradrigen Kabeln und Leitungen auch die Zahl der Verlustwärme

Tabelle 3-8. Umrechnungsfaktoren für Häufung von Leitungen für feste Verlegung der Verlegeart E (Werte entsprechen DIN VDE 0298 Teil 4, Tabelle 12)

Verlegeanordnung		Anzahl der Pritschen	Anzahl der Leitungen					
			1	2	3	4	6	9
Unperforierte Kabelwannen	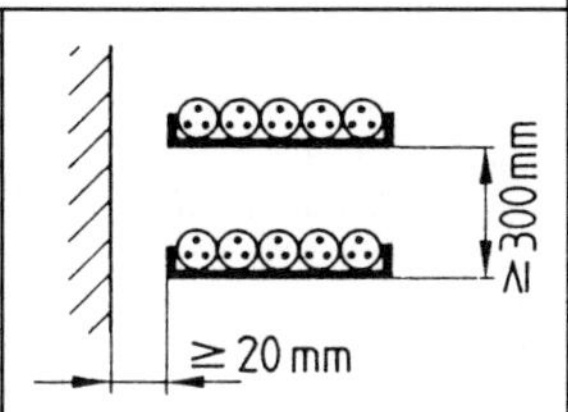	1	0,97	0,84	0,78	0,75	0,71	0,68
		2	0,97	0,83	0,76	0,72	0,68	0,63
		3	0,97	0,82	0,75	0,71	0,66	0,61
		6	0,97	0,81	0,73	0,69	0,63	0,58
Perforierte Kabelwannen	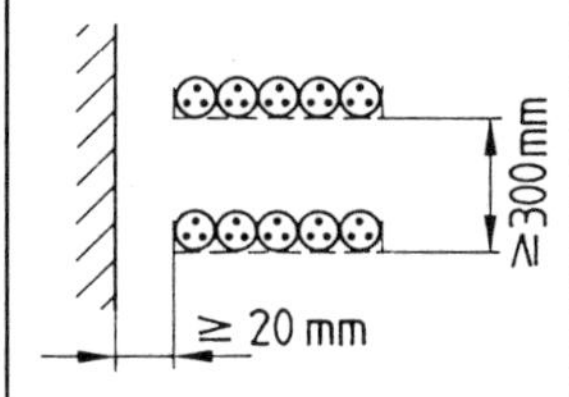	1	1,0	0,87	0,81	0,78	0,75	0,73
		2	1,0	0,86	0,79	0,76	0,72	0,68
		3	1,0	0,85	0,78	0,75	0,70	0,66
		6	1,0	0,84	0,77	0,73	0,68	0,64
	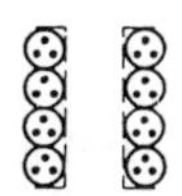	1	1,0	0,88	0,82	0,77	0,73	0,72
		2	1,0	0,88	0,81	0,76	0,71	0,70
	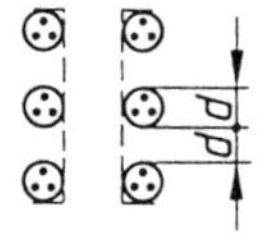	1	1,0	0,91	0,89	0,88	0,87	-
		2	1,0	0,91	0,88	0,87	0,86	-
Kabelpritschen	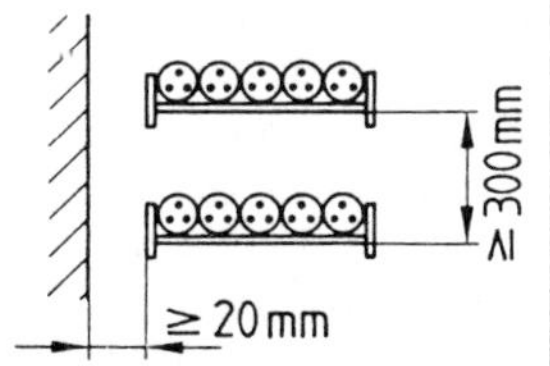	1	1,0	0,88	0,83	0,81	0,79	0,78
		2	1,0	0,86	0,81	0,78	0,75	0,73
		3	1,0	0,85	0,79	0,76	0,73	0,70
		6	1,0	0,83	0,76	0,73	0,69	0,66

Hinweise:
- Die dargestellten mehradrigen Leitungen (Symbol ⊙) können 2 oder 3 belastete Adern aufweisen.
- Eine Kabelwanne ist eine fortlaufende Tragplatte mit hochgezogenen Seitenteilen ohne Abdeckung. Sie wird als perforiert angesehen, wenn die Perforation mindestens 30 % der Gesamtfläche beträgt.
- Eine Kabelpritsche ist eine Tragkonstruktion, bei der die Auflagefläche nicht mehr als 10 % der Gesamtfläche dieser Konstruktion beträgt.

Tabelle 3-9. Umrechnungsfaktoren für aufgewickelte Leitungen
(Werte entsprechen DIN VDE 0298 Teil 4, Tabelle 14)

Anzahl der Lagen	1	2	3	4
Umrechnungsfaktoren	0,80	0,61	0,49	0,42

Tabelle 3-10. Umrechnungsfaktoren für vieladrige Kabel und Leitungen mit Leiternennquerschnitten bis 10 mm^2
(Werte entsprechen DIN VDE 0298 Teil 4, Tabelle 13)

Anzahl der belasteten Adern	Umrechnungsfaktor
5	0,75
7	0,65
10	0,55
14	0,50
19	0,45
24	0,40
40	0,35
61	0,30

erzeugenden Adern berücksichtigt. Unterschieden wird in zwei oder drei belastete Adern. Bei vieladrigen Kabeln und Leitungen sind Umrechnungsfaktoren zu beachten. Umrechnungsfaktoren für vieladrige Kabel und Leitungen mit Leiternennquerschnitten bis 10 mm^2 sind der **Tabelle 3-10** (Werte entsprechen Tabelle 13 aus DIN VDE 0298 Teil 4, deren Werte identisch sind mit DIN VDE 0298 Teil 2 für Kabel) zu entnehmen.

3.2.3.4.4 Wärmestrahlung

Auswirkungen auf Kabel und Leitungen durch Wärmestrahlungen sind zu berücksichtigen bzw. zu verhindern. Wärmestrahlungen können die Strombelastbarkeit der Kabel und Leitungen in starkem Maß mindern, da die normalerweise vorhandene Abfuhr der Verlustwärme beeinträchtigt wird.

Ein typischer Fall der Wärmestrahlung ist durch Sonneneinwirkung gegeben. Insbesondere im gewerblichen und industriellen Bereich ist auf mögliche Einflüsse von Wärmestrahlungen auf Kabel und Leitungen zu achten.

Am günstigsten ist es, Leitungswege zu wählen, bei denen Wärmestrahlquellen nicht einwirken können. Läßt sich dies auf Grund örtlicher Gegebenheiten nicht umgehen, sollten die Einwirkungen von Wärmestrahlungen verhindert werden. Eine häufig praktizierte Verhinderungsmöglichkeit ist das Verwenden von Abdeckungen. Dabei ist aber darauf zu achten, daß eine ungestörte Luftzirkulation gegeben ist. Kann die ungestörte Luftzirkulation nicht garantiert werden, so sind Umrechnungsfaktoren für abweichende Umgebungstemperaturen (siehe Tabelle 3-4 bis 3-6) (Werte entsprechen DIN VDE 0298 Teil 4, Tabelle 10) anzuwenden.

Sollte eine Vermeidung direkt einwirkender Wärmestrahlung auf Kabel und Leitungen nicht möglich sein, ist die Wärmestrahlung ebenfalls durch Anwenden der Umrechnungsfaktoren für abweichende Temperaturen zu berücksichtigen.

3.3 Strombelastbarkeitswerte (DIN VDE 0298 Teil 4 und Beiblatt 1 zu DIN VDE 0100 Teil 430)

3.3.1 Allgemeines

Die in DIN VDE 0298 Teil 4 genannten Strombelastbarkeitswerte gelten für PVC-isolierte Leitungen mit Nennspannungen bis 1000 V für feste Verlegung (DIN VDE 0250) sowie für flexible Leitungen mit PVC-Isolierung mit Nennspannungen bis 1000 V (DIN VDE 0281) und mit Gummi-Isolierung mit Nennspannungen bis 1000 V und darüber (DIN VDE 0282). Sie gelten für den ungestörten Betrieb und die jeweils genannten Betriebsbedingungen. Es wird dabei die bestimmungsgemäße Verwendung der Leitungen nach DIN VDE 0293 vorausgesetzt.
Der Leiterquerschnitt muß so groß gewählt werden, daß die auftretende Strombelastung die Strombelastbarkeit der Leitung nicht überschreitet.
Der Leiternennquerschnitt ist somit für die Beziehung

$$I_z \geq I_b$$

zu dimensionieren.
Darin bedeuten:
I_b zu erwartender Betriebsstrom des Stromkreises
I_z Strombelastbarkeit der Kabel und Leitungen.
Der Leiterquerschnitt darf **an keiner Stelle** und **zu keinem Zeitpunkt** über die zulässige Betriebstemperatur erwärmt werden.
Zu berücksichtigen sind dabei die jeweils zutreffenden ungünstigsten Betriebsbedingungen, die während der Dauer des Betriebes und entlang der Leitung auftreten.
Ändert sich z. B. die Umgebungstemperatur während der Dauer des Betriebes, so ist die höchste auftretende Temperatur – also der ungünstigste Fall – zu berücksichtigen.
Ein anderes Beispiel sind unterschiedliche Verlegearten längs des Leitungsweges. Eine Mantelleitung NYM, die z. B. im Verlauf ihres 30 m langen Leitungsweges 20 m im Mauerwerk und 10 m im Rohr verlegt ist, muß selbstverständlich der Verlegeart B2 – also dem ungünstigsten Fall – zugeordnet werden.
Bei den mehr- und vieladrigen Leitungen sowie bei Häufung (siehe Abschnitt 3.2.3.4.3) werden immer nur die Betriebsstrom führenden Leiter berücksichtigt. In den Tabellen mit Angabe der Strombelastbarkeitswerte in DIN VDE 0298 Teil 4 wird nach zwei bzw. drei belasteten Adern unterschieden.

Mehradrige Leitungen besitzen zwei bis fünf Adern, einschließlich der als Neutralleiter und/oder Schutzleiter dienenden Adern. Vieladrige Leitungen haben mindestens 6 Adern gleichen Querschnitts.
Konzentrische Leiter werden nicht mitgezählt. Auch zusätzliche Adern, z. B. für die Übertragung von Signalen einer Fernwirktechnik, finden keine Berücksichtigung.
Für vieladrige Leitungen sind in DIN VDE 0298 Teil 4 Umrechnungsfaktoren genannt (siehe Abschnitt 3.2.3.4.3), die identisch mit den Werten in DIN VDE 0298 Teil 2 für Kabel sind.

3.3.2 Strombelastbarkeitswerte von Kabeln und Leitungen für feste Verlegung (Verlegearten A, B1, B2, C und E)

3.3.2.1 Allgemeines

Die Strombelastbarkeitswerte von Leitungen für die feste Verlegung sind in Abhängigkeit von den Verlegearten A, B1, B2, C und E und der Anzahl der belasteten Adern für 30 °C Umgebungstemperatur der **Tabelle 3-11** (Werte entsprechen der Tabelle 3 aus DIN VDE 0298 Teil 4 A1 [Entwurf] und der Tabelle 4 aus DIN VDE 0298 Teil 4) und für 25 °C Umgebungstemperatur **Tabelle 3-12** (Werte entsprechen den Tabellen 31 und 41 aus DIN VDE 0298 Teil 4 A1 [Entwurf] bzw. Tabelle 2 aus Beiblatt 1 zu DIN VDE 0100 Teil 430) zu entnehmen. Für Kabel, die wie Leitungen verlegt werden, sind die gleichen Strombelastbarkeitswerte angewendet worden.
Zusammen mit der Tabelle 3-5 (Werte entsprechen DIN VDE 0298 Teil 4, Tabelle 11) für Umrechnungsfaktoren für Häufung enthalten die Tabellen 3-11 und 3-12 wohl die wichtigsten Angaben.
Zwei besonders wichtige Aspekte sind dabei zu berücksichtigen:
- Nach DIN VDE 0298 Teil 4 gibt es Strombelastbarkeitswerte sowohl für die Umgebungstemperatur 30 °C (Tabelle 3 aus DIN VDE 0298 Teil 4 A1 [Entwurf] und Tabelle 4 aus DIN VDE 0298 Teil 4/02.88) als auch für die Umgebungstemperatur 25 °C (Tabellen 31 und 41 von DIN VDE 0298 Teil 4 A1/01.91 [Entwurf] und Tabelle 2 aus Beiblatt 1 zu DIN VDE 0100 Teil 430).
- Einige für die Installationspraxis wichtige Strombelastbarkeitswerte wurden durch den Entwurf DIN VDE 0298 Teil 4 A1 gegenüber DIN VDE 0298 Teil 4/02.88 geändert.

3.3.2.2 Ergänzung von Strombelastbarkeitswerten für 25 °C Umgebungstemperatur

Zunächst einige Ausführungen zur Umgebungstemperatur (siehe auch Abschnitt 3.2.3.4.2). Erfreulicherweise sind nun für Planer und Errichter elektrischer Anlagen in Deutschland wieder Strombelastbarkeitswerte für eine Umgebungstemperatur bis 25 °C direkt verfügbar, die bei PVC-isolierten Leitungen eine

Belastbarkeitserhöhung von 6% gegenüber der Umgebungstemperatur 30 °C bedeuten. Die zusätzliche Rechenarbeit mit einem Umrechnungsfaktor (Faktor 1,06 gemäß Tabelle 3-4 [Werte entsprechen DIN VDE 0298 Teil 4, Tabelle 10]) entfällt. Der Faktor 1,06 ist in der Tabelle 3-12, die für 25 °C Umgebungstemperatur gilt (Werte entsprechen den Tabellen 31 und 41 aus DIN VDE 0298 Teil 4 A1 [Entwurf] und Beiblatt 1 zu DIN VDE 0100 Teil 430) bei den Strombelastbarkeitswerten schon berücksichtigt. Dabei wurde wie folgt verfahren:
Nach Umrechnung (Multiplikation der Basiswerte für 30 °C Umgebungstemperatur mit dem Faktor 1,06) wurden die für 25 °C Umgebungstemperatur errechneten Werte gerundet. Werte $\leq$ 20 A wurden auf die nächsten 0,5 A, Werte > 20 A auf die nächsten 1 A gerundet (internationales Verfahren nach Anhang B der Publikation IEC 364-5-523 : 1983).
Das direkte Vorliegen von Strombelastbarkeitswerten für 25 °C Umgebungstemperatur ist eine echte Erleichterung für den Anwender, da mit Umgebungstemperaturen größer 25 °C in üblichen Wohn- und Büroräumen sowie in Versammlungsstätten, also allgemein in der Gebäudeinstallation, in aller Regel nicht zu rechnen ist.
Umgebungstemperaturen größer 25 °C können allenfalls in nicht belüfteten Räumen für die Leitungsverlegung, z. B. aufgrund von Stromwärmeverlusten, Verlustwärme von Heizrohrleitungen oder bei besonderen Anwendungsfällen, auftreten.
Für Umgebungstemperaturen bis 30 °C gilt Tabelle 3-11 (Werte entsprechen Tabelle 3 aus DIN VDE 0298 Teil 4 A1 [Entwurf] und Tabelle 4 aus DIN VDE 0298 Teil 4).

3.3.2.3 Änderung von für die Installationstechnik wichtigen Strombelastbarkeitswerten

Besonders erfreulich ist aber die Tatsache, daß nunmehr durch die Änderung 1 von DIN VDE 0298 Teil 4 (Entwurf) in der deutschen Installationspraxis wieder die Strombelastbarkeitswerte Gültigkeit haben, die zu den alten, in der Praxis bewährten Zuordnungen von Überstrom-Schutzeinrichtungen zu den Leiterquerschnitten führen (siehe auch Abschnitt 4.3.2.2).
Mit Erscheinen von DIN VDE 0298 Teil 4/02.88 wurden seinerzeit nämlich die Strombelastbarkeitswerte aus DIN VDE 0100 Teil 523/06.81 abgelöst. Für wichtige Anwendungsgebiete ergaben sich dadurch geringere Strombelastbarkeitswerte, was letztlich zu einem größeren Leiterquerschnitt führte. Zu nennen sind:

- *Verlegeart C, 3 belastete Adern, 4 mm²*
  Dieser für Verbrauchsmittel wichtige Leiterquerschnitt durfte nach DIN VDE 0298 Teil 4/02.88 nur mit 32 A bei 30 °C Umgebungstemperatur belastet werden. Umgerechnet auf 25 °C (Umrechnungsfaktor 1,06 nach Tabelle 3-4 [Werte entsprechen DIN VDE 0298 Teil 4, Tabelle 10]) ergab sich eine Strombelastbarkeit von 33,92 A. Durch diese Strombelastbarkeit ergab sich bei Verwendung von Schmelzsicherungen nur eine Absicherung von 25 A.

Tabelle 3-11. Strombelastbarkeitswerte I_z von Leitungen für feste Verlegung, Verlegearten A, B1, B2, C und E – Isolierwerkstoff PVC, zulässige Betriebstemperatur 70 °C, Umgebungstemperatur 30 °C (Werte entsprechen DIN VDE 0298 Teil 4 und DIN VDE 0298 Teil 4 A1 (Entwurf))

Bauart-Kurzzeichen[1])	NYM, NYBUY, NHYRUZY, NYIF, H07V-U, H07V-R, H07V-K, NYIFY								NYY, NYCWY, NYKY, NYM, NYMZ, NYMT, NYBUY, NHYRUZY	
Anzahl der belasteten Adern	2	3	2	3	2	3	2	3	2	3
Verlegeart	A		B1		B2		C		E	
	in wärmedämmenden Wänden		Auf oder in Wänden oder unter Putz						frei in Luft unter Einhaltung der angegebenen Abstände verlegt	
			in Elektro-Installationsrohren oder -kanälen				direkt verlegt			
	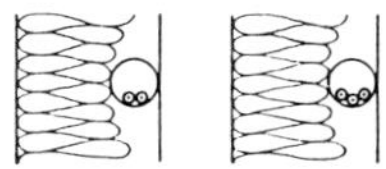 Aderleitungen im Elektro-Installationsrohr[2]) [5])		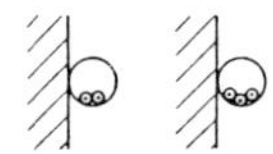 Aderleitungen im Elektro-Installationsrohr auf der Wand, unter der Decke[6]) oder auf dem Fußboden[3])		 Mehradrige Leitung im Elektro-Installationsrohr auf der Wand, unter der Decke[6]) oder auf dem Fußboden		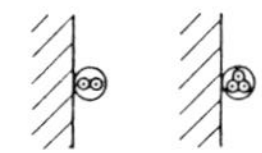 Mehradrige Leitung auf der Wand, unter der Decke[7]) oder auf dem Fußboden[4])			
	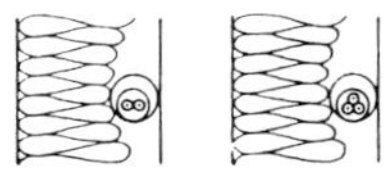 Mehradrige Leitung im Elektro-Installationskanal[5])		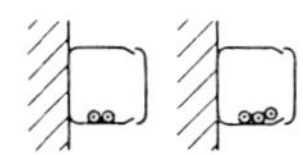 Aderleitungen im Elektro-Installationsrohr auf der Wand, unter der Decke[6]) oder auf dem Fußboden		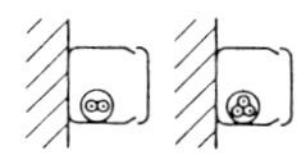 Mehradrige Leitung im Elektro-Installationskanal auf der Wand, unter der Decke[6]) oder auf dem Fußboden		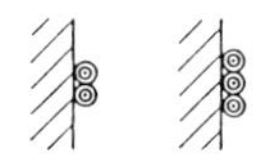 Einadrige Mantelleitungen auf der Wand, unter der Decke[7]) oder auf dem Fußboden			
	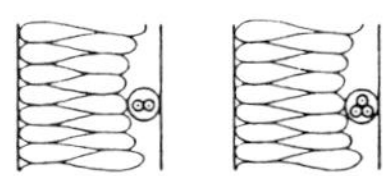 Mehradrige Leitung in der Wand		 Aderleitungen, einadrige Mantelleitungen, mehradrige Leitungen im Elektro-Installationsrohr in Wand, Decke oder im Fußboden				 Mehradrige Leitung in Wand, Decke, Fußboden oder unter Putz, Stegleitung in der Wand oder unter Putz		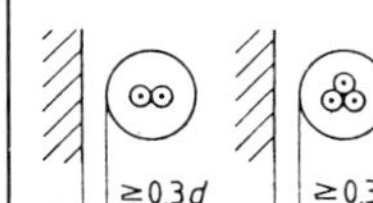	

Leiternennquerschnitt Kupferleiter mm²	Strombelastbarkeit I_z in A									
1,5	15,5[8]	13	17,5	15,5	15,5	14	19,5	17,5	20	18,5
2,5	19,5	18	24	21	21	19	26	24	27	25
4	26	24	32	28	28	26	35	33,02[8]	37	34
6	34	31	41	36	37	33	46	41	48	43
10	46	42	57	50	50	47,17[8]	63	59,43[8]	66	60
16	61	56	76	68	68	61	85	76	89	80
25	80	73	101	89	90	77	112	96	118	101
35	99	89	125	111	110	95	138	119	145	126
50	119	108	151	134	-	-	-	-	-	-
70	151	136	192	171	-	-	-	-	-	-
95	182	164	232	207	-	-	-	-	-	-
120	210	188	269	239	-	-	-	-	-	-

[1]) Auflistung der Bauart-Kurzzeichen mit Angaben, welchen Normen die Leitungen entsprechen, siehe DIN VDE 0298 Teil 3. Für Kabel, die wie die aufgeführten Leitungen verlegt sind, gelten dieselben Belastbarkeiten.
[2]) Gilt auch für Aderleitungen im Elektro-Installationsrohr in geschlossenen Fußbodenkanälen (Fußboden ohne wärmedämmende Materialien).
[3]) Gilt auch für Aderleitungen im Elektro-Installationsrohr in belüfteten Fußbodenkanälen.
[4]) Gilt auch für mehradrige Leitung in offenen oder belüfteten Kanälen.
[5]) Gilt auch für Aderleitungen, einadrige Mantelleitungen, mehradrige Leitung im Elektro-Installationskanal im Fußboden (ohne wärmedämmende Materialien).
[6]) Bei Anordnung unter der Decke siehe Abschnitte 3.2.3.3.2 und 3.2.3.4.3.
[7]) Bei Anordnung unter der Decke siehe Tabelle 3-7 (Tabelle 11 aus DIN VDE 0298 Teil 4).
[8]) Siehe Abschnitt 3.3.2.3.

Tabelle 3-12. Strombelastbarkeitswerte I_z von Leitungen für feste Verlegung, Verlegearten A, B1, B2, C und E – Isolierwerkstoff PVC, zulässige Betriebstemperatur 70 °C, Umgebungstemperatur 25 °C (Werte entsprechen DIN VDE 0298 Teil 4 A1 (Entwurf) bzw. Beiblatt 1 zu DIN VDE 0100 Teil 430)

Bauart-Kurzzeichen[1])	NYM, NYBUY, NHYRUZY, NYIF, H07V-U, H07V-R, H07V-K, NYIFY								NYY, NYCWY, NYKY, NYM, NYMZ, NYMT, NYBUY, NHYRUZY	
Anzahl der belasteten Adern	2	3	2	3	2	3	2	3	2	3
Verlegeart	A in wärmedämmenden Wänden		B1 Auf oder in Wänden oder unter Putz in Elektro-Installationsrohren oder -kanälen		B2		C direkt verlegt		E frei in Luft unter Einhaltung der angegebenen Abstände verlegt	
	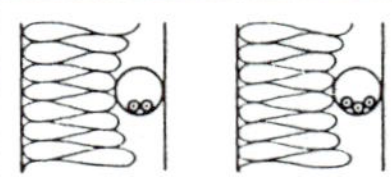 Aderleitungen im Elektro-Installationsrohr[2]) [5])		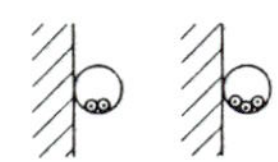 Aderleitungen im Elektro-Installationsrohr auf der Wand, unter der Decke[6]) oder auf dem Fußboden[3])		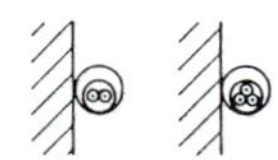 Mehradrige Leitung im Elektro-Installationsrohr auf der Wand, unter der Decke[6]) oder auf dem Fußboden		 Mehradrige Leitung auf der Wand, unter der Decke[7]) oder auf dem Fußboden[4])			
	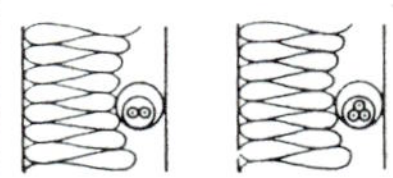 Mehradrige Leitung im Elektro-Installationskanal[5])		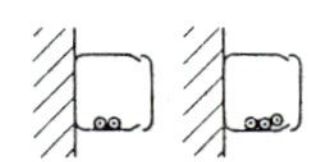 Aderleitungen im Elektro-Installationsrohr auf der Wand, unter der Decke[6]) oder auf dem Fußboden		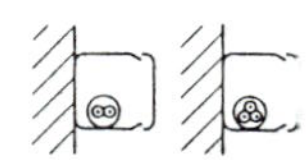 Mehradrige Leitung im Elektro-Installationskanal auf der Wand, unter der Decke[6]) oder auf dem Fußboden		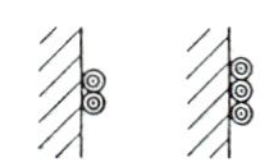 Einadrige Mantelleitungen auf der Wand, unter der Decke[7]) oder auf dem Fußboden			
	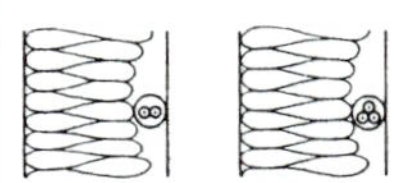 Mehradrige Leitung in der Wand		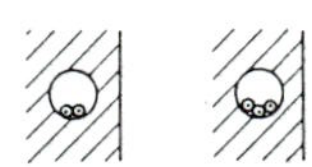 Aderleitungen, einadrige Mantelleitungen, mehradrige Leitungen im Elektro-Installationsrohr in Wand, Decke oder im Fußboden				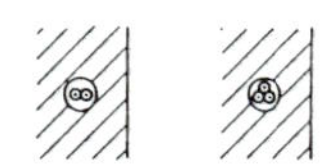 Mehradrige Leitung in Wand, Decke, Fußboden oder unter Putz, Stegleitung in der Wand oder unter Putz		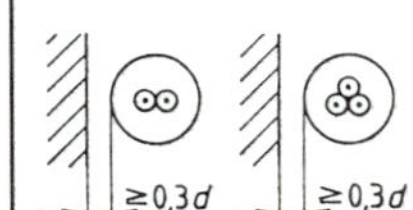 	

Leiternenn-querschnitt Kupferleiter mm^2	Strombelastbarkeit I_z in A									
1,5	16,5[8])	14	18,5	16,5	16,5	15	21	18,5	21	19,5
2,5	21	19	25	22	22	20	28	25	29	27
4	28	25	34	30	30	28	37	35[8])	39	36
6	36	33	43	38	39	35	49	43	51	46
10	49	45	60	53	53	50[8])	67	63[8])	70	64
16	65	59	81	72	72	65	90	81	94	85
25	85	77	107	94	95	82	119	102	125	107
35	105	94	133	118	117	101	146	126	154	134
50	126	114	160	142	-	-	-	-	-	-
70	160	144	204	181	-	-	-	-	-	-
95	193	174	246	219	-	-	-	-	-	-
120	223	199	285	253	-	-	-	-	-	-

[1]) Auflistung der Bauart-Kurzzeichen mit Angaben, welchen Normen die Leitungen entsprechen, siehe DIN VDE 0298 Teil 3. Für Kabel, die wie die aufgeführten Leitungen verlegt sind, gelten dieselben Belastbarkeiten.
[2]) Gilt auch für Aderleitungen im Elektro-Installationsrohr in geschlossenen Fußbodenkanälen (Fußboden ohne wärmedämmende Materialien).
[3]) Gilt auch für Aderleitungen im Elektro-Installationsrohr in belüfteten Fußbodenkanälen.
[4]) Gilt auch für mehradrige Leitung in offenen oder belüfteten Kanälen.
[5]) Gilt auch für Aderleitungen, einadrige Mantelleitungen, mehradrige Leitung im Elektro-Installationskanal im Fußboden (ohne wärmedämmende Materialien).
[6]) Bei Anordnung unter der Decke siehe Abschnitte 3.2.3.3.2 und 3.2.3.4.3.
[7]) Bei Anordnung unter der Decke siehe Tabelle 3-7 (Tabelle 11 aus DIN VDE 0298 Teil 4).
[8]) Siehe Abschnitt 3.3.2.3.

- *Verlegeart C, 3 belastete Adern, 10 mm²*
  Dieser für Hauptleitungen wichtige Querschnitt durfte nach DIN VDE 0298 Teil 4/02.88 nur mit 57 A bei 30 °C Umgebungstemperatur belastet werden. Umgerechnet auf 25 °C (Umrechnungsfaktor 1,06 nach Tabelle 3-4 [Werte entsprechen DIN VDE 0298 Teil 4, Tabelle 10]) ergab sich eine Strombelastbarkeit von 60,42 A. Durch diese Strombelastbarkeit ergab sich nur eine Absicherung von 50 A.
  Da DIN 18 015 Teil 1 für die Hauptleitung eines Einfamilienhauses und für die Verbindungsleitung zwischen Zählerplatz und Stromkreisverteiler eine Strombelastbarkeit von mindestens 63 A fordert, war bei Anwendung von DIN VDE 0298 Teil 4/02.88 ein Leiterquerschnitt von 16 mm² Cu erforderlich.

- *Verlegeart B2, 3 belastete Adern, 10 mm²*
  Dieser Querschnitt durfte nach DIN VDE 0298 Teil 4/02.88 nur mit 46 A bei 30 °C Umgebungstemperatur belastet werden. Umgerechnet auf 25 °C (Umrechnungsfaktor 1,06 nach Tabelle 3-4 [Werte entsprechen DIN VDE 0298 Teil 4, Tabelle 10]) ergab sich eine Strombelastbarkeit von 48,76 A. Durch diese Strombelastbarkeit ergab sich bei Verwendung von Schmelzsicherungen nur eine Absicherung von 35 A.

Um die für die Installationspraxis negativen Auswirkungen zu vermeiden, wurde 1988 ein VDEW/ZVEH-Papier »Empfehlungen für die Zuordnung der Überstrom-Schutzeinrichtungen« herausgegeben. Die Zuordnung von Überstrom-Schutzeinrichtungen zu Leiterquerschnitten hatte in diesem Papier Strombelastbarkeitswerte auf der Basis 25 °C Umgebungstemperatur.
Außerdem wurden für die vorgenannten kritischen Fälle die Strombelastbarkeitswerte so angehoben, daß sich bei der Zuordnung der Überstrom-Schutzeinrichtungen zu den Leiterquerschnitten wieder die alten, jahrzehntelang bewährten Zuordnungen ergaben:
- Verlegeart C, 3 belastete Adern 4 mm² Cu, 25 °C Umgebungstemperatur, I_n = 35 A (nach DIN VDE 0298 Teil 4/02.88 bei Verwendung von Schmelzsicherungen nur I_n = 25 A)
- Verlegeart C, 3 belastete Adern, 10 mm² Cu, 25 °C Umgebungstemperatur, I_n = 63 A (nach DIN VDE 0298 Teil 4/02.88 nur I_n = 50 A)
- Verlegeart B2, 3 belastete Adern, 10 mm² Cu, 25 °C Umgebungstemperatur, I_n = 50 A (nach DIN VDE 0298 Teil 4/02.88 bei Verwendung von Schmelzsicherungen nur I_n = 35 A).

Diese Erhöhungen der Strombelastbarkeit in den vorgenannten Fällen wurden im VDEW/ZVEH-Papier auch begründet. Aufgrund der langjährigen Erfahrungen bei den erwähnten Anwendungsfällen wurde die Vorgehensweise als praxisgerecht angesehen, weil die auftretenden Betriebsströme I_b – auch bei Steckdosenstromkreisen – praktisch immer kleiner als die zulässige Strombelastbarkeit I_z sind.
Für in Deutschland übliche Installationen wurden detaillierte Messungen durchgeführt und deren Ergebnisse veröffentlicht:

- *Krefter, K.H., Niemand, Th.*: Strombelastbarkeit elektrischer Leitungen bei unterschiedlichen Verlegearten; etz Elektrotechnische Zeitschrift 110 (1989), Heft 18, Seiten 964 bis 973,
- *Winkler, A.*: Belastbarkeit von NYM-Leitungen bei horizontaler Einzelverlegung; etz Elektrotechnische Zeitschrift 109 (1988), Heft 18, Seiten 836-839,
- *Harms, G.*: Belastbarkeit elektrischer Leitungen in wärmedämmenden Wänden; etz Elektrotechnische Zeitschrift 110 (1989), Heft 9, Seiten 414-420.

Insbesondere die Untersuchung von Krefter/Niemand führte dazu, daß die erwähnten kritischen Anwendungsfälle in DIN VDE 0298 Teil 4 A1/01.91 (Entwurf) gegenüber DIN VDE 0298 Teil 4/02.88 entscheidende Änderungen erfuhren. Die schon im VDEW/ZVEH-Papier geringfügig angehobenen Strombelastbarkeitswerte wurden geändert. Da bisher in der deutschen Installationspraxis die in der nationalen Fachwelt allgemein anerkannten Festlegungen in DIN VDE 0100 Teil 523 galten (Beispiel VDEW/ZVEH-Empfehlungen), wurden die davon abweichenden Strombelastbarkeitswerte in DIN VDE 0298 Teil 4 A1/01.91 geändert (erhöht), um unnötige Strombelastbarkeitsreduzierungen zu vermeiden. Die besonderen Strombelastbarkeitswerte sind in den Tabellen 3 und 31 von DIN VDE 0298 Teil 4 A1/01.91 (Entwurf) mit der Fußnote [8]) besonders gekennzeichnet. Die Werte gelten in Deutschland bis zum Vorliegen neuer Strombelastbarkeitswerte bei CENELEC. Sie sind auch dadurch zu erkennen, daß die von der Umgebungstemperatur 25 °C rückgerechneten Strombelastbarkeitswerte bei der Umgebungstemperatur 30 °C in Tabelle 3 von DIN VDE 0298 Teil 4 A1/01.91 (Entwurf) auf zwei Stellen gerundet wurden.

Im Beiblatt 1 zu DIN VDE 0100 Teil 430 wurden die angehobenen Strombelastbarkeitswerte ebenfalls berücksichtigt. Die Tabelle 2 aus dem Beiblatt 1 zu DIN VDE 0100 Teil 430, die ja für 25 °C Umgebungstemperatur gilt, entspricht hinsichtlich der Strombelastbarkeit voll den Tabellen 31 und 41 aus DIN VDE 0298 Teil 4 A1/01.91 (Entwurf). Sie enthält somit auch die Fußnote [8]) für die besonders gekennzeichneten Strombelastbarkeitswerte.

Der ebenfalls mit der Fußnote [8]) versehene gerundete Strombelastbarkeitswert für den Nennquerschnitt 1,5 mm² Cu bei der Verlegeart A und zwei belasteten Adern gilt für folgenden Wandaufbau:

- äußere Beplankung mit 10 mm Holzfaserplatten,
- Wärmedämmung mit 100 mm Mineralfaser,
- innere Beplankung mit 25 mm Holzfaserplatte mit einer Wärmeleitfähigkeit von 0,1 W/Km senkrecht zur Plattenebene und 0,23 W/Km parallel zur Plattenebene.

Nach Aussage der Studiengesellschaft für Fertigbau stellt dieser Wandaufbau die am stärksten wärmedämmende Wand für den Fertighausbau in Deutschland dar.

Für 25 °C Umgebungstemperatur ergibt sich bei dem aufgezeigten Wandaufbau ein Strombelastbarkeitswert von 16,5 A (siehe Tabelle 3-12), bei 30 °C Umgebungstemperatur ein Strombelastbarkeitswert von 15,5 A (siehe Tabelle 3-11).

Die genannten Strombelastbarkeitswerte beziehen sich auf folgende Leitungsart und Verlegeanordnung der Verlegeart A:

- dreiadrige Mantelleitung mit zwei belasteten Adern,
- bei Verlegung mit oder ohne Elektro-Installationsrohr direkt an der inneren Beplankung anliegend.

Liegen in der Praxis thermisch ungünstigere Wandkonstruktionen vor, so ist der auf 25 °C umgerechnete und gerundete Strombelastbarkeitswert 15,5 A zu verwenden. Bei 30 °C Umgebungstemperatur liegt dieser Wert nach IEC bei 14,5 A.

Die vorgenannten durchgeführten Messungen für in Deutschland übliche Installationen von Harms, Winkler sowie Krefter/Niemand lassen darauf schließen, daß für die Mehrzahl der Fälle bei den untersuchten Mantelleitungen höhere Strombelastbarkeitswerte möglich sind, als in DIN VDE 0298 Teil 4, DIN VDE 0298 Teil 4 A1 (Entwurf) bzw. Beiblatt 1 zu DIN VDE 0100 Teil 430 angegeben. Daher kann es in Einzelfällen sinnvoll und durchaus wirtschaftlich geboten sein, die gemessenen Strombelastbarkeitswerte der genannten Untersuchungen zu berücksichtigen.

Die Messungen wurden übrigens an Leitungen im Querschnittsbereich zwischen 1,5 mm^2 und 10 mm^2 Cu mit unterschiedlichen Aderzahlen durchgeführt.

Die Ergebnisse der Messungen wurden zur Beratung an das zuständige CENELEC-Gremium mit dem Ziel weitergegeben, genauere, den unterschiedlichen Verlegearten entsprechende, Strombelastbarkeitsangaben zu erhalten.

3.3.3 Strombelastbarkeit von flexiblen Leitungen mit Nennspannungen bis 1000 V

Die Strombelastbarkeitswerte von flexiblen Leitungen mit Nennspannungen bis 1000 V sind **Tabelle 3-13** (Werte entsprechen Tabelle 6 aus DIN VDE 0298 Teil 4) zu entnehmen.

Die als Basis dienenden bzw. zu berücksichtigenden Betriebsbedingungen (Betriebsart, Verlegebedingungen, Leitungsart, Umgebungsbedingungen) sind Abschnitt 3.2.3 zu entnehmen.

3.3.4 Strombelastbarkeit von flexiblen Leitungen mit Nennspannungen ab 0,6/1 kV

Die Strombelastbarkeitswerte von flexiblen Leitungen mit Nennspannungen ab 0,6 kV sind **Tabelle 3-14** (Werte entsprechen Tabelle 9 aus DIN VDE 0298 Teil 4) zu entnehmen.

Die als Basis dienenden bzw. zu berücksichtigenden Betriebsbedingungen (Betriebsart, Verlegebedingungen, Leitungsart, Umgebungsbedingungen) sind Abschnitt 3.2.3 zu entnehmen.

3.3.5 Strombelastbarkeit von Leitungen mit erhöhter Wärmebeständigkeit

Die Strombelastbarkeitswerte von Leitungen mit erhöhter Wärmebeständigkeit sind in DIN VDE 0298 Teil 4 nicht direkt in einer Tabelle angegeben. Vielmehr müssen die Umrechnungsfaktoren für die Strombelastbarkeit von Leitungen mit erhöhter Wärmebeständigkeit nach Tabelle 3-3 (Werte entsprechen Tabelle 7 aus DIN VDE 0298 Teil 4) auf die Werte der Tabelle 3-13 (Werte entsprechen Tabelle 6 aus DIN VDE 0298 Teil 4) angewendet werden (siehe hierzu auch Abschnitt 3.2.3.3.5).
Die Umrechnungsfaktoren fangen bei einer Umgebungstemperatur von 50 °C (Faktor 1,00) an und gehen bis zu einer Umgebungstemperatur von 175 °C für Leitungen mit dem Isolierwerkstoff Silikon-Kautschuk (SiR) (siehe auch Abschnitte 3.2.2.2 und 3.2.3.3.5 sowie Tabellen 3-1 und 3-2).
Bei Umgebungstemperaturen von über 50 °C ist die Temperaturdifferenz zur zulässigen Betriebstemperatur der Leiter von z. B. 70 °C bei PVC so klein geworden, daß nur noch wenig Verlustwärme abgeführt werden kann. In solchen Fällen sind dann Leitungen mit einer höheren zulässigen Betriebstemperatur zu verwenden.
Unterschieden werden Leitungen mit erhöhter Wärmebeständigkeit mit zulässigen Betriebstemperaturen bis zu 90 °C, 120 °C, 135 °C und 180 °C (siehe auch Abschnitte 3.2.2.2 und 3.2.3.3.5 sowie Tabellen 3-1 und 3-2).

3.3.6 Strombelastbarkeit von im Erdreich verlegten Kabeln

Für im Erdreich verlegte Kabel gilt DIN VDE 0298 Teil 2.
Die höheren Werte der Strombelastbarkeit für im Erdreich verlegte Kabel nach DIN VDE 0298 Teil 2 gelten auch für außerhalb des Erdreichs verlegte kurze Anschlußenden, z. B. Einführungen von im Freien angebrachten Pumpen und Verteilerkästen, Einführungen zu Hausanschlußkästen.
Da solch eine Festlegung für die Elektrofachkraft selbstverständlich ist, werden in DIN VDE 0298 und Beiblatt 1 zu DIN VDE 0100 Teil 430 entsprechende Aussagen nicht mehr direkt gemacht. Früher war eine entsprechende Aussage in DIN VDE 0100 Teil 523, Abschnitt 6.2 zu finden.

3.3.7 Strombelastbarkeit von Leitungen und Kabeln in Sonderfällen

3.3.7.1 Allgemeines

In DIN VDE 0100 Teil 523, Abschnitt 7, waren noch Aussagen zur Strombelastbarkeit in Sonderfällen zu finden.
DIN VDE 0298 Teil 4 und Beiblatt 1 zu DIN VDE 0100 Teil 430 machen hierzu keine konkreten Angaben, weil nicht alle Einzelfälle von Normen erfaßt werden können. In den Erläuterungen zum Beiblatt 1 zu DIN VDE 0100 Teil 430 ist nur allgemein festgehalten, daß bei Inanspruchnahme niedrigerer Querschnitte bei

Tabelle 3-13. Strombelastbarkeitswerte I_z flexibler Leitungen mit Nennspannungen bis 1000 V (Werte entsprechen Tabelle 6 aus DIN VDE 0298 Teil 4)

1	2	3	4	5	6	7	8	9
Isolierwerkstoff	NR/SR	PVC	NR/SR			PVC		
Bauart-Kurzzeichen[1]	A05RN-F H07RN-F	H05V-U[2] H05V-K[2] H07V-U[2] H07V-R[2] H07V-K[2] NFYW[2]	H03RT-F H05RR-F A05RR-F A05RRT-F H05RN-F A05RN-F H07RN-F A07RN-F		NPL[2] NIFLÖU[2] NMHVÖU NGFLGÖU NSHCÖU NSHTÖU[3] H05RND5-F H05RT2D5-F H07RND5-F H07RT2D5-F H07RN-F A07RN-F	H03VH-Y[4] H03VH-H H03VV-F H03VVH2-F H05VV-F H05VVH2-F	H03VV-F H05VV-F	NYMHYV NYSLYÖ NYSLYCYÖ H05VVH6-F H05VVD3H6-F H07VVH6-F H07VVD3H6-F
Zulässige Betriebstemperatur	60 °C	70 °C	60 °C			70 °C		
Anzahl der belasteten Adern	1		2	3	2 oder 3	2	3	2 oder 3
Verlegeart	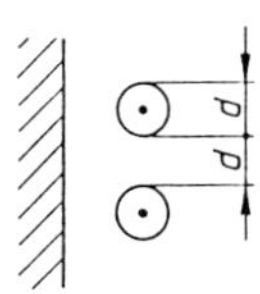			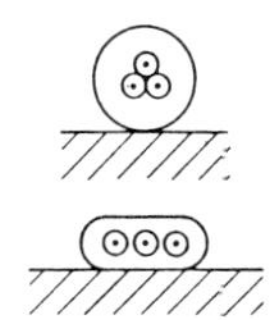		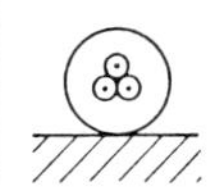	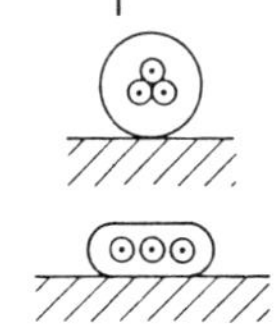	

[1] Auflistung der Bauart-Kurzzeichen mit Angaben, welchen Normen die Leitungen entsprechen, siehe DIN VDE 0298 Teil 3.
[2] Leitungen für feste Verlegung.
[3] Umrechnungsfaktor für aufgewickelte Leitungen nach Tabelle 14 aus DIN VDE 0298 Teil 4 (Tabelle 3-9).
[4] Belastbar mit 0,2 A unabhängig von der Umgebungstemperatur.

Nennquerschnitt Kupferleiter in mm^2	Strombelastbarkeit I_z in A						
0,5	-	3	3	-	3	3	-
0,75	15	6	6	12	6	6	12
1	19	10	10	15	10	10	15
1,5	24	16	16	18	16	16	18
2,5	32	25	20	26	25	20	26
4	42	32	25	34	-	-	34
6	54	40	-	44	-	-	44
10	73	63	-	61	-	-	61
16	98	-	-	82	-	-	82
25	129	-	-	108	-	-	108
35	158	-	-	135	-	-	-
50	198	-	-	168	-	-	-
70	245	-	-	207	-	-	-
95	292	-	-	250	-	-	-
120	344	-	-	292	-	-	-
150	391	-	-	335	-	-	-
185	448	-	-	382	-	-	-
240	528	-	-	453	-	-	-
300	608	-	-	523	-	-	-
400	726	-	-	-	-	-	-
500	830	-	-	-	-	-	-
Umrechnungsfaktoren für:							
abweichende Umgebungstemperatur	Tabelle 10 aus DIN VDE 0298 Teil 4 (Tabellen 3-4 und 3-5)						
Häufung	Tabelle 11 aus DIN VDE 0298 Teil 4 (Tabelle 3-7)[5] [6]	Tabelle 11 aus DIN VDE 0298 Teil 4 (Tabelle 3-7)					
vieladrige Leitungen	-			Tabelle 13 aus DIN VDE 0298 Teil 4 (Tab. 3-10)	-		Tabelle 13 aus DIN VDE 0298 Teil 4 (Tab. 3-10)

[5] Vor Anwendung der Umrechnungsfaktoren nach Tabelle 11 aus DIN VDE 0298 Teil 4 (Tabelle 3-7) sind die Werte mit dem Faktor 0,95 umzurechnen.
[6] Bei sich berührenden oder gebündelter Leitungen sind die Tabellenwerte mit 0,8 bei Einphasen- oder mit 0,7 bei Dreiphasen-Stromkreisen zu multiplizieren.

Tabelle 3-14. Strombelastbarkeitswerte I_z flexibler Leitungen mit Nennspannungen ab 0,6/1 kV (Werte entsprechen Tabelle 9 aus DIN VDE 0298 Teil 4)

Isolierwerkstoff	EPR	
Bauart-Kurzzeichen[1])	NT... NSSHÖU	NT...
Nennspannung	bis 6/10 kV	über 6/10 kV
Betriebstemperatur	80 °C[2])	
Anzahl der belasteten Adern	3	
Verlegeart	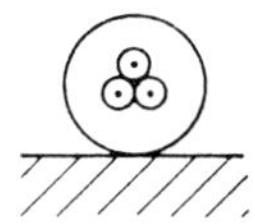	
Nennquerschnitt Kupferleiter mm²	Strombelastbarkeit I_z in A	
2,5	30	-
4	41	-
6	53	-
10	74	-
16	99	105
25	131	139
35	162	172
50	202	215
70	250	265
95	301	319
120	352	371
150	404	428
185	461	488
Umrechnungsfaktoren für		
abweichende Umgebungstemperatur	Tabelle 10 aus DIN VDE 0298 Teil 4 (Tabelle 3-6)	
aufgewickelte Leitungen	Tabelle 14 aus DIN VDE 0298 Teil 4 (Tabelle 3-9)	
vieladrige Leitungen	Tabelle 13 aus DIN VDE 0298 Teil 4 (Tabelle 3-10)	-
Häufung	Tabelle 11 aus DIN VDE 0298 Teil 4 (Tabelle 3-7)	

[1]) Auflistung der Bauart-Kurzzeichen mit Angaben, welchen Normen die Leitungen entsprechen, siehe DIN VDE 0298 Teil 3.
[2]) Siehe Ausführungen im Abschnitt 3.2.3.4.2.

der Projektierung unter Berücksichtigung physikalischer Grundlagen durch den Projekteur für den Spezialfall eine Berechnung durchgeführt werden muß.
An dieser Stelle sollen jedoch weiterhin entsprechende Hinweise gegeben werden.

3.3.7.2 Strombelastbarkeit von Kabeln und Leitungen bei Aussetz- und Kurzzeitbetrieb

Bei Aussetzbetrieb, Kurzzeitbetrieb usw. darf zeitweise eine Erhöhung der Belastung von Leitungen und Kabeln auftreten. Die Leiterquerschnitte sind von Fall zu Fall zu ermitteln.
Die Strombelastbarkeit von Leitungen wird für Dauerlast angegeben. Für Kurzzeitbetrieb oder Aussetzbetrieb sind die zulässigen Stromwerte von Fall zu Fall zu berechnen.
Bei kurzzeitigem Betrieb ist die Betriebszeit so kurz, daß die Beharrungstemperatur (Endtemperatur) nicht erreicht wird. Die anschließende Pause ist lang genug, daß wieder eine Abkühlung auf die Umgebungstemperatur stattfindet **(Bild 3-17)**.
Bei aussetzendem Betrieb wechseln Einschaltzeiten und Pausen. Die Dauer der Pausen genügt nicht, um wieder eine Abkühlung auf die Temperatur der Umgebung zu erreichen. Man muß unterscheiden, ob trotz eines den Nennstrom übersteigenden Betriebsstromes die Nenntemperatur eingehalten oder überschritten wird.
Die Temperatur steigt nach **Bild 3-18** in der ersten Betriebsperiode wesentlich steiler als bei Nennstrom. Ohne Abschaltung würde die Endtemperatur hoch über der Nenntemperatur liegen. In der stromlosen Pause tritt keine vollständige Abkühlung ein. In etwa der dritten Betriebsperiode wird annähernd die Nenntemperatur erreicht. Das geschieht nun fortlaufend am Ende einer jeden Betriebsperiode, ohne daß die Nenntemperatur überschritten wird.

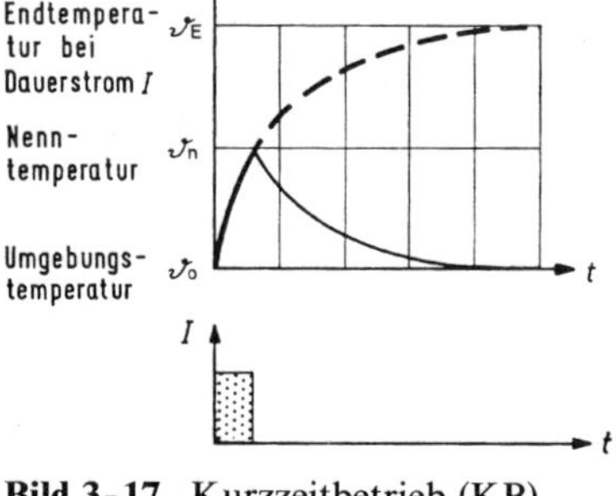

Bild 3-17. Kurzzeitbetrieb (KB)

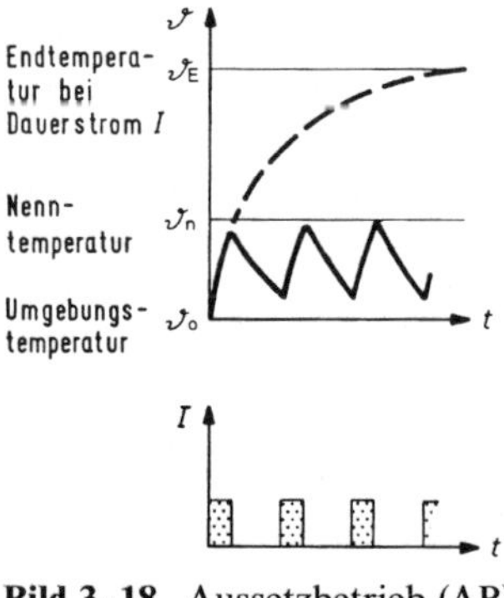

Bild 3-18. Aussetzbetrieb (AB) – Nenntemperatur wird eingehalten

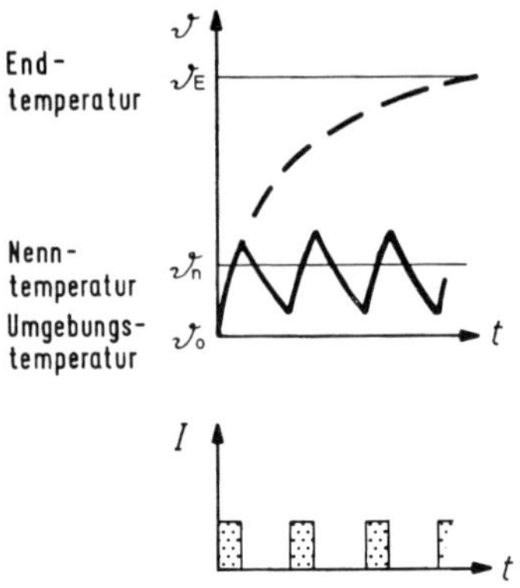

Bild 3-19. Aussetzbetrieb unter Berücksichtigung des quadratischen Mittelwertes – Nenntemperatur wird überschritten

Bei Berücksichtigung des quadratischen Mittelwertes des Stromes über die gesamte Betriebszeit entspricht die Leitertemperatur nur im Mittel der zulässigen Nenntemperatur. Sie liegt jeweils am Ende der Betriebsperiode darüber und am Ende der stromlosen Periode darunter (**Bild 3-19**). Die Isolierung nimmt zeitweise eine zu hohe Temperatur an und altert rasch.
Der Aussetzbetrieb kommt sehr selten vor, z. B. bei Krananlagen.

3.3.7.3 Strombelastbarkeit von Kabeln und Leitungen bei Mehrmotorenbetrieb

Wird der Nennstrom von Motoren bei Mehrmotorenantrieben durch längere Laufzeiten, Anlaßhäufigkeit oder Belastungsstöße zeitweilig überschritten, so ist der Nennstrom des Antriebs (Antriebsnennstrom) als quadratischer Mittelwert für die Bemessung des Leiterquerschnittes zu ermitteln.
Bezüglich der Strombelastbarkeit des Querschnittes von Leitungen und Kabeln darf dieser Mittelwert bei 30 °C Umgebungstemperatur dem nach Tabelle 3-11 (Werte entsprechen Tabellen 3 aus DIN VDE 0298 Teil 4 A1 [Entwurf] und 4 aus DIN VDE 0298 Teil 4) und bei 25 °C Umgebungstemperatur dem nach Tabelle 3-12 (Werte entsprechen den Tabellen 31 und 41 aus DIN VDE 0298 Teil 4 A1 [Entwurf] bzw. Tabelle 2 aus Beiblatt 1 zu DIN VDE 0100 Teil 430) gleichgesetzt werden. Voraussetzung ist dabei allerdings, daß die Einschaltdauer des Spitzenstroms unter den Werten der **Tabelle 3-15** bleibt; ist die Einschaltdauer größer, so ist nach dem vorangegangenen Abschnitt 3.3.7.2 zu verfahren.
Der quadratische Mittelwert für den Nennstrom eines Mehrmotorenantriebes kann mit der Gleichung

$$I_m = \sqrt{\frac{I_1^2 \cdot t_1 + I_2^2 \cdot t_2 + \ldots + I_n^2 \cdot t_n}{t_1 + t_2 + \ldots + t_n}}$$

errechnet werden.

Tabelle 3-15. Zulässige Einschaltdauer für Strombelastbarkeit nach dem quadratischen Mittelwert

Nennquerschnitt mm²	zulässige Einschaltdauer s
bis 6	4
von 10 bis 25	8
von 35 bis 50	15
von 70 bis 150	30
von 185 und mehr	60

Darin bedeuten:

I_m quadratischer Mittelwert des Stromes

$I_1, I_2 \dots I_n$ Summe der Belastungsströme der einzelnen Motoren (Geräte) zu den Zeiten $t_1, t_2 \dots t_n$

$t_1, t_2 \dots t_n$ Einschaltdauer der Summe der Belastungsströme $I_1, I_2 \dots I_n$

$t_1 + t_2 \dots t_n$ gesamte Einschaltdauer eines Spieles

Beispiel
Gesucht wird der quadratische Mittelwert I_m als Bemessungsgrundlage für die Dimensionierung eines Anschlußkabels NYY für eine Maschine in der Holzverarbeitung. Die Maschine hat einen Mehrmotorenantrieb sowie eine Elektroheizung für den Preßvorgang.
Die Elektrowärmeleistung der Elektroheizung beträgt 48 kW (70 A) und ist als Grundlast einzusetzen, die ständig in Betrieb ist. Der Mehrmotorenantrieb besteht aus drei Drehstrommotoren von je 15,8 kW (400 V, 30 A). Die drei Motoren werden durchgehend mit ihrer Nennleistung belastet und noch kurzzeitigen Belastungsstößen ausgesetzt. Die Überlastung läuft wie folgt ab **(Bild 3-20)**:
Bei Motor 1 läuft alle 35 s ein Belastungsstoß von 10 s Dauer mit dem vierfachen Nennstrom.
Bei Motor 2 alle 35 s ein Belastungsstoß von 15 s Dauer mit dem dreifachen Nennstrom. Die Überlastung ist gegenüber der Überlastung des Motors 1 um 5 s verschoben.
Bei Motor 3 alle 35 s ein Belastungsstoß von 15 s Dauer mit dem zweifachen Nennstrom. Die Überlastung ist gegenüber der Überlastung des Motors 1 um 15 s verschoben.

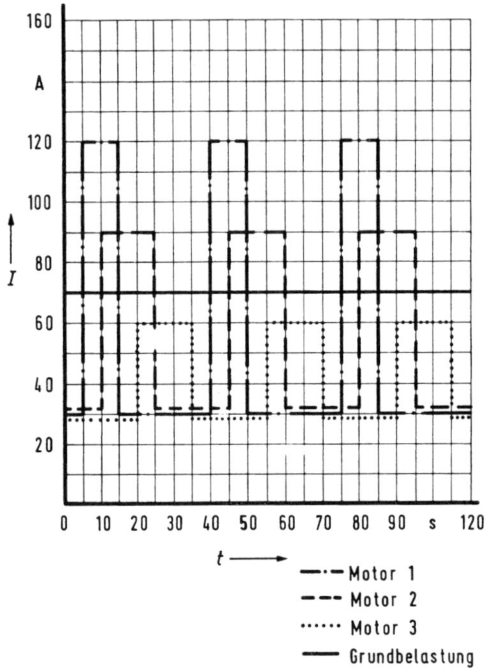

Bild 3-20. Teilströme eines Mehrmotorenantriebes mit Grundlast

Nach dem anzufertigenden Belastungsdiagramm **(Bild 3-21)** mit der Summe der Belastungsströme errechnet sich:

$$I_m = \sqrt{\frac{(160\,A)^2 \cdot 5\,s + (250\,A)^2 \cdot 5\,s + (310\,A)^2 \cdot 5\,s + (220\,A)^2 \cdot 5\,s + (250\,A)^2 \cdot 5\,s + (190\,A)^2 \cdot 10\,s}{5\,s + 5\,s + 5\,s + 5\,s + 5\,s + 10\,s}}$$

$$I_m = \sqrt{\frac{1836500\,A^2\,s}{35\,s}} = \sqrt{52471\,A^2}$$

$$\underline{\underline{I_m = 229\,A}}$$

Nach Tabelle 5 aus DIN VDE 0298 Teil 2 darf bei Verlegung in Luft ein Leiterquerschnitt von 95 mm² Cu verlegt werden. Dieser Querschnitt ist auch mit Tabelle 3-15 in Einklang, weil die Dauer des Spitzenstromes (310 A) nur 5 s beträgt (siehe Bild 3-21). Nach Tabelle 3-15 wäre für 95 mm² Cu noch eine Einschaltdauer von 30 s zulässig.

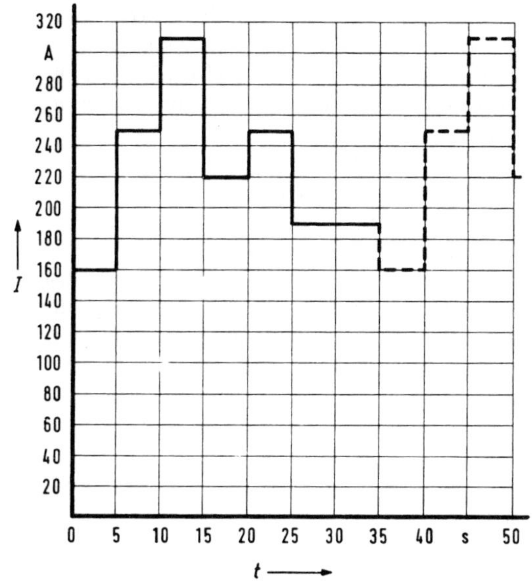

Bild 3-21. Gesamtstrom eines Mehrmotorantriebes mit Grundlast

Würde man für die Bemessung des Leiterquerschnittes ausschließlich von dem Spitzenstrom ausgehen, so wäre nach Tabelle 5 aus DIN VDE 0298 Teil 2 ein Querschnitt von 150 mm² Cu erforderlich. Die Einsparung an Kupfer – wegen des geringeren Querschnittes – ist bei Anwendung vorgenannter Methode beträchtlich.

3.3.7.4 Strombelastbarkeit von Verbindungsleitern zwischen Maschinen, Transformatoren, Akkumulatoren, Schaltanlagen und dergleichen

Für blanke Leiter und fest verlegte einadrige Verbindungen zwischen Maschinen, Transformatoren, Akkumulatoren, Schaltanlagen und dergleichen bis 50 mm² Cu- oder 70 mm² Al-Querschnitt gelten die Strombelastbarkeitswerte der Verlegeart E, frei in Luft (siehe Tabellen 3-11 und 3-12).

Für größere Querschnitte sowie für Fahr- und Freileitungen gilt dies nicht.

Derartige Verbindungen sind so zu bemessen, daß sie bei dem höchsten vorkommenden Betriebsstrom genügend mechanische Festigkeit haben und keine für den Betrieb oder die Umgebung gefährliche Temperatur annehmen können (siehe auch DIN 43 670 und DIN 43 671).

Bei blanken Leitern wird die Wärme nicht nur durch Konvektion sondern auch durch Strahlung abgeführt. Konvektion und Strahlung sind darüber hinaus von

Form und Lage der Leiter abhängig. Deshalb können höhere Werte als die Strombelastbarkeitswerte der Verlegeart E, frei in Luft, zulässig sein. Die mögliche Strombelastbarkeit darf darum auch auf andere Weise ermittelt werden, z. B. durch Heranziehen von DIN 43 670 für Stromschienen aus Aluminium und DIN 43 671 für Stromschienen aus Kupfer.

3.3.7.5 Strombelastbarkeit von Leitern in Stromschienensystemen

Stromschienen außerhalb von Schaltanlagen und Verteilern werden neben den seit vielen Jahren bekannten Schienenverbindungen zwischen Transformatoren und Schaltanlagen und den Schienenverteilern zur Versorgung ortsveränderlicher Betriebsmittel in zunehmendem Maße auf verschiedenen Gebieten für die Energieverteilung eingesetzt.
Aussagen zur Strombelastbarkeit von Leitern in Stromschienensystemen waren bislang in DIN VDE 0100 Teil 523 zu finden. Nunmehr gibt es konkrete Aussagen nur in DIN VDE 0100 Teil 520.
Zu unterscheiden sind typgeprüfte Stromschienensysteme und partiell typgeprüfte Stromschienensysteme.
Im Hinblick auf Hauptstromversorgungssysteme sind unter typgeprüften Stromschienensystemen Schienenverteiler mit Abgängen zu verstehen, die als Hauptleitung zur Stromversorgnung in Hochhäusern dienen. Sie werden nach DIN VDE 0600 Teil 500 gebaut und sind typgeprüfte Niederspannung-Schaltgerätekombinationen (TSK).
Partiell typgeprüfte Stromschienensysteme sind dagegen **errichtete** Stromschienensysteme, die typgeprüfte und/oder nichttypgeprüfte Baugruppen enthalten und als Verbindung zwischen Transformator und Niederspannungs-Hauptschaltanlage anstelle von Kabeln dienen bzw. als Hauptleitungen zur Stromversorgung in Häusern eingesetzt werden. Für den Bau nichttypgeprüfter Stromschienensysteme gelten die Bestimmungen DIN VDE 0660 Teil 500 sinngemäß.
Grundsätzlich gelten für alle Stromschienensysteme die allgemeinen Festlegungen für Betriebsmittel nach DIN VDE 0100 Teil 510. Wegen der Besonderheit der Stromschienensysteme wird der Hinweis in DIN VDE 0100 Teil 520 wiederholt.
Ein besonderes Augenmerk ist auf die Dauerbelastung von Leitern in Stromschienensystemen zu legen. Für typgeprüfte Stromschienensysteme sind in jedem Fall die Herstellerangaben zu beachten. Für die Strombelastbarkeit von nur partiell typgeprüften Stromschienensystemen gilt DIN VDE 0298 Teil 4 bzw. Beiblatt 1 zu DIN VDE 0100 Teil 430 bzw. DIN 43 670 für Stromschienen aus Aluminium und DIN 43 671 für Stromschienen aus Kupfer.
Die Strombelastbarkeit von Stromschienensystemen wird von folgenden Einflüssen bestimmt, die bei der Bemessung der Leiterquerschnitte zu berücksichtigen sind:

- Lage der Leiter zueinander,
- verminderte Wärmeabfuhr, z. B. durch vorhandene Umhüllung, Brandabschnittschottung,

- Lage der Leiter zu einer vorhandenen Umhüllung,
- Lage der Leiter zu inaktiven Teilen (Auftreten von Wirbelströmen, Induktionswärme),
- Schienenführung senkrecht oder waagerecht.

Dem Errichter obliegt die Verantwortung zu beachten, in welchem Maße die errechneten Werte eines Stromschienensystems infolge nachträglich veränderter Voraussetzungen am Montageort, z. B. horizontale oder vertikale Anordnung, verminderte Lüftung durch Brandabschnittschottung und andere, beeinflußt werden.

3.3.7.6 Leitungen im Innern von Geräten sowie typgeprüften und partiell typgeprüften Niederspannung-Schaltgerätekombinationen

Für Leitungen im Innern von Geräten sowie typgeprüften und partiell typgeprüften Niederspannung-Schaltgerätekombinationen sowie fest an Verbrauchsmitteln angeschlossene bewegliche Anschlußleitungen gelten die entsprechenden Gerätebestimmungen.
An dieser Stelle sei zunächst ausdrücklich vermerkt, daß DIN VDE 0100 Teil 430 nebst Beiblatt 1 nur den Schutz der Leitungen und Kabel der festen Installation berücksichtigen und daß dieser Leitungsschutz nicht unbedingt den Schutz der angeschlossenen Betriebsmittel sowie deren Anschlußleitung mit einschließt.
Von der Möglichkeit, die zulässige Strombelastbarkeit auf andere Weise zu ermitteln, haben die Gerätebestimmungen schon immer Gebrauch gemacht und sowohl die mechanische Festigkeit als auch die zulässige Strombelastbarkeit der Leitungen auf das jeweilige Betriebsmittel individuell abgestimmt. Der Errichter braucht diese Leitungen nicht mehr anhand DIN VDE 0100 Teil 430 und DIN VDE 0298 Teil 4 zu überprüfen. Es genügt die Aussage des Herstellers oder Lieferanten, daß die Geräte und ihre zugehörigen Anschlußleitungen die entsprechenden Gerätebestimmungen erfüllen.

4 Schutz von Kabeln und Leitungen bei Überstrom

4.1 Allgemeines (DIN VDE 0100 Teil 430, Abschnitt 3)

Der Schutz von Kabeln und Leitungen gegen zu hohe Erwärmung muß mit Überstrom-Schutzeinrichtungen erfolgen. Zu berücksichtigen ist die Erwärmung, die auftreten kann
- durch betriebsmäßige Überlast (siehe Bild 3-7) und
- bei vollkommenem Kurzschluß (siehe Bild 3-8).

4.2 Überstrom-Schutzeinrichtungen (DIN VDE 0100 Teil 430, Abschnitt 4)

Folgende Bauarten von Überstrom-Schutzeinrichtungen zum Schutz von Kabeln und Leitungen gegen zu hohe Erwärmung dürfen verwendet werden:
- Überstrom-Schutzeinrichtungen, die sowohl den Schutz bei Überlast als auch bei Kurzschluß übernehmen,
- Überstrom-Schutzeinrichtungen, die nur den Schutz bei Überlast übernehmen,
- Überstrom-Schutzeinrichtungen, die nur den Schutz bei Kurzschluß übernehmen.

4.2.1 Überstrom-Schutzeinrichtungen, die sowohl den Schutz bei Überlast als auch bei Kurzschluß übernehmen (DIN VDE 0100 Teil 430, Abschnitt 4.1)

Solche Überstrom-Schutzeinrichtungen müssen **jeden** Überstrom bis zum größten Strom bei vollkommenem Kurzschluß an ihrer Einbaustelle unterbrechen können.
Beispiele für die Installationspraxis sind:
- Leitungsschutzsicherungen nach DIN VDE 0636,
- Leitungsschutzschalter nach DIN VDE 0641,
- Leistungsschalter nach DIN VDE 0660 Teil 101,
- Motorstarter nach DIN VDE 0660 Teil 104.

4.2.1.1 Leitungsschutzsicherungen (Schmelzsicherungen)

4.2.1.1.1 Wirkungsweise bei Überlast
Überlastströme, die nur wenig über der maximal dauernd zulässigen Belastbarkeit I_z (siehe Abschnitt 3) liegen, erwärmen die Leiter einer Leitung erst nach längerer Zeit auf unzulässig hohe Temperaturen. Dabei wird eine bestimmte Wärmemenge $I^2 \cdot R \cdot t$ erreicht. Wählt man nun eine Sicherung, deren Schmelz-

leiter von einer etwas kleineren Wärmemenge abgeschmolzen wird, so wird die unzulässig hohe Temperatur der Leiter noch nicht erreicht und die Kabel und Leitungen dadurch sicher geschützt.

4.2.1.1.2 Wirkungsweise bei Kurzschluß

Auch der Schutz bei Kurzschluß erfolgt bei der Schmelzsicherung nach demselben Prinzip wie beim Überlastschutz. Bei hohen Kurzschlußströmen kann die unzulässig hohe Wärmemenge schon in Bruchteilen einer elektrischen Halbwelle (10 Millisekunden bei 50 Hz Wechselstrom) erreicht werden.
Schmelzsicherungen schmelzen auch bei hohen Kurzschlußströmen innerhalb genügend kurzer Zeit ab. Während des Abschmelzens des Schmelzleiters fließt noch ein begrenzter Kurzschlußstrom durch den Lichtbogen weiter. Daraus ergibt sich der Durchlaßwert $I^2 \cdot t$. Von etwa 5 kA bis zur Grenze ihres Schaltvermögens (mindestens 50 kA) behält die Schmelzsicherung einen gleichen Durchlaßwert $I^2 \cdot t$ bei. Bedeutung hat der Durchlaßwert bei Selektivitätsbetrachtungen und beim Nachweis eines wirksamen Schutzes von Kabeln und Leitungen bei Kurzschluß bei sehr kurzen Ausschaltzeiten (siehe Abschnitt 4.4).

4.2.1.1.3 Klassifizierung nach DIN VDE 0636

Die früher üblichen Sicherungscharakteristiken »flink« und »träge« sind in DIN VDE 0636, die DIN VDE 0635 (D- und D0-Sicherungen) und DIN VDE 0660 Teil 4 (NH-Sicherungen) ablöste, durch eine neue Klassifizierung ersetzt worden.
Schmelzsicherungen nach den Normen der Reihe DIN VDE 0636 werden nach zwei Kriterien unterteilt:
- Bauart,
- Betriebsklasse zur Beschreibung der Abschaltkennlinie.

Bei den **Bauarten** werden drei Ausführungsarten unterschieden:
- NH-System (Sicherungen mit Messerkontaktstücken),
- D-System (Diazed) (Schraubsicherungen),
- D0-System (Neozed) (Schraubsicherungen).

Während das NH-System die Bedienung durch Fachleute voraussetzt, dürfen das D- und D0-System auch von Laien bedient werden. D- und D0-System sind so gebaut, daß bei ihrer Bedienung sowohl der Schutz gegen direktes Berühren als auch die Nennstrom-Unverwechselbarkeit gegeben sind. Nach DIN VDE 0105 Teil 1 dürfen Laien einen Sicherungswechsel unter Last nur bei D- und D0-Systemen bis zu einer Nennstromstärke von 63 A vornehmen (Nennspannung 230/400 V). Dies ist bei der Planung und beim Bau der Elektro-Installation unbedingt zu berücksichtigen.
Sicherungslastschalter (Schalter-Sicherungs-Einheiten des Systems D0) besitzen Schalteinrichtungen mit Lastschaltvermögen. Sie dürfen auch bei Nennströmen > 63 A von Laienhand eingesetzt werden.
Die **Betriebsklasse** ist durch zwei Buchstaben gekennzeichnet, z. B. gL. Der erste Buchstabe gibt die Funktionsklasse, der zweite das zu schützende Objekt an. Die Funktionsklasse legt fest, welchen Strombereich ein Sicherungseinsatz abschalten

kann. Man unterscheidet zwei Funktionsklassen (erster Buchstabe der Betriebsklasse):

- Funktionsklasse g: Ganzbereichssicherungen, Sicherungseinsätze, die Ströme bis wenigstens zu ihrem Nennstrom dauernd führen und Ströme vom kleinsten Schmelzstrom bis zum Nennausschaltstrom ausschalten können.
- Funktionsklasse a: Teilbereichssicherungen, Sicherungseinsätze, die Ströme bis wenigstens zu ihrem Nennstrom dauernd führen und Ströme oberhalb eines bestimmten Vielfachen ihres Nennstroms bis zum Nennausschaltstrom ausschalten können.

Sicherungen der Funktionsklasse g sind für den Überlast- und Kurzschlußschutz konzipiert, während Sicherungen der Funktionsklasse a nur den Kurzschlußschutz sicherstellen.

Als Schutzobjekte sind festgelegt (zweiter Buchstabe der Betriebsklasse):

- L: Kabel und Leitungen,
- M: Schaltgeräte,
- R: Halbleiter,
- B: Bergbau-Anlagen,
- Tr: Transformatoren.

Hieraus ergeben sich folgende Betriebsklassen:

gL: Ganzbereichs-Kabel- und Leitungsschutz,
aM: Teilbereichs-Schaltgeräteschutz,
aR: Teilbereichs-Halbleiterschutz,
gR: Ganzbereichs-Halbleiterschutz,
gB: Ganzbereichs-Bergbau-Anlagenschutz,
gTr: Ganzbereichs-Transformatorenschutz.

Im Bereich der Elektro-Installation in Wohngebäuden werden Sicherungen der Betriebsklasse gL gewählt.

Hinweis:
Die Betriebsklasse gL wird zukünftig mit gG bezeichnet. In die Betriebsklasse gG wurden die Klassen gL (europäisches Festland) und die Klasse II (United Kingdom) zusammengeführt. Das Zeit/Strom-Verhalten einer Sicherung der Betriebsklasse gG entspricht dem der Betriebsklasse gL nach DIN VDE 0636 Teil 1.

4.2.1.1.4 Zeit/Strom-Bereiche

Für jede Betriebsklasse und jeden in dieser Betriebsklasse möglichen Nennstrom sind die Zeit/Strom-Bereiche, innerhalb deren Toleranzband die Schmelzsicherung auslösen muß, in den Normen der Reihe DIN VDE 0636 als Diagramm dargestellt (**Bild 4-1**). Bei diesen Diagrammen ist auf der Waagerechten der unbeeinflußte (prospektive) Kurzschlußstrom im Verhältnis zum Nennstrom der Schmelzsicherung aufgetragen und auf der Senkrechten die Zeitdauer für das Abschmelzen des Schmelzleiters (virtuelle Zeit).

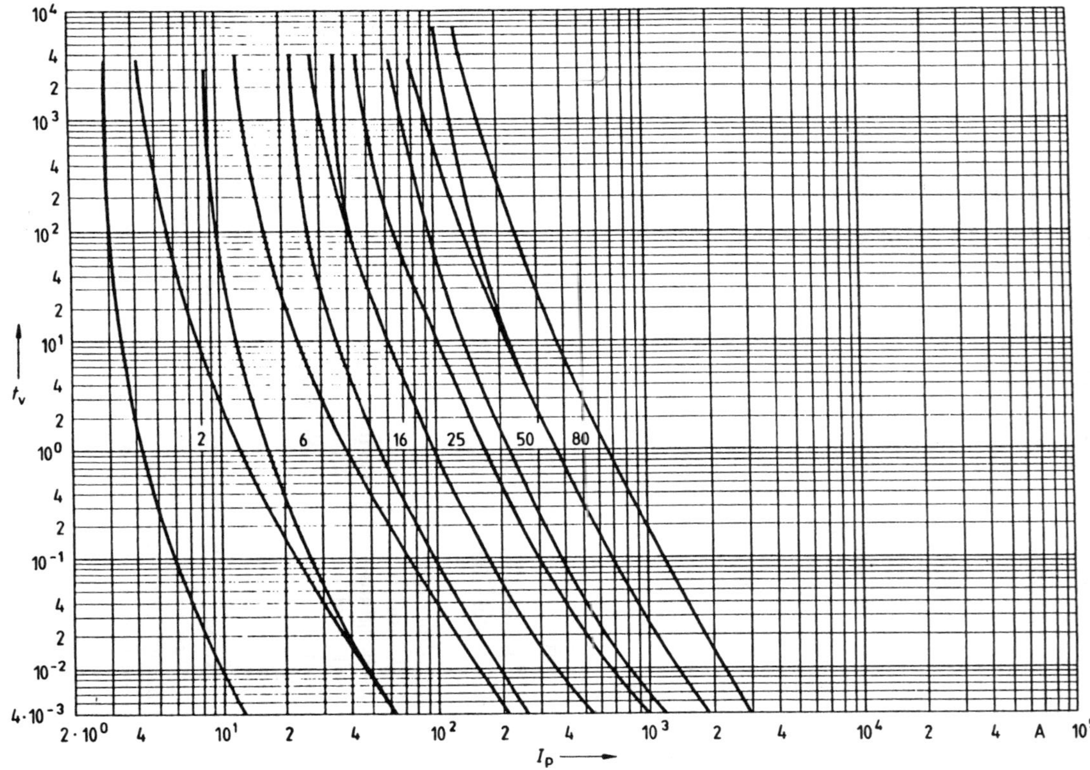

Bild 4-1a. Zeit/Strom-Bereiche für Sicherungseinsätze der Betriebsklasse gL – Beispiel D0-System (Quelle DIN VDE 0636 Teil 41)

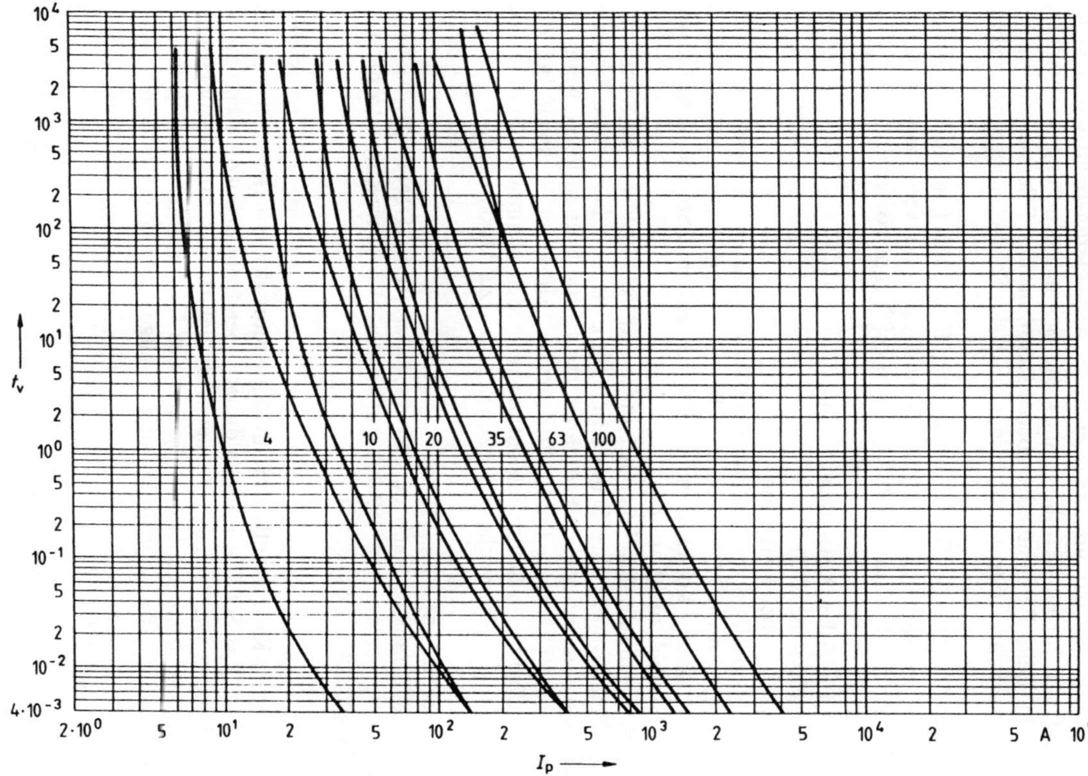

Bild 4-1b. Zeit/Strom-Bereiche für Sicherungseinsätze der Betriebsklasse gL – Beispiel D0-System (Quelle DIN VDE 0636 Teil 41)

Erst nach Überschreiten der unteren Kennlinie des Toleranzbandes, der sogenannten Schmelzzeit/Strom-Kennlinie, darf die Schmelzsicherung ansprechen, d. h. abschmelzen. Beim Erreichen der oberen Kennlinie des Toleranzbandes, der sogenannten Ausschaltzeit/Strom-Kennlinie, muß die Schmelzsicherung ansprechen.
Markante Punkte stellen die Werte am oberen Ende des Toleranzbandes dar (Zeit/Strom-Tor). In Abhängigkeit vom Nennstrom sind verschiedene Zeiten (konventionelle Prüfdauer) festgelegt. Sie liegen bei Nennströmen

- bis 63 A bei 1 Stunde,
- über 63 A bis 160 A bei 2 Stunden,
- über 160 A bis 400 A bei 3 Stunden,
- über 400 A bei 4 Stunden.

Auf der unteren Kennlinie des Toleranzbandes (Schmelzzeit/Strom-Kennlinie) liegt der kleine Prüfstrom I_1. So darf z. B. eine Schmelzsicherung bis 63 A Nennstrom innerhalb der konventionellen Prüfdauer von 1 Stunde beim kleinen Prüfstrom (1,3 I_n) noch nicht auslösen.
Auf der oberen Kennlinie des Toleranzbandes (Ausschaltzeit/Strom-Kennlinie) liegt der große Prüfstrom I_2. Eine Schmelzsicherung bis 63 A Nennstrom braucht erst innerhalb der konventionellen Prüfdauer von 1 Stunde auszulösen, wenn der große Prüfstrom I_2 (1,45 I_n) fließt. Der große Prüfstrom I_2 spielt bei der Zuordnung der Überstrom-Schutzeinrichtungen zu den Nennquerschnitten von Kabeln und Leitungen eine wichtige Rolle (siehe hierzu Abschnitt 4.3).

4.2.1.1.5 Schaltvermögen
Schmelzsicherungen müssen nach den Normen der Reihe DIN VDE 0636 ein Schaltvermögen von mindestens 50 kA aufweisen, also Kurzschlußströme von mindestens 50 kA sicher abschalten.

4.2.1.1.6 Back-up-Schutz
Ist der unbeeinflußte Kurzschlußstrom am Einbauort der Überstrom-Schutzeinrichtung größer als das Schaltvermögen dieser Überstrom-Schutzeinrichtung, so muß ihr durch eine vorgeschaltete Überstrom-Schutzeinrichtung Rückschutz (Back-up-Schutz) geboten werden. Aufgrund des hohen Schaltvermögens von 50 kA bei Schmelzsicherungen erübrigt sich im allgemeinen ein Rückschutz.

4.2.1.2 Leitungsschutzschalter

Leitungsschutzschalter haben getrennt wirkende Auslöser für den Überlast- und Kurzschlußschutz.

4.2.1.2.1 Wirkungsweise bei Überlast
Für den Schutz bei Überlast ist der zeitlich verzögerte Thermo-Bimetallauslöser heute am meisten verbreitet. Die verschiedenen Ausdehnungskoeffizienten der unter hohem Druck kalt aufeinander gewalzten beiden Metallstreifen, deren Formgebung sowie die Temperatur und deren Einwirkungsdauer bestimmen den

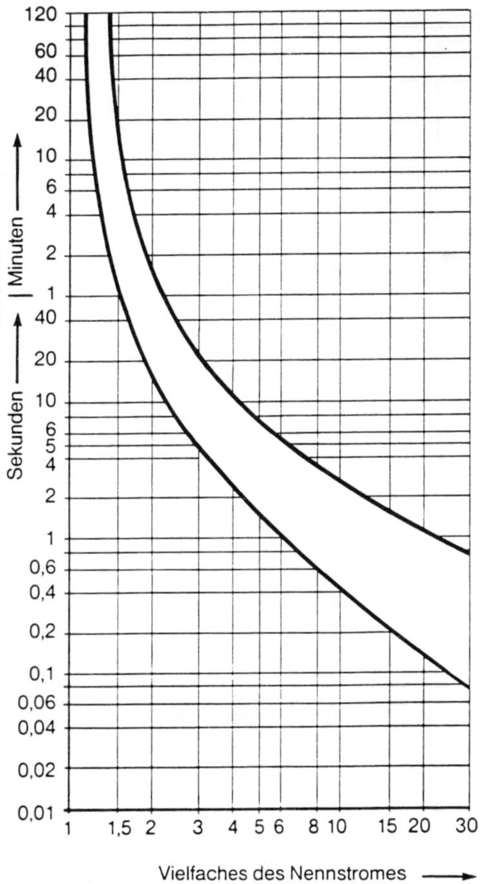

Bild 4-2. Verlauf der Auslösekennlinie des Thermo-Bimetallauslösers eines Leitungsschutzschalters

Grad der Krümmung des Thermo-Bimetallstreifens. Die mechanische Bewegung der Krümmung wird zum Auslösen, dem Entklinken des Feder-Kraftspeichers und somit zum Selbstauslösen (Selbstauslöser) genutzt. Entscheidender Faktor für das Auslösen ist die Erwärmung, d. h. der Strom und die Zeit **(Bild 4-2)**.

4.2.1.2.2 Wirkungsweise bei Kurzschluß

Für den Schutz bei Kurzschluß wird der zeitlich nahezu unverzögerte Elektromagnet-Auslöser verwendet. Er arbeitet nur stromabhängig, wie dem senkrechten Verlauf der Auslösekennlinie im Strom/Zeit-Diagramm zu entnehmen ist **(Bild 4-3)**.

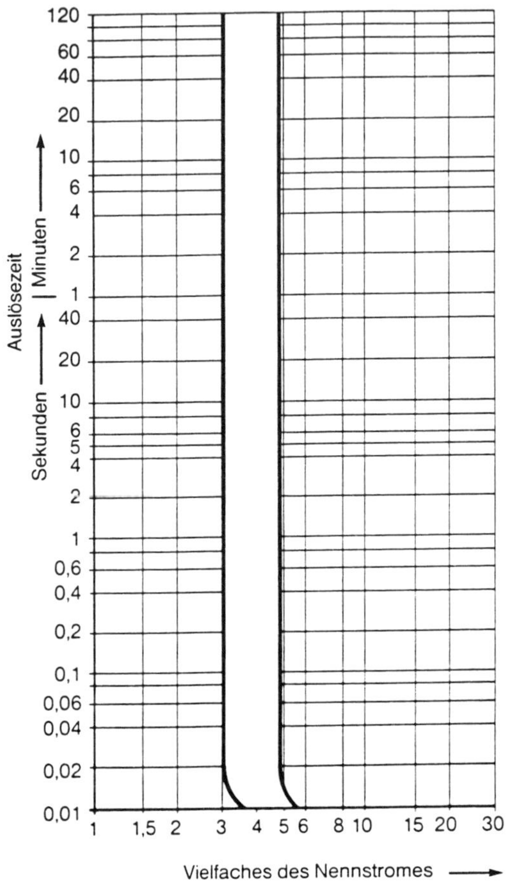

Bild 4-3. Verlauf der Auslösekennlinie des Elektromagnet-Auslösers eines Leitungsschutzschalters

Von großer Bedeutung für den Einsatz von Leitungsschutzschaltern zum Schutz bei Kurzschluß ist eine starke Begrenzung des Kurzschlußstromes. Durch das Schlaganker-Prinzip wird der bewegliche Eisenkern mit großer Kraft gegen das bewegliche Schaltstück geschlagen. Dadurch erfolgt eine schnelle weite Öffnung der Schaltstücke. Als Folge entsteht ein langer Lichtbogen, der dem Kurzschlußstrom schon im Entstehen viel Widerstand entgegensetzt und die starke Begrenzung des Kurzschlußstromes bewirkt. Eine Begrenzung des Kurzschlußstromes wird auch erreicht durch die Aufteilung des Lichtbogens mit Deionblechen in mehrere elektrisch hintereinander geschaltete Lichtbögen in der Lichtbogenlöschkammer, sowie mit elektrodynamisch abhebenden Schaltstücken.

Ein kleiner Durchlaßstrom i_D von kurzer Dauer ergibt auch nur einen kleinen Durchlaßwert $I^2 \cdot t$ **(Bild 4-4)**. Der Durchlaßwert ist abhängig von der Höhe des unbegrenzten Kurzschlußstromes I_k'' und vom Grad der Kurzschlußstrombegrenzung der Überstrom-Schutzeinrichtung. Er wird vom Hersteller der Leitungsschutzschalter angegeben. Bedeutung hat der Durchlaßwert bei Selektivitätsbetrachtungen und beim Nachweis eines wirksamen Schutzes von Kabeln und Leitungen bei Kurzschluß bei sehr kurzen Ausschaltzeiten (siehe Abschnitt 4.4).

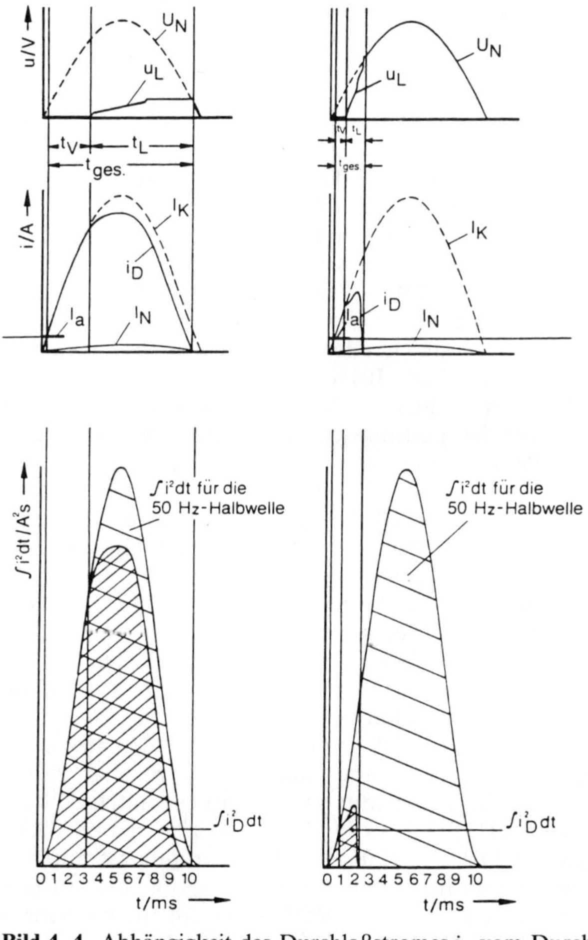

Bild 4-4. Abhängigkeit des Durchlaßstromes i_D vom Durchlaßwert $i^2 \cdot t$

4.2.1.2.3 Auslösecharakteristiken

Die einzelnen Auslösekennlinien von Thermo-Bimetallauslöser und Elektromagnet-Auslöser ergeben zusammen eine gemeinsame Auslösekennlinie (Auslösecharakteristik) (siehe Bilder 4-5 bis 4-11).

Auch die Auslösewerte von Leitungsschutzschaltern liegen innerhalb eines Toleranzbandes. Die untere Kennlinie des Toleranzbandes wird Haltekennlinie (Haltewert, Haltestrom), die obere Kennlinie Auslösekennlinie (Auslösewert, Auslösestrom) genannt.

Um spezielle Eigenschaften von Verbrauchsmitteln zu berücksichtigen, z. B.:

- Anlaufstrom von Motoren,
- Magnetisierungsstrom von Transformatoren (Rusheffekt),
- Einschaltstromspitzen von Kondensatoren und Lampen,

bedarf es neben der üblichen Leitungsschutz-Charakteristik, die bei den vorgenannten Verbrauchsmitteln zum Auslösen des Leitungsschutzschalters führen würde, weiterer Auslösecharakteristiken.

Folgende Auslösecharakteristiken gab bzw. gibt es am Markt, die in den Installationsanlagen vorzufinden sind:

- B Leitungsschutz-Charakteristik, gebaut nach DIN VDE 0641 A4,
- C Leitungsschutz-Charakteristik, gebaut nach DIN VDE 0641 A4,
- G General-Charakteristik, gebaut nach CEE-Publikation 19, 1. Ausgabe,
- H Haushalt-Leitungsschutz-Charakteristik, gebaut nach DIN VDE 0641,
- K Kraft-Charakteristik, gebaut nach DIN VDE 0660 Teile 101 und 104,
- U Universal-Charakteristik, gebaut nach CEE-Publikation 19, 2. Ausgabe,
- Z Charakteristik zum Schutz von Halbleiterelementen und Spannungswandlern, gebaut nach DIN VDE 0660 Teile 101 und 104.

Ganz spezielle bzw. im Ausland angewendete Charakteristiken sind nicht berücksichtigt. Neben den speziell für den Leitungsschutz konzipierten Charakteristiken B, C und L sind auch alle anderen genannten Charakteristiken für den Leitungsschutz einsetzbar.

Auf dem Markt gibt es zur Zeit nach DIN VDE 0641 nur zwei genormte Charakteristiken von Leitungsschutzschaltern: B **(Bild 4-5)** und C **(Bild 4-6)**. Beide sind für den Leitungsschutz konzipiert. Die Charakteristik B hat als Vorgängerinnen die Typen L **(Bild 4-7)** (seit 1923) und H **(Bild 4-8)** (seit 1946). Dabei war seinerzeit die H-Charakteristik für leistungsschwache Netze gedacht, dort führte die L-Charakteristik in Ausnahmefällen zu Schwierigkeiten bei der Erfüllung der Abschaltbedingungen für die Schutzmaßnahme im TN-System mit Überstrom-Schutzeinrichtungen (früher Nullung). Die unterschiedlichen k-Faktoren in Tabelle 9-1 der damaligen DIN VDE 0100/5.73 trugen den leistungsschwachen Netzen Rechnung. Da die Netze im Laufe der Jahre aber immer leistungsstärker wurden, wurde auf die Verwendung von Leitungsschutzschaltern des Typs H mit Erscheinen von DIN VDE 0100 v_1/6.77 verzichtet und dieser Typ in die Ausgabe Juni 1978 von DIN VDE 0641 nicht mehr aufgenommen.

Die L-Charakteristik wiederum wurde im Rahmen der internationalen Harmonisierungsmaßnahmen mit Erscheinen von DIN VDE 0641 A4 im November 1988 abgelöst durch die B-Charakteristik. Neben der Ablösung der L-Charakte-

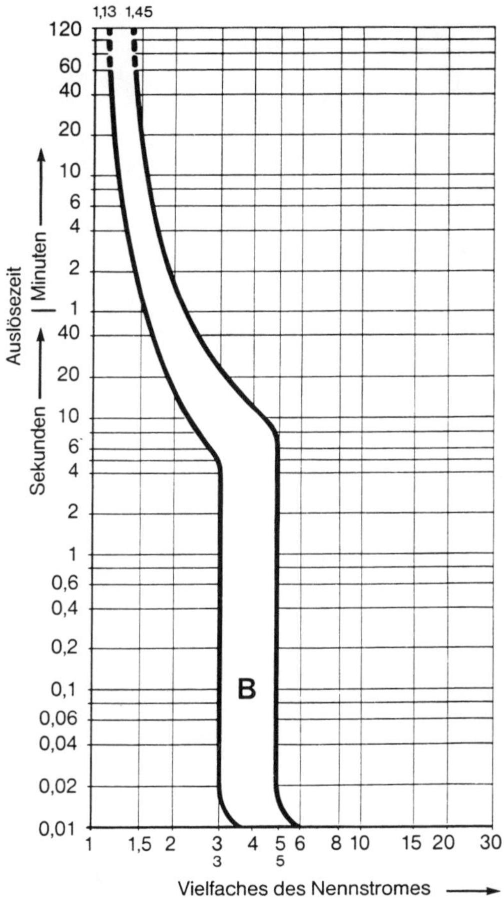

Bild 4-5. Leitungsschutzschalter – Charakteristik B

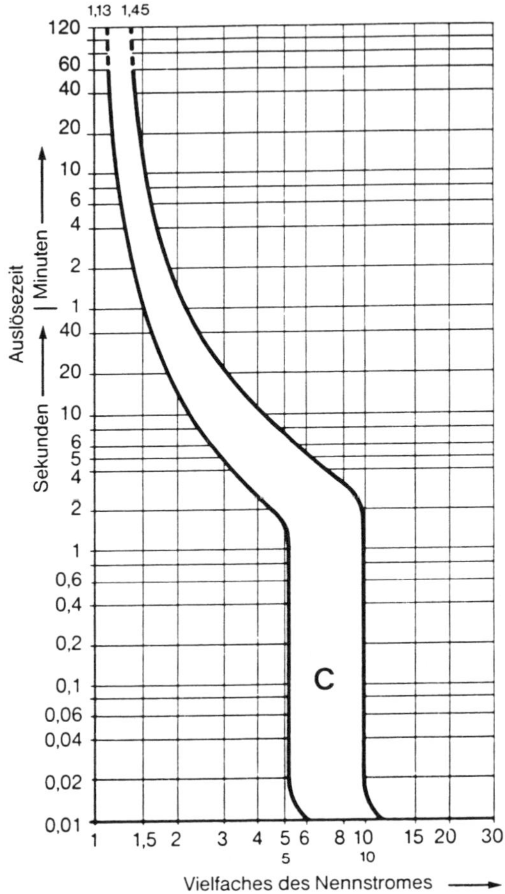

Bild 4-6. Leitungsschutzschalter – Charakteristik C

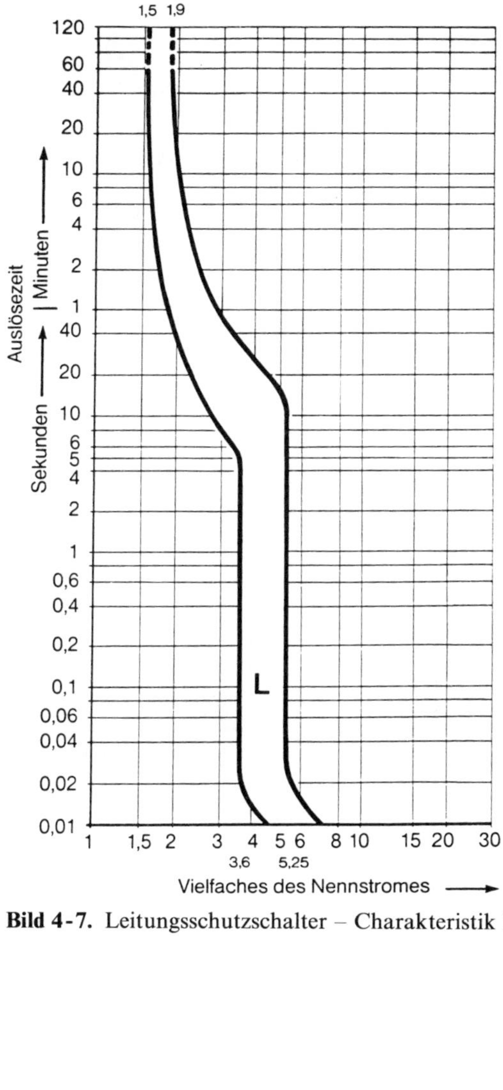

Bild 4-7. Leitungsschutzschalter – Charakteristik L

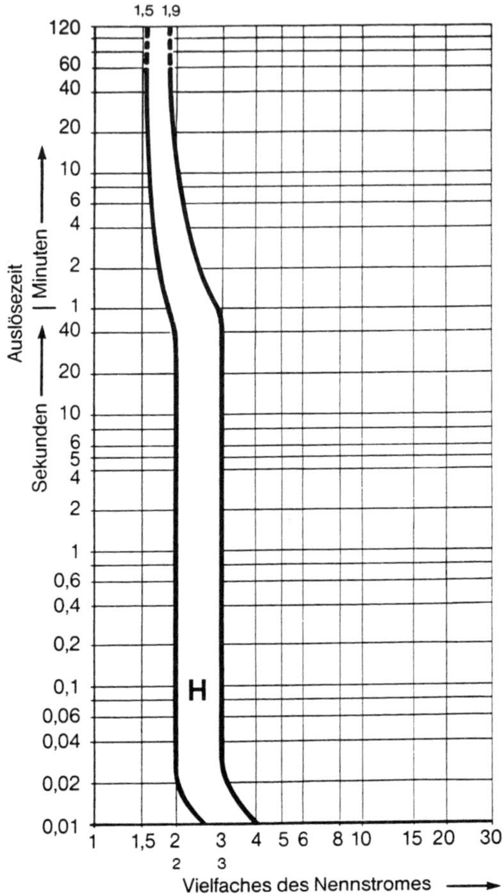

Bild 4-8. Leitungsschutzschalter – Charakteristik H

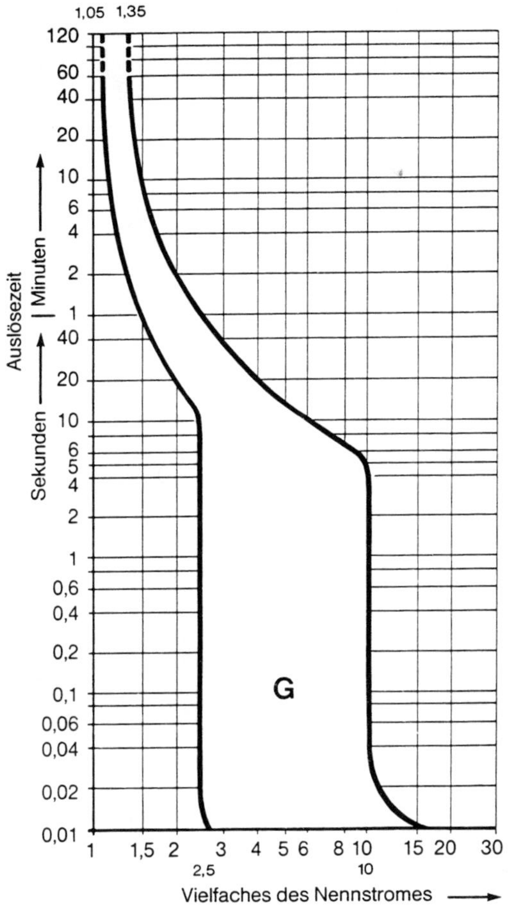

Bild 4-9. Leitungsschutzschalter – Charakteristik G

ristik durch die B-Charakteristik wurde in DIN VDE 0641 A4 die C-Charakteristik neu aufgenommen.

Leitungsschutzschalter mit C-Charakteristik unterscheiden sich von denen mit B-Charakteristik im wesentlichen durch die höheren Ansprechwerte des unverzögert wirkenden Elektromagnet-Auslösers (Schnellauslöser). Sie sind für den Leitungsschutz in Stromkreisen mit hohen Einschaltstromspitzen, z. B. in Motor- und reinen Glühlampenstromkreisen konzipiert.

Vor Aufnahme der C-Charakteristik in DIN VDE 0641 bot der Markt auch schon vorher für die vorgenannten Problemfälle Leitungsschutzschalter mit den Charakteristiken G **(Bild 4-9)**, K **(Bild 4-10)** und U **(Bild 4-11)** an, wobei die Charakteristik U in Deutschland wenig gebräuchlich war.

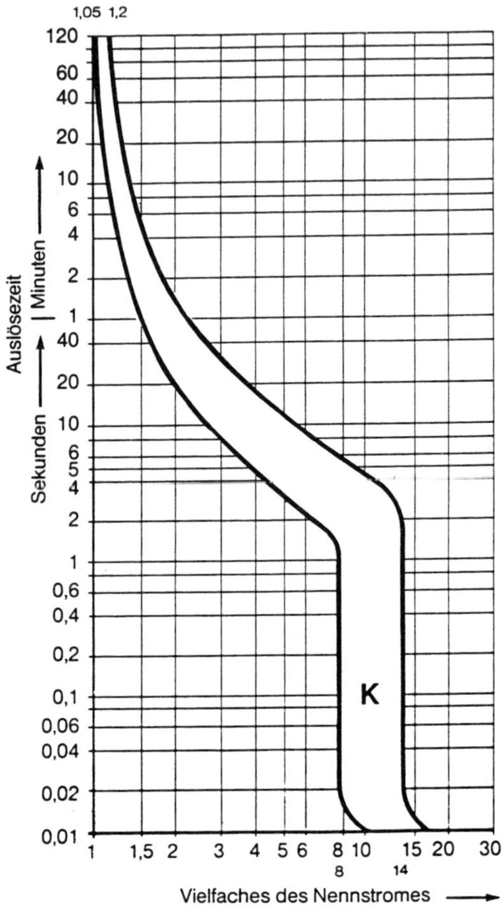

Bild 4-10. Leitungsschutzschalter – Charakteristik K

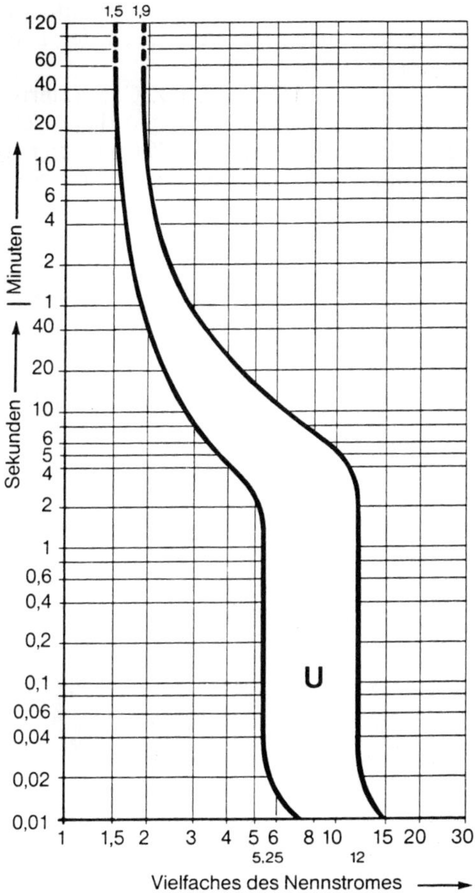

Bild 4-11. Leitungsschutzschalter – Charakteristik U

Die K-Charakteristik, die nach DIN VDE 0660 Teile 101 und 104 gebaut wird, gibt es für die vorgenannten Anwendungsfälle nach wie vor neben der neuen C-Charakteristik nach DIN VDE 0641 auf dem Markt.

Wenig gebräuchlich im Bereich von Wohngebäuden ist die Z-Charakteristik **(Bild 4-12)**, die durch niedrige Ansprechwerte des magnetischen und thermischen Auslösers gekennzeichnet ist. Leitungsschutzschalter mit der Z-Charakteristik werden zum Schutz von Halbleiterelementen und von Meßkreisen mit Spannungswandlern eingesetzt.

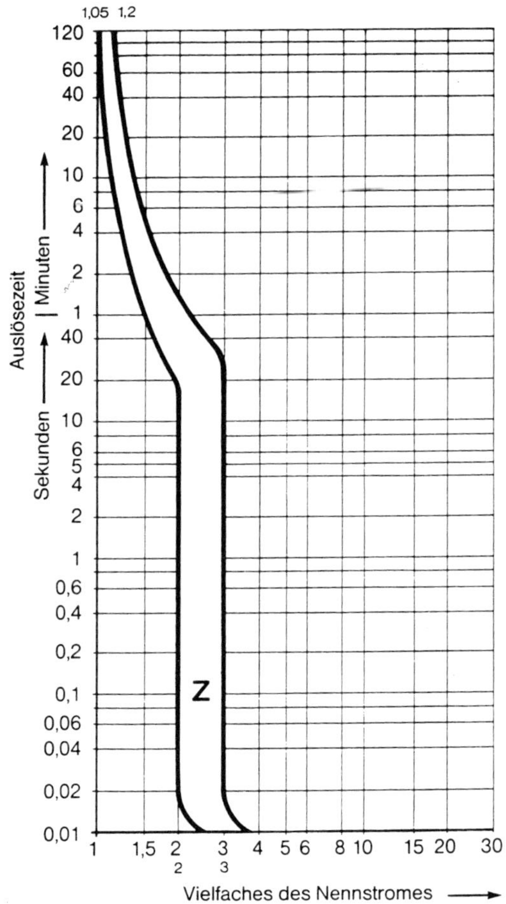

Bild 4-12. Leitungsschutzschalter – Charakteristik Z

Der unverzögerte Elektromagnet-Auslöser der B-Charakteristik (siehe Bild 4-5) arbeitet ähnlich der L-Charakteristik (siehe Bild 4-7) in dem Toleranzband 3 bis $5 \times I_n$, die C-Charakteristik (siehe Bild 4-6) hat ein Toleranzband von 5 bis $10 \times I_n$, die G-Charakteristik (siehe Bild 4-9) von 2,5 bis $10 \times I_n$.
Die Toleranzbänder der verzögerten Thermo-Bimetallauslöser im Überlastbereich der B- und C-Charakteristik sind deckungsgleich **(Bild 4-13)**. Es liegt gegenüber der früheren L-Charakteristik (siehe Bild 4-7) etwas näher am Nennstrom des Leitungsschutzschalters. Eine deutliche Näherung an den Nennstrom ergibt sich bei der C-Charakteristik im Vergleich mit der G-Charakteristik (siehe Bilder 4-6 und 4-9).

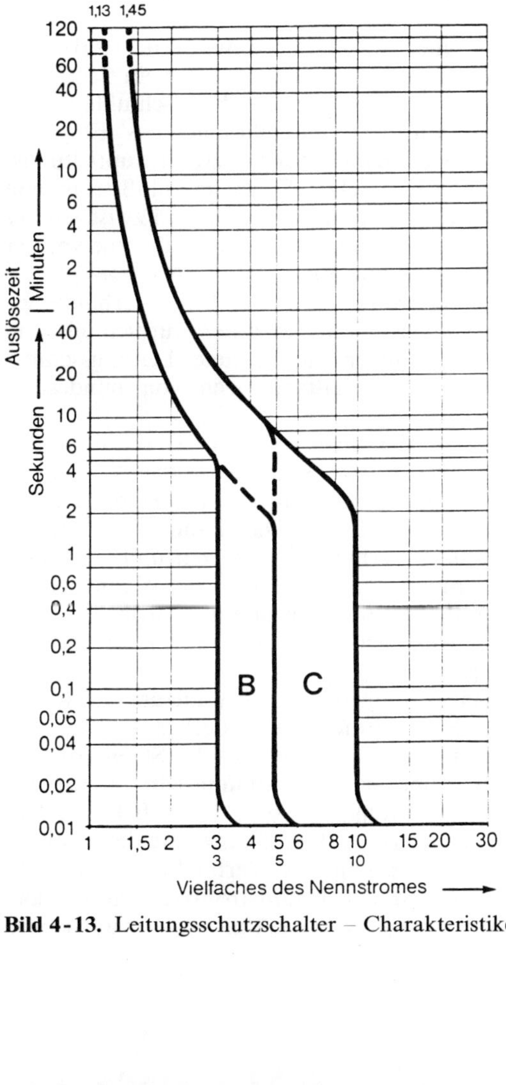

Bild 4-13. Leitungsschutzschalter – Charakteristiken B und C

Bei der K-Charakteristik arbeitet der unverzögerte Elektromagnet-Auslöser im Toleranzband 8 bis 14 x I_n. Im Überlastbereich liegt das Toleranzband des verzögerten Thermo-Bimetallauslösers von allen Charakteristiken am nächsten beim Nennstrom des Leitungsschutzschalters (siehe Bild 4-10).

4.2.1.2.4 Schaltvermögen

Leitungsschutzschalter mit guten selektiven Eigenschaften (Selektivitätsklasse 3) erreichen auch ein hohes Schaltvermögen bei Kurzschluß. Je kleiner der Durchlaßstrom i_D und der Durchlaßwert $I^2 \cdot t$ sind, desto kleiner ist die Arbeit, die den Leitungsschutzschalter beansprucht (siehe Bild 4-4). Daher hat ein Leitungsschutzschalter mit hoher Kurzschlußstrombegrenzung auch ein hohes Kurzschlußschaltvermögen.

Nach dem Musterwortlaut der Technischen Anschlußbedingungen (TAB), Abschnitt 7.2, müssen Leitungsschutzschalter im Stromkreisverteiler ein Schaltvermögen von mindestens 6 kA haben. Der schon für die Kurzschlußfestigkeit von Hauptstromversorgungssystemen von der Übergabestelle des EVU bis einschließlich zur letzten Überstrom-Schutzeinrichtung bzw. Hauptleitungsabzweigklemme vor der Meßeinrichtung angesetzte Stoßkurzschlußstrom von 25 kA wurde wegen der vorhandenen Dämpfung für Betriebsmittel zwischen der letzten Überstrom-Schutzeinrichtung bzw. Hauptleitungsabzweigklemme vor der Meßeinrichtung und dem Stromkreisverteiler mit nur noch 10 kA festgelegt.

Durch weitere Dämpfung des Kurzschlußstromes, z. B. durch die Verbindungsleitung zwischen Zählerplatz und Stromkreisverteiler, wird der Kurzschlußstrom abermals reduziert. Für im Stromkreisverteiler angeordnete Leitungsschutzschalter resultiert daraus ein erforderliches Schaltvermögen von mindestens 6 kA.

Mit 6 kA Schaltvermögen wird man in den meisten aller Anwendungsfälle auskommen. Allerdings gibt es auch Fälle in der Praxis, wo dieser Wert nicht ausreicht. Dies trifft zu, wenn z. B. die Transformatorenstation ganz in der Nähe ist und die Kurzschlußleistung demnach groß ist. Das kann beispielsweise vorkommen in größeren Städten mit stark vermaschten Netzen und in großen Wohngebäuden, bei denen sich die Transformatorenstation im Wohngebäude selbst befindet. Im anderen Fall kann die Station auch unmittelbar in der Nähe kleinerer Wohngebäude sein, z. B. bei Ausführung der Transformatorenstation als »Garagenstation« für eine Siedlung.

In solchen Situationen kann das Schaltvermögen von 6 kA unzureichend sein und Leitungsschutzschalter mit 10 kA Schaltvermögen erforderlich werden.

Das Schaltvermögen von 6 kA basiert auf der Tatsache, daß der Stromkreisverteiler sich in der Wohnung befindet und über eine Verbindungsleitung zwischen Zählerplatz und Stromkreisverteiler (Dämpfung) versorgt wird. Befindet sich nun der Stromkreisverteiler aber in gemeinsamer Umhüllung mit dem Zählerplatz (Einfamilienhaus), so fehlt die Dämpfung der Verbindungsleitung. In Abhängigkeit vom Aufbau des Netzes und der Hauptstromversorgung kann auch hier unter Umständen das Schaltvermögen von 6 kA nicht mehr ausreichen

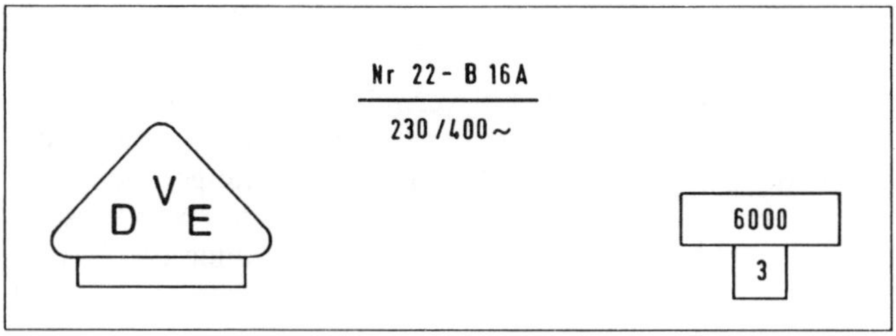

Bild 4-14. Aufschriften auf einem Leitungsschutzschalter
(Quelle: RWE Energie Bau-Handbuch Technischer Ausbau)

und demnach Leitungsschutzschalter mit 10 kA Schaltvermögen erforderlich werden.
Insbesondere im Industriebereich ist oft der Einsatz von Leitungsschutzsschaltern mit mehr als 6 kA Schaltvermögen erforderlich. Angeboten werden Leitungsschutzschalter-Baureihen mit 10 kA, 25 kA oder 30 kA Schaltvermögen.
Leitungsschutzschalter mit der B- und mit der C-Charakteristik gewährleisten, dokumentiert durch ein Bildzeichen **(Bild 4-14)** auf dem Typenschild, alle gestellten Anforderungen an die Selektivität (Angabe im Quadrat) und das Schaltvermögen (Angabe im Rechteck).
Leitungsschutzschalter mit der K-Charakteristik können das Bildzeichen nicht führen, da es nur für Leitungsschutzschalter nach DIN VDE 0641 gilt. Dennoch aber können die Leitungsschutzschalter mit K-Charakteristik – wie die Typen mit den Charakteristiken B und C – ein Schaltvermögen von beispielsweise 6 kA haben. Auch die Selektivitätsanforderungen der Strombegrenzungsklasse 3 nach DIN VDE 0641 können sie erfüllen. Jedoch muß der Hersteller solcher Leitungsschutzschalter die Erfüllung dieser Eigenschaften separat garantieren.

4.2.1.2.5 Back-up-Schutz
Übersteigt der Kurzschlußstrom das Schaltvermögen des Leitungsschutzschalters an seinem Einbauort, so muß ihm durch eine vorgeschaltete (in Reihe) Überstrom-Schutzeinrichtung (Schmelzsicherung, Leistungsschalter) Rückschutz (Back-up-Schutz) geboten werden.
In diesem Fall bewältigen beide Überstrom-Schutzeinrichtungen zusammen den größeren Kurzschlußstrom. Sie schalten gemeinsam ab, wobei der Leitungsschutzschalter nicht zerstört wird. Genaue Angaben über die für den Back-up-Schutz eines Leitungsschutzschalters erforderliche Überstrom-Schutzeinrichtung kann nur der Hersteller des Leitungsschutzschalters aufgrund von Untersuchungen machen.

4.2.1.3 Leistungsschalter

Leistungsschalter sind Schalter mit einem Schaltvermögen, das dem Ein- und Ausschalten von Betriebsmitteln in ungestörtem und gestörtem Zustand insbesondere unter Kurzschlußbedingungen auftretenden Beanspruchungen genügt.
Ein Leistungsschalter – manchmal auch als Leistungsselbstschalter zur besseren Unterscheidung von Leistungstrennern bezeichnet – umfaßt immer die Grundkomponenten:
- Schaltglieder mit Lichtbogenkammern,
- Schaltschloß und Antrieb,
- zeitlich verzögerter Thermo-Bimetallauslöser,
- zeitlich unverzögerter Elektromagnet-Auslöser.

Ergänzungsmöglichkeiten bestehen durch:
- Unterspannungsauslöser,
- Arbeitsstromauslöser,
- Hilfsschalter.

Der Vorteil von Leistungsschaltern besteht in der Einstellbarkeit der Auslöser, wodurch eine optimale Ausnutzung von Kabeln und Leitungen möglich ist.
Die Auslösekennlinie von Leistungsschaltern kann aus bis zu 3 einstellbaren Kennlinienbereichen bestehen **(Bild 4-15)**:
- thermisch verzögert (a),
- elektromagnetisch zeitverzögert (z),
- elektromagnetisch unverzögert (n).

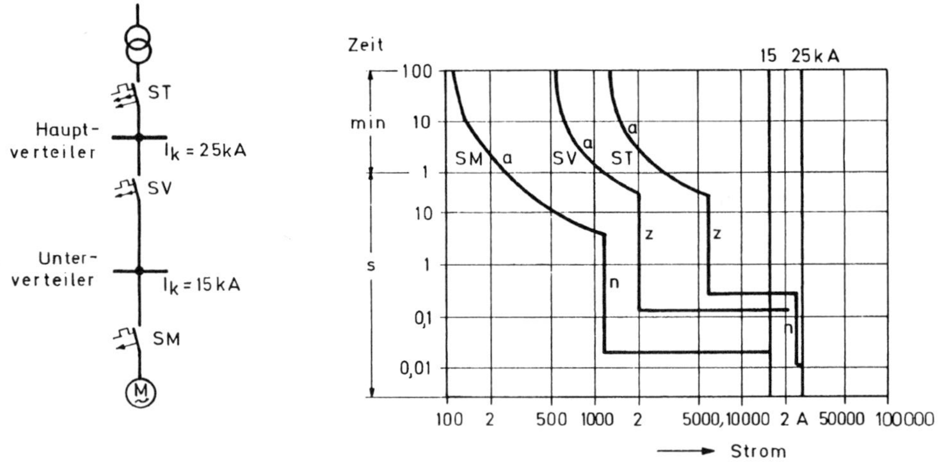

Bild 4-15. Auslösekennlinien von drei zueinander selektiv eingestellten Leistungsschaltern

Während bei einer elektromagnetisch unverzögerten Kennlinie nur der senkrechte Bereich einstellbar ist, läßt eine elektromagnetisch zeitverzögerte Kennlinie eine unabhängige Einstellung des waagerechten und senkrechten Bereichs zu.
Die großen Prüfströme von Leistungsschaltern nach DIN VDE 0660 Teil 1 liegen im Mittel bei 1,3. Moderne Leistungsschalter beherrschen durch ihr hohes Schaltvermögen Kurzschlußströme bis 100 kA.

4.2.2 Überstrom-Schutzeinrichtungen, die nur den Schutz bei Überlast übernehmen (DIN VDE 0100 Teil 430, Abschnitt 4.2)

Überstrom-Schutzeinrichtungen, die nur den Schutz bei Überlast übernehmen, sind üblicherweise stromabhängig verzögerte Überstrom-Schutzeinrichtungen, bei denen das Ausschaltvermögen kleiner ist als der Strom bei vollkommenem Kurzschluß an ihrer Einbaustelle.
Ein typisches Beispiel für einen solchen Anwendungsfall ist ein nur mit einem Überlastauslöser versehenes Schütz nach DIN VDE 0660 Teil 104. Der thermische Überstromauslöser des Schützes **(Bild 4-16)** ist dabei so einzustellen, daß der gewählte Strom den in DIN VDE 0298 Teil 4 aufgeführten Belastbarkeitswerten (siehe Abschnitt 3.3) entspricht.

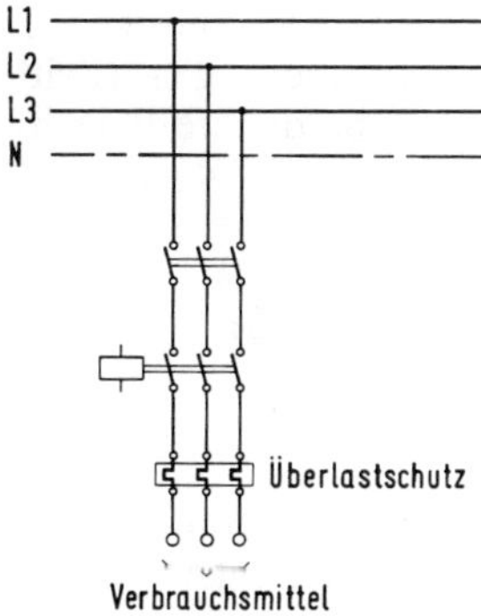

Bild 4-16. Schutz bei Überlast durch Schütz mit Überstromauslöser

4.2.3 Überstrom-Schutzeinrichtungen, die nur den Schutz bei Kurzschluß übernehmen (DIN VDE 0100 Teil 430, Abschnitt 4.3)

Überstrom-Schutzeinrichtungen, die nur den Schutz bei Kurzschluß übernehmen, müssen Kurzschlußströme bis zum größten Strom bei vollkommenem Kurzschluß an ihrer Einbaustelle unterbrechen können.
Typische Beispiele für einen solchen Anwendungsfall sind:
- Teilbereichssicherungen für den Geräteschutz nach DIN VDE 0636,
- Leistungsschalter, die nur mit Schnellauslösern nach DIN VDE 0660 Teil 101 versehen sind.

Selbstverständlich können an Stellen, an denen nur Schutz bei Kurzschluß und kein Schutz bei Überlast erforderlich ist, auch Überstrom-Schutzeinrichtungen nach DIN VDE 0100 Teil 430, Abschnitt 4.1 (siehe Abschnitt 4.2.1), eingesetzt werden, die beides übernehmen können, nämlich sowohl den Schutz bei Kurzschluß als auch den Schutz bei Überlast.
Schmelzsicherungen als Teilbereichsicherung (Funktionsklasse a) für den Geräteschutz gibt es nur in den Ausführungen aM »Teilbereichs-Schaltgeräteschutz« und aR »Teilbereichs-Halbleiterschutz«.
Sicherungen dieser Betriebsklassen können im Prinzip auch für den Schutz von Kabeln und Leitungen bei Kurzschluß verwendet werden, wofür allerdings in der Praxis selten ein Bedürfnis bestehen wird. Bei Anwendung dieser Betriebsklassen muß der Errichter anhand von DIN VDE 0100 Teil 430, Abschnitt 6.3.2 (siehe Abschnitt 4.4.3), und den Kennlinien der Schmelzsicherungen (Zeit/Strom-Bereiche) aus den Normen der Reihe DIN VDE 0636 besondere Berechnungen anstellen.

4.3 Schutz bei Überlast (DIN VDE 0100 Teil 430, Abschnitt 5)

4.3.1 Allgemeines (DIN VDE 0100 Teil 430, Abschnitt 5.1)

Ganz allgemein besteht der Schutz bei Überlast darin, mit Überstrom-Schutzeinrichtungen Überlastströme in den Leitern eines Stromkreises zu unterbrechen. Die Unterbrechung muß eintreten, bevor durch den Überlaststrom eine für die Leiterisolierung, die Anschluß- und Verbindungsstellen sowie die Umgebung der Kabel, Leitungen und auch Stromschienen schädliche Erwärmung hervorgerufen wird.
Beispiele für Gefährdungen durch schädliche Erwärmung zeigt **Bild 4-17**.

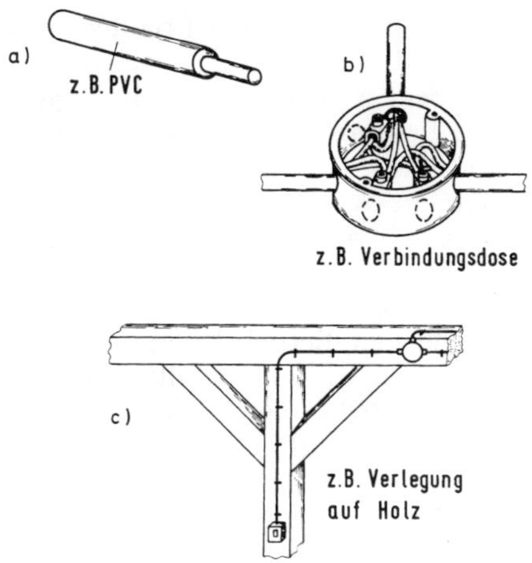

Bild 4-17. Beispiele für Gefährdung durch schädliche Erwärmung
a) Leiterisolierung
b) Anschluß- und Verbindungsstellen
c) Umgebung von Leitungen

4.3.2 Zuordnung der Überstrom-Schutzeinrichtungen

4.3.2.1 Zuordnungsbedingungen (DIN VDE 0100 Teil 430, Abschnitt 5.2)

Bei der Zuordnung der Überstrom-Schutzeinrichtungen zum Schutz von Kabeln, Leitungen und Stromschienen bei Überlast sind zwei Bedingungen zu erfüllen:

$I_b \leq I_n \leq I_z$ Bedingung (1) und

$I_2 \leq 1{,}45\ I_z$ Bedingung (2)

Darin bedeuten:

I_b Betriebsstrom des Stromkreises (bei ungestörtem Betrieb)
I_n Nennstrom der Schutzeinrichtung (bei einstellbaren Überstrom-Schutzeinrichtungen ist I_n der eingestellte Wert)
I_z Zulässige Strombelastbarkeit des Kabels (siehe DIN VDE 0298 Teil 2) oder der Leitung (siehe DIN VDE 0298 Teil 4)
I_2 Der Strom, der eine Auslösung der Schutzeinrichtung unter den in den Gerätebestimmungen (DIN VDE 0636, DIN VDE 0641, DIN VDE 0660 Teil 101 und Teil 104) festgelegten Bedingungen bewirkt (Auslösestrom)

Vor der Erläuterung der beiden Zuordnungsbedingungen einige Erläuterungen und Erklärungen zu den Kenngrößen I_z und I_2.
Für die zulässige Strombelastbarkeit I_z in den beiden vorgenannten Bedingungen dürfen für Leitungen und für Kabel, die wie Leitungen verlegt sind (nicht im Erdreich), bei fester Verlegung die Strombelastbarkeitswerte für eine Umgebungstemperatur von 25 °C angewendet werden. Die Werte können dem Beiblatt 1 zu DIN VDE 0100 Teil 430 direkt entnommen bzw. aus DIN VDE 0298 Teil 4 durch Umrechnung mit dem Faktor 1,06 ermittelt werden (siehe Abschnitt 3.2.3.4.2 und 3.3.2.2). Voraussetzung für diese Vorgehensweise ist aber, daß die im Beiblatt 1 zu DIN VDE 0100 Teil 430 angegebenen Betriebsbedingungen zu erwarten sind. Trifft diese Voraussetzung nicht zu, so sind in allen anderen Fällen die ausführlichen Angaben in DIN VDE 0298 Teil 2 und Teil 4 zu berücksichtigen. Siehe hierzu die Ausführungen in Abschnitt 3.2.3.
Der Auslösestrom, der die Auslösung der Überstrom-Schutzeinrichtung unter den in den Gerätebestimmungen aufgestellten Bedingungen hervorruft und in DIN VDE 0100 Teil 430 die Bezeichnung I_2 trägt, hat in den Gerätebestimmungen für die Überstrom-Schutzeinrichtungen teilweise andere Bezeichnungen. Mitunter werden diese auch in Fachveröffentlichungen benutzt. Die insbesondere aus der internationalen Erarbeitung (Harmonisierung) herrührende unterschiedliche Bezeichnung ist für den Praktiker nicht gerade hilfreich für das Verständnis der Zuordnungsbedingungen. Zwischenzeitlich hat das für DIN VDE 0100 Teil 430 zuständige Unterkomitee erfreulicherweise eine Angleichung beantragt.
Andere Bezeichnungen für den Auslösestrom I_2 in den Gerätebestimmungen sind:

– Auslösestrom I_t	DIN VDE 0636 Teil 21 A4, Entwurf 05.89,
– großer Prüfstrom I_2	DIN VDE 0641 A4/11.88,
– festgelegter Auslösestrom I_t	DIN VDE 0641 Teil 1, Entwurf 09.87,
– Einstellstrom I_r multipliziert mit dem Faktor B	DIN VDE 0660 Teil 101/09.82.

Darüber hinaus ist im Entwurf DIN VDE 0636 Teil 104/12.87 der große Prüfstrom I_f definiert. Dieser bezieht sich auf das Ausschalten nur des Sicherungseinsatzes innerhalb der konventionellen Prüfdauer (DIN VDE 0636 Teil 21/05.84). Die Festlegungen in den Entwürfen DIN VDE 0636 Teil 21 A4/05.89, Teil 31 A3/05.89 und Teil 41 A3/05.89 sehen dagegen vor, für die **komplette** Überstrom-Schutzeinrichtung den Auslösestrom I_t anzugeben. Zur kompletten Überstrom-Schutzeinrichtung gehören Sicherungseinsatz und Sicherungsunterteil, gegebenenfalls einschließlich Schraubkappen, Abdeckungen und Paßeinsatz. Auch bei den Leitungsschutzschaltern kennt man die Bezeichnung I_t. In den Entwürfen DIN VDE 0641 Teil 1/04.87 und DIN VDE 0641 Teil 1/09.87 ist I_2 der festgelegte Auslösestrom I_t.
Die meiste Anwendung findet somit der Intex t. Das deutsche Komitee schlägt daher für das CENELEC-Harmonisierungsdokument 384.4.43 S1 vor, in Anglei-

chung an die Gerätenormen für Leitungsschutzschalter und Sicherungen den Auslösestrom mit dem Index t zu versehen, also I_t (conventional tripping current).
In diesem Band wird der Strom, der die Auslösung der Überstrom-Schutzeinrichtung innerhalb der konventionellen Prüfzeit bewirkt, wie in DIN VDE 0100 Teil 430 mit I_2 bezeichnet (großer Prüfstrom, Auslösestrom).
Nach Klärung der bei den Zuordnungsbedingungen verwendeten Bezeichnungen nun die Erläuterung der beiden Zuordnungsbedingungen

$I_b \leq I_n \leq I_z$ Bedingung (1) und

$I_2 \leq 1{,}45 I_z$ Bedingung (2).

Hierauf beruht der Schutz von Kabeln und Leitungen bei Überlast. Die Bedingung (1) $I_b \leq I_n \leq I_z$ sagt aus, daß die Strombelastbarkeit I_z der Kabel und Leitungen ein oberer Grenzwert ist, der nicht überschritten werden darf **(Bild 4-18)**. Dieser wichtige Wert – Basis aller weiterer Überlegungen – ist für die wesentlichen Fälle der Installationspraxis im Beiblatt 1 zu DIN VDE 0100 Teil 430 angegeben. Ausführliche Angaben zu den Strombelastbarkeitswerten I_z macht DIN VDE 0298 Teil 4 für Leitungen und DIN VDE 0298 Teil 2 für Kabel. Siehe hierzu Abschnitt 3.3.
Kleiner als die Strombelastbarkeit I_z oder maximal gleich groß muß der Nennstrom I_n der Schutzeinrichtung zum Schutz bei Überlast sein.

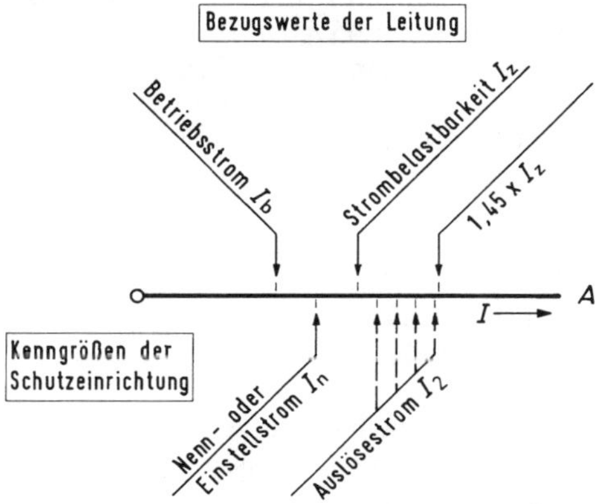

Bild 4-18. Koordinierung der Kenngrößen

(1) $I_b \leq I_n \leq I_z$
(2) $I_2 \leq 1{,}45\, I_z$

I_b zu erwartender Betriebsstrom des Stromkreises

I_z Strombelastbarkeit der Leitung oder des Kabels (siehe DIN VDE 0298 Teile 2 und 4)

Kleiner als der Nennstrom I_n der Schutzeinrichtung zum Schutz bei Überlast oder maximal gleich groß muß dann der Betriebsstrom I_b des Stromkreises sein. In der Bedingung (2) $I_2 \leq 1{,}45\ I_z$ ist die Strombelastbarkeit I_z der Kabel und Leitungen ebenfalls das entscheidende Kriterium. Ihr 1,45facher Wert ist die Obergrenze für den großen Prüfstrom I_2. Der Faktor 1,45 ist ein international akzeptierter Kompromiß zwischen Nutzungs- und Schutzgrad (siehe Abschnitte 4.3.3.2 und 4.3.3.3) unter Berücksichtigung der zur Anwendung kommenden verschiedenen Überstrom-Schutzeinrichtungen (siehe Abschnitte 4.3.3.4, 4.3.3.5 und 4.3.3.6).
Zunächst einmal die einfachste Anwendung der Bedingung (2).
Werden Überlast-Schutzeinrichtungen verwendet mit einem großen Prüfstrom $I_2 \leq 1{,}45\ I_n$, z. B. Leitungsschutzschalter der Charakteristiken B und C, so darf der Nennstrom I_n der Schutzeinrichtung gleich der zulässigen Strombelastbarkeit I_z des Kabels oder der Leitung sein.
Die Bedingung (2) ist dann ganz einfach:

$$I_n \leq I_z$$

Sie ist deshalb so einfach geworden, weil die Gerätebestimmungen DIN VDE 0636 für Schmelzsicherungen und DIN VDE 0641 für Leitungsschutzschalter an die Bedingung (2) angepaßt wurden. Leistungsschalter nach DIN VDE 0660 Teil 101 und Motorstarter nach DIN VDE 0660 Teil 104 erfüllten schon bisher die Bedingungen (2).
Voraussetzung hierfür ist also, daß der große Prüfstrom I_2 der für den Überlastschutz verwendeten Überstrom-Schutzeinrichtung $\leq 1{,}45\ I_n$ ist.
Beispiele für Überstrom-Schutzeinrichtungen mit einem großen Prüfstrom $I_2 \leq 1{,}45\ I_n$ sind:

- Leitungsschutzschalter nach DIN VDE 0641 A4/11.88,
- Leitungsschutzsicherungen nach
  - DIN VDE 0636 Teil 21 A4 (Entwurf),
  - DIN VDE 0636 Teil 31 A3 (Entwurf),
  - DIN VDE 0636 Teil 41 A3 (Entwurf),
- Leistungsschalter nach DIN VDE 0660 Teil 101/09.82, Tabelle 8, Spalte B,
- Motorstarter nach DIN VDE 0660 Teil 104/09.82.

Die im Beiblatt 1 zu DIN VDE 0100 Teil 430, Tabelle 2, aufgeführten Zuordnungen (siehe Tabelle 4-1 aus Abschnitt 4.3.2.2) setzen voraus, daß der große Prüfstrom I_2 der Überstrom-Schutzeinrichtungen $\leq 1{,}45\ I_n$ ist.
Auf einen wichtigen Aspekt muß unbedingt hingewiesen werden. Nicht in allen Fällen garantiert die Einhaltung der Bedingungen

$$I_b \leq I_n \leq I_z \text{ und}$$

$$I_2 \leq 1{,}45\ I_z$$

den vollständigen Schutz der Kabel und Leitungen. In einzelnen Fällen, zum Beispiel bei länger anstehenden Überströmen, die kleiner als der große Prüfstrom I_2 sind, ist ein vollständiger Schutz nicht gegeben (siehe hierzu Abschnitt 4.3.3.3). Die Anwendung der Bedingungen setzt die Gestaltung des Stromkreises in der Form voraus, daß kleine Überlastungen von langer Dauer nicht regelmäßig auftreten werden.
Die Einhaltung der vorgenannten Bedingungen führt auch nicht zwangsläufig zur wirtschaftlichsten Lösung (siehe hierzu auch Abschnitt 4.3.3.2).

4.3.2.2 Zuordnungstabelle (Beiblatt 1 zu DIN VDE 0100 Teil 430)

In der Vergangenheit war die Zuordnung von Überstrom-Schutzeinrichtungen zu den Leiterquerschnitten immer in als VDE-Bestimmungen gekennzeichneten Normen direkt angegeben, z. B. in § 41 von DIN VDE 0100/05.73, DIN VDE 0100 Teil 430/06.81.
In der Ausgabe November 1991 von DIN VDE 0100 Teil 430 sind erstmalig im Bestimmungstext keine direkten Zuordnungen von Überstrom-Schutzeinrichtungen zu den Leiterquerschnitten mehr aufgeführt. Es werden ausschließlich die Zuordnungsbedingungen (siehe Abschnitt 4.3.2.1) genannt, nicht aber die sich daraus ergebenden Zuordnungen.
Die Begründung für den Fortfall einer Zuordnungstabelle ist darin zu sehen, daß im Bestimmungstext von DIN VDE 0100 Teil 430 ausschließlich Anforderungen aufgeführt werden dürfen.
Die Zuordnung von Überstrom-Schutzeinrichtungen zu den Leiterquerschnitten stellt aber keine weitere Anforderung dar. Bei einer Zuordnung werden lediglich die Zuordnungsbedingungen, die ja aufgeführt sind, angewendet und in für die Praxis praktikable Aussagen umgesetzt.
Um aber dem Planer und Errichter elektrischer Anlagen die Arbeit der Ermittlung des Nennstromes der dem jeweiligen Leiterquerschnitt zuzuordnenden Überstrom-Schutzeinrichtung weiterhin zu ersparen, wurde das Beiblatt 1 zu DIN VDE 0100 Teil 430 herausgegeben, das nun die Zuordnungstabelle enthält.
Wie alle Beiblätter zu Normen, enthält also auch das Beiblatt 1 zu DIN VDE 0100 Teil 430 nur Informationen zu DIN VDE 0100 Teil 430, jedoch keine zusätzlichen genormten Festlegungen.
Das Beiblatt 1 beinhaltet zunächst empfohlene Strombelastbarkeitswerte von Kabeln und Leitungen für feste Verlegung für die in der Installationspraxis wichtigsten Verlegearten. Für Kabel sind die Strombelastbarkeitswerte aus DIN VDE 0298 Teil 2/11.79 und für Leitungen aus DIN VDE 0298 Teil 4/02.88 mit den Änderungen im Entwurf DIN VDE 0298 Teil 4 A1/01.91 abgeleitet.
Um die wichtigsten Fälle der Installationspraxis abzudecken, sind im Beiblatt 1 die nachfolgenden Betriebsbedingungen für Kabel und Leitungen für feste Verlegung zugrunde gelegt:

- *Betriebsart*
  Dauerbetrieb.

- *Verlegebedingungen*
  Verlegearten A, B1, B2, C und E.

- *Umgebungsbedingungen*
  Umgebungstemperatur 25 °C.

Um dem Planer und Errichter elektrischer Anlagen das Umrechnen von Strombelastbarkeitswerten auf Basis der international festgelegten Umgebungstemperatur von 30 °C auf Werte für 25 °C Umgebungstemperatur zu ersparen, wurden also von vornherein die Strombelastbarkeitswerte für eine Umgebungstemperatur von 25 °C angegeben (siehe hierzu auch Abschnitt 3.2.3.4.2 und 3.3.2.2).
Die im Beiblatt 1 aufgeführten Strombelastbarkeitswerte gelten nur für die angegebenen Betriebsbedingungen und dürfen nur bei der Bemessung des ausreichenden Schutzes von Kabeln und Leitungen gegen zu hohe Erwärmung nach DIN VDE 0100 Teil 430 angewendet werden.
Tabelle 2 des Beiblattes 1 weist darüber hinaus zusätzlich die maximal zulässigen Nennströme der Überstrom-Schutzeinrichtungen aus.
Erstmalig sind somit jetzt in einer Tabelle sowohl die Strombelastbarkeitswerte als auch die zugehörigen maximal zulässigen Nennströme der Überstrom-Schutzeinrichtungen in Abhängigkeit von den jeweiligen Leiterquerschnitten enthalten.
Die Zuordnungen gelten nur für Überstrom-Schutzeinrichtungen, deren großer Prüfstrom $I_2 \leq 1{,}45\ I_n$ beträgt. Siehe hierzu auch die Ausführungen in den Abschnitten 4.3.3.4 bis 4.3.3.6.
Die Aussagen der Tabelle 2 aus Beiblatt 1 zu DIN VDE 0100 Teil 430 sind in **Tabelle 4-1** wiedergegeben.
Neu für den Anwender der Tabelle ist die Nennung des größtmöglichen zulässigen Nennstromes der Überstrom-Schutzeinrichtung. Die größtmögliche Absicherung eines Leiterquerschnittes kann erfolgen:
- durch Leitungsschutzsicherung **oder** Leitungsschutzschalter (Beispiel: Verlegeart C, Nennquerschnitt 1,5 mm² Cu, Nennstrom I_n = 16 A),
- nur durch Leitungsschutzsicherung
  (Beispiel: Verlegeart C, Nennquerschnitt 4 mm² Cu, Nennstrom I_n = 35 A bei Leitungsschutzsicherung, jedoch nur I_n = 32 A bei Leitungsschutzschalter)
- nur durch Leitungsschutzschalter
  (Beispiel: Verlegeart A, Nennquerschnitt 1,5 mm² Cu, Nennstrom I_n = 13 A bei Leitungsschutzschalter, jedoch nur I_n = 10 A bei Leitungsschutzsicherung).

Die gegebenenfalls erforderliche niedrige Absicherung wird in der Tabelle 4-1 (Werte entsprechend Tabelle 2 aus Beiblatt 1 zu DIN VDE 0100 Teil 430) durch Fußnoten kenntlich gemacht.
Zur Verdeutlichung sind in **Tabelle 4-2** die Nennströme von Leitungsschutzschaltern nach DIN VDE 0641 und Niederspannungssicherungen des D-, D0- und NH-Systems nach den Normen der Reihe DIN VDE 0636 für den Kabel-

und Leitungsschutz aufgeführt. Deutlich zu sehen ist, daß bei einigen Werten keine Übereinstimmung in den Nennströmen vorliegt.
Durch das Erscheinen des Beiblattes 1 zu DIN VDE 0100 Teil 430 mit der Zuordnungstabelle sind nunmehr die ein Jahrzehnt andauernden Unstimmigkeiten in der Fachwelt über die korrekte Zuordnung von Überstrom-Schutzeinrichtungen zu den Leiterquerschnitten beendet.
Zur Erinnerung:
Bis zum Erscheinen von DIN VDE 0100 Teil 430/06.81 und DIN VDE 0100 Teil 523/06.81, welche die Aussagen des § 41 von DIN VDE 0100 ablösten, gab es mit der Zuordnung keine Probleme. Nach dem Erscheinen vorgenannter Ausgaben führte die Tatsache, daß nunmehr 30 °C Umgebungstemperatur als Basis zu berücksichtigen war, zu niedrigeren Strombelastbarkeitswerten und somit zu niedrigeren Absicherungen der Leiterquerschnitte bzw. bei vorgegebener Belastung zu höheren Leiterquerschnitten.
Eine Besserung brachte vorübergehend der Entwurf DIN VDE 0100 Teil 430 A1/06.83, der wieder eine Zuordnungstabelle beinhaltete, die für die wesentlichen Anwendungsfälle die alten Strombelastbarkeitswerte der DIN VDE 0100/05.73 aufwies. Allerdings wurde dort mit den Begriffen »Nichtdauerlast« und »Umgebungstemperatur unter 30 °C« operiert, was die Anwendung auch nicht gerade einfach machte. Zudem gab es in der Fachwelt eine geteilte Meinung zur Anwendung dieses Gelbdruckes, da ja auch der gültige Weißdruck DIN VDE 0100 Teil 430/06.81 existierte.
Mit Erscheinen des neuen Entwurfs DIN VDE 0100 Teil 430/05.88, der den bisherigen Entwurf DIN VDE 0100 Teil 430/06.83 ersetzte, ergab sich wiederum eine neue Situation hinsichtlich der Zuordnung von Überstrom-Schutzeinrichtungen zu Leiterquerschnitten beim Überlastschutz. Die dem Praktiker bisher geläufige Zuordnung der Überstrom-Schutzeinrichtungen in Verbindung mit den Verlegearten war nicht mehr Bestandteil des Bestimmungstextes in diesem neuen Entwurf.
Da der alte Entwurf DIN VDE 0100 Teil 430/06.81 mit der »Notlösung Nichtdauerlast« mit Erscheinen des neuen Entwurfs DIN VDE 0100 Teil 430/05.88 zurückgezogen wurde, gab es nun keine praktikable Lösung mehr. Planer und Errichter hätten zukünftig die Zuordnung der Überstrom-Schutzeinrichtung zu den Nennquerschnitten von Kabeln und Leitungen auswählen müssen entweder

- anhand einer Strombelastbarkeitstabelle im Beiblatt 1 zu DIN VDE 0100 Teil 430/05.88 oder
- unter Zugrundelegung der Strombelastbarkeitswerte in DIN VDE 0298 Teil 2/11.79 und Teil 4/02.88, da DIN VDE 0298 Teil 4/02.88 hinsichtlich der Strombelastbarkeitswerte DIN VDE 0100 Teil 523/06.81 ersetzt hatte.

Bei beiden Möglichkeiten mußte aber die Zuordnung der Überstrom-Schutzeinrichtungen zu den Nennquerschnitten vom Praktiker selbst ermittelt werden.
Zudem war die Frage der Umgebungstemperatur nicht eindeutig geklärt. Im Entwurf des Beiblattes 1 zu DIN VDE 0100 Teil 430/05.88 waren die Strombelastbarkeitswerte schon durch Umrechnung von der international vereinbarten Umgebungstemperatur 30 °C auf die für unsere Region angenommene Umge-

Tabelle 4-1. Strombelastbarkeitswerte I_z von Kabeln und Leitungen für feste Verlegung, Verlegearten A, B1, B2, C und E – Isolierwerkstoff PVC, zulässige Betriebstemperatur 70 °C, Umgebungstemperatur 25 °C – sowie die Zuordnung von Überstrom-Schutzeinrichtungen zum Schutz bei Überlast (Werte entsprechen Tabelle 2 aus Beiblatt 1 zu DIN VDE 0100 Teil 430)

Bauart-Kurzzeichen[1])	NYM, NYBUY, NHYRUZY, NYIF, H07V-U, H07V-R, H07V-K, NYIFY								NYY, NYCWY, NYKY, NYM, NYMZ, NYMT, NYBUY, NHYRUZY	
Anzahl der belasteten Adern	2	3	2	3	2	3	2	3	2	3
Verlegeart	A in wärmedämmenden Wänden		B1 Auf oder in Wänden oder unter Putz in Elektro-Installationsrohren oder -kanälen		B2		C direkt verlegt		E frei in Luft unter Einhaltung der angegebenen Abstände verlegt	
	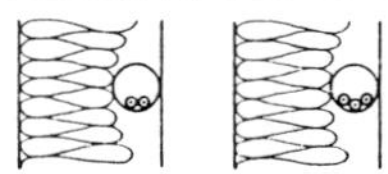 Aderleitungen im Elektro-Installationsrohr[2]) [5])		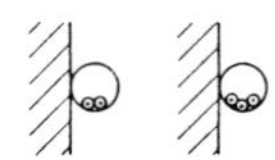 Aderleitungen im Elektro-Installationsrohr auf der Wand, unter der Decke[6]) oder auf dem Fußboden[3])		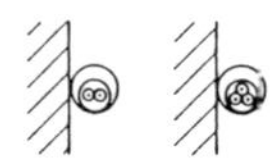 Mehradrige Leitung im Elektro-Installationsrohr auf der Wand, unter der Decke[6]) oder auf dem Fußboden		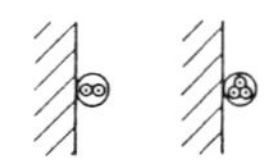 Mehradrige Leitung auf der Wand, unter der Decke[7]) oder auf dem Fußboden[4])			
	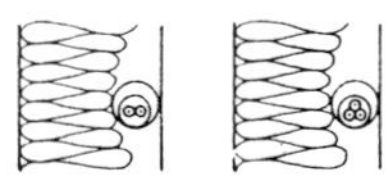 Mehradrige Leitung im Elektro-Installationskanal[5])		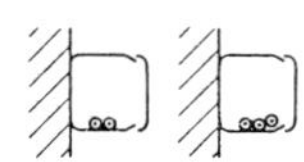 Aderleitungen im Elektro-Installationskanal auf der Wand, unter der Decke[6]) oder auf dem Fußboden		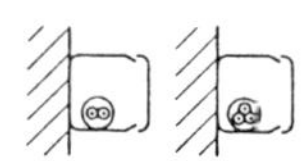 Mehradrige Leitung im Elektro-Installationskanal auf der Wand, unter der Decke[6]) oder auf dem Fußboden		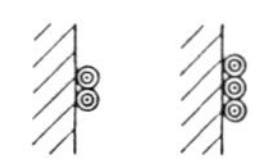 Einadrige Mantelleitungen auf der Wand, unter der Decke[7]) oder auf dem Fußboden			
	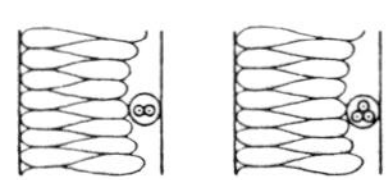 Mehradrige Leitung in der Wand		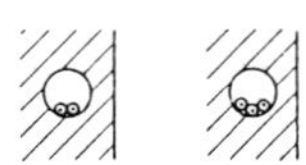 Aderleitungen, einadrige Mantelleitungen, mehradrige Leitungen im Elektro-Installationsrohr in Wand, Decke oder im Fußboden				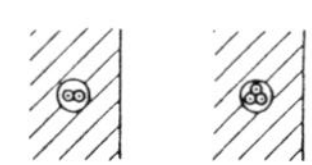 Mehradrige Leitung in Wand, Decke, Fußboden oder unter Putz, Stegleitung in der Wand oder unter Putz		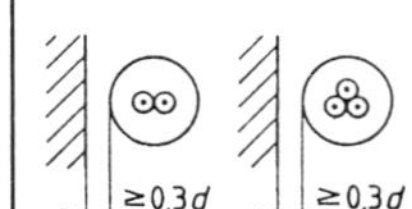	

Nennquerschnitt des Kupferleiters in mm²	Strombelastbarkeit I_z in A und Nennstrom I_n der Überstrom-Schutzeinrichtungen, deren großer Prüfstrom $I_2 \leq 1{,}45\ I_n$ sein muß																			
	I_z	I_n	I_z	I_n	I_z	I_n	I_z	I_n	I_z	I_n	I_z	I_n	I_z	I_n	I_z	I_n	I_z	I_n	I_z	I_n
1,5	16,5 8)	16	14	13 9)	18,5	16	16,5	16	16,5	16	15	13 9)	21	20	18,5	16	21	20	19,5	16
2,5	21	20	19	16	25	25	22	20	22	20	20	20	28	25	25	25	29	25	27	25
4	28	25	25	25	34	32 10)	30	25	30	25	28	25	37	35 11)	35 8)	35 11)	39	35 11)	36	35 11)
6	36	35 11)	33	32 10)	43	40 12)	38	35 11)	39	35 11)	35	35 11)	49	40 12)	43	40 12)	51	50	46	40 12)
10	49	40 12)	45	40 12)	60	50	53	50	53	50	50 8)	50	67	63	63 8)	63	70	63	64	63
16	65	63	59	50	81	80	72	63	72	63	65	63	90	80	81	80	94	80	85	80
25	85	80	77	63	107	100	94	80	95	80	82	80	119	100	102	100	125	125	107	100
35	105	100	94	80	133	125	118	100	117	100	101	100	146	125 13)	126	125 13)	154	125 13)	134	125 13)
50	126	125 13)	114	100	160	160 14)	142	125 13)	-	-	-	-	-	-	-	-	-	-	-	-
70	160	160 14)	144	125 13)	204	200 14)	181	160 14)	-	-	-	-	-	-	-	-	-	-	-	-
95	193	160 14)	174	160 14)	246	200 14)	219	200 14)	-	-	-	-	-	-	-	-	-	-	-	-
120	223	200 14)	199	160 14)	285	250 14)	253	250 14)	-	-	-	-	-	-	-	-	-	-	-	-

1) Auflistung der Bauart-Kurzzeichen mit Angaben, welchen Normen die Kabel und Leitungen entsprechen, siehe DIN VDE 0298 Teil 1 und Teil 3.
2) Gilt auch für Aderleitungen im Elektro-Installationsrohr in geschlossenen Fußbodenkanälen (Fußboden ohne wärmedämmende Materialien).
3) Gilt auch für Aderleitungen im Elektro-Installationsrohr in belüfteten Fußbodenkanälen.
4) Gilt auch für mehradrige Leitung in offenen oder belüfteten Kanälen.
5) Gilt auch für Aderleitungen, einadrige Mantelleitungen, mehradrige Leitung im Elektro-Installationskanal im Fußboden (ohne wärmedämmende Materialien).
6) Bei Anordnung unter der Decke siehe Abschnitte 3.2.3.3.2 und 3.2.3.4.3.
7) Bei Anordnung unter der Decke siehe Tabelle 3–7 (Tabelle 11 aus DIN VDE 0298 Teil 4).
8) Siehe Abschnitt 3.3.2.3
9) $I_n = 10$ A bei Sicherungen, die es z. Z. mit dem Nennstrom $I_n = 13$ A nicht gibt.
10) $I_n = 25$ A bei D- und D0-Sicherungen, die es z. Z. mit dem Nennstrom $I_n = 32$ A nicht gibt.
11) $I_n = 32$ A bei Leitungsschutzschaltern, die es z. Z. mit dem Nennstrom $I_n = 35$ A nicht gibt.
12) $I_n = 35$ A bei D- und D0-Sicherungen, die es z. Z. mit dem Nennstrom $I_n = 40$ A nicht gibt.
13) D- und D0-Sicherungen gibt es z. Z. bis zum maximalen Nennstrom $I_n = 100$ A.
14) Leitungsschutzschalter gibt es z. Z. bis zum maximalen Nennstrom $I_n = 125$ A; siehe auch Fußnote 13).

Tabelle 4-2. Nennströme von Leitungsschutzschaltern nach DIN VDE 0641 sowie Niederspannungssicherungen D-, D0- und NH-System nach DIN VDE 0636 für den Kabel- und Leitungsschutz

Leitungsschutz-schalter	D0-Sicherungen nach DIN VDE 0636 Teil 41	D-Sicherungen nach DIN VDE 0636 Teil 31	NH-Sicherungen nach DIN VDE 0636 Teil 21	
Nennstrom I_n A	Nennstrom I_n A	Nennstrom I_n A	Nennstrom I_n A	
6	2	2	6	
10	4	4	10	
13	6	6	16	
16	10	10	20	
20	16	16	25	
25	20	20	32	NH00
32	25	25	35	~500 V
40	35	35	40	
50	50	50	50	
63	63	63	63	
	80	80	80	
	100	100	100	
			125	NH1
			160	~500 V
			200	NH2
			250	~500 V
			315	
			400	

bungstemperatur 25 °C heraufgesetzt. In DIN VDE 0298 Teil 2/11.79 und DIN VDE 0298 Teil 4/02.88 sind die Strombelastbarkeitswerte jedoch auf Basis der international vereinbarten Umgebungstemperatur von 30 °C veröffentlicht.

Schließlich ergaben sich für einige in der Praxis wichtige Anwendungsfälle geringere Strombelastbarkeitswerte, was letztlich einen größeren Leiterquerschnitt bedeutete (siehe hierzu Abschnitt 3.3.2).

In dieser Situation wurde auf Basis der Strombelastbarkeitswerte für eine Umgebungstemperatur von 25 °C für die übliche Elektro-Installation in Wohngebäuden und in anderen Gebäuden mit vergleichbaren Anforderungen eine Zuordnungstabelle der Überstrom-Schutzeinrichtungen in Abstimmung zwischen ZVEH und VDEW vereinbart und ihre Anwendung von beiden Verbänden empfohlen. Als VDEW/ZVEH-Empfehlung für die Zuordnung der Überstrom-Schutzeinrichtungen mit dem Titel »Schutz gegen zu hohe Erwärmung für Kabel und Leitungen in Wohngebäuden« erschien 1988 ein entsprechendes Faltblatt mit einer Zuordnungstabelle **(Tabelle 4-3)**.

In dieser Tabelle wurden nun die zuvor genannten wichtigen Anwendungsfälle, bei denen der Leiterquerschnitt gegenüber jahrzehntelang geübter Praxis hätte größer gewählt werden müssen, berücksichtigt. Es lagen somit wenige Nennstromwerte der Überstrom-Schutzeinrichtungen geringfügig über den Werten der

Tabelle 4-3. Zuordnung von Überstrom-Schutzeinrichtungen gemäß VDEW/ZVEH - Empfehlungen 1988

Zuordnung von Leitungsschutzsicherungen gL nach DIN VDE 0636 und Leitungsschutzschaltern nach DIN VDE 0641, die der Bedingung $I_2 \leq 1,45 \cdot I_n$ entsprechen.

Gilt für Dauerbetrieb bei Umgebungstemperatur 25 °C.

Kabel- und Leitungsbauart mit PVC-Isolierung[1])	Bauart-Kurzzeichen[2]) NYY, NYCWY, NYKY, NYM, NYBUY, NHYRUZY NYIF, NYIFY, HO7V-U, HO7V-R, HO7V-K, NYMT, NYMZ									
Verlegeart	Gruppe A		Gruppe B1		Gruppe B2		Gruppe C		Gruppe E	
Anzahl der belasteten Adern	2	3	2	3	2	3	2	3	2	3
Nennquerschnitt mm² Cu	Nennstrom der Schutzeinrichtung in A									
1,5	16	10	16	16	16	10	16	16	20	20
2,5	20	16	25	20	20	20	25	25	25	25
4	25	25	25	25	25	25	35	35	35	35
6	35	25	40	35	35	35	40	40	50	40
10	40	40	50	50	50	50	63	63	63	63
16	63	50	80	63	63	63	80	80	80	80
25		63		80		80		100		100
35		80		100		100		125		125
50		100		125		125		160		160
70		125		160		160		200		200

Anmerkung 1:
Es wird vorausgesetzt, daß in den jeweiligen Stromkreisen kleine Überlastungen ($I_b > I_z$) von langer Dauer nicht auftreten.

Anmerkung 2:
Die Zuordnungen nach Gruppe C können zur Vereinfachung auch bei Verlegung im Erdreich, soweit sie im Zusammenhang mit Elektro-Installationen von Wohngebäuden und Gebäuden mit vergleichbaren Anforderungen stehen, angewendet werden, wenn eine Ermittlung der zulässigen Belastbarkeitswerte für Kabel im Erdreich nach DIN VDE 0298 Teil 2/11.79 nicht vorgenommen werden soll.

[1]) Für flexible Leitungen nach DIN VDE 0298 Teil 3/08.83 mit den Isolierstoffen PVC oder Gummi bei fester Verlegung/Anschluß kann die Tabelle auch angewendet werden.

[2]) Auflistung der Bauart-Kurzzeichen der Kabel und Leitungen mit Angaben über ihre Verwendung siehe DIN VDE 0298 Teil 1/11.82 und Teil 3/08.83.

Strombelastbarkeit der Leitungen und Kabel gemäß der Tabelle mit den Belastbarkeitswerten im Entwurf von Beiblatt 1 zu DIN VDE 0100 Teil 430/05.88. Aufgrund der langjährigen Erfahrungen der durch die »Empfehlung« angesprochenen Anwendungsfälle wurde dies als praxisgerecht angesehen, weil die auftretenden Betriebsströme I_b – auch bei Steckdosenstromkreisen – praktisch immer kleiner als die zulässige Belastbarkeit I_z sind, bzw. kleine Überlastungen von langer Dauer nicht auftreten.
Im nun vorliegenden Weißdruck des Beiblattes 1 zu DIN VDE 0100 Teil 430/11.91 sind diese der Praxis angepaßten Nennstromwerte berücksichtigt (siehe hierzu auch Abschnitt 3.3.2).
Somit steht nach zehn Jahren mit unterschiedlichsten Meinungen und praktizierten Lösungen bei der Zuordnung von Überstrom-Schutzeinrichtungen zu den Nennquerschnitten mit der Tabelle im Beiblatt 1 zu DIN VDE 0100 Teil 430/11.91 wieder für alle Fachkreise eine einheitlich praktizierbare Lösung zur Verfügung.
Die VDEW/ZVEH-Empfehlung wird somit nun von den Verbänden VDEW und ZVEH zurückgezogen werden.

4.3.2.3 Absicherung von Beleuchtungs- und Steckdosen-Stromkreisen

In der Ausgabe Juni 1981 von DIN VDE 0100 Teil 430 waren im Abschnitt 10 noch Aussagen über die Absicherung von Beleuchtungs- und Steckdosen-Stromkreisen enthalten. Solche Aussagen enthält DIN VDE 0100 Teil 430/11.91 nicht mehr, weil sie nicht in den Anwendungsbereich von DIN VDE 0100 Teil 430 fallen. DIN VDE 0100 Teil 430 macht Aussagen über die Bemessung des Schutzes von Kabeln und Leitungen gegen zu hohe Erwärmung. Die nun in der Ausgabe November 1991 nicht mehr aufgeführten Textpassagen über die Absicherung von Beleuchtungs- und Steckdosen-Stromkreisen haben in der Tat nichts mit der Bemessung des Schutzes von Kabeln und Leitungen zu tun. Ihr Wegfall ist also begründet.
Dennoch soll an dieser Stelle auf die alten Aussagen zur Absicherung von Beleuchtungs- und Steckdosen-Stromkreisen eingegangen werden, weil der Praktiker solche Aussagen an dieser Stelle nach wie vor sucht.
Nach DIN VDE 0100 Teil 430/06.81, Abschnitt 10.1.1, durften Beleuchtungsstromkreise nur bis 25 A gesichert werden. Leuchtstofflampen- und Leuchtstoffröhren-Stromkreise sowie Beleuchtungsstromkreise mit Lampenfassungen E 40 konnten mit höheren Überstrom-Schutzeinrichtungen gesichert werden. Dabei mußte auf die zulässige Strombelastbarkeit der Leitungen und des Installationsmaterials geachtet werden. Der Überstromschutz von Stromkreisen mit zweipoligen Steckdosen mußte nicht nur auf die zulässige Belastbarkeit der Leitungen, sondern auch auf den Nennstrom der angeschlossenen Steckdosen abgestimmt werden, d. h. auf den niedrigsten der beiden Werte.
Selbstverständlich hat diese Aussage nach wie vor ihre Bedeutung. In keinem Fall darf der Nennstrom der Überstrom-Schutzeinrichtung größer sein als die zulässige Strombelastbarkeit der Leitungen und des Installationsmaterials, z. B.

Steckdosen und Schalter. Die Überstrom-Schutzeinrichtung muß immer auf den niedrigeren der beiden Werte abgestimmt werden. So ist z. B. ein mit einer Mantelleitung NYM $3 \times 2{,}5\,mm^2$ installierter Steckdosen-Stromkreis mit Steckdosen 16 A Nennstrom nur mit 16 A zu sichern, wenngleich bei Verlegeart C nach Tabelle 2 aus Beiblatt 1 zu DIN VDE 0100 Teil 430 (siehe Tabelle 4-1) für die Absicherung der Mantelleitung NYM eine Überstrom-Schutzeinrichtung von 20 A zulässig wäre.
Auch bei dreipoligen Steckdosen-Stromkreisen muß der Nennstrom der vorgeschalteten Überstrom-Schutzeinrichtungen auf die zulässige Strombelastbarkeit der Leitung und den Nennstrom der angeschlossenen Steckdosen abgestimmt sein. Die Überstrom-Schutzeinrichtungen sind – wie bei zweipoligen Steckdosen-Stromkreisen – auf den niedrigeren der beiden Werte abzustimmen. Einen entsprechenden Hinweis für dreipolige Steckdosen-Stromkreise gab es in DIN VDE 0100 Teil 430/06.81, Abschnitt 10.2.
Eine Ausnahme gilt für Industriesteckvorrichtungen mit der Nennstromstärke von 32 A. Nach DIN VDE 0623 a/03.77 dürfen Steckvorrichtungen mit einem Nennstrom von 32 A mit Sicherungen 35 A gesichert werden, wobei aber der Leiterquerschnitt für eine zulässige Strombelastbarkeit von mindestens 35 A ausgelegt sein muß.
So darf z. B. eine dreipolige Steckvorrichtung mit einem Nennstrom von 32 A mit Sicherungen 35 A gesichert werden, wenn der Querschnitt der installierten Leitung bei Verlegeart C nach Tabelle 2 aus Beiblatt 1 zu DIN VDE 0100 Teil 430 (siehe Tabelle 4-1) mindestens $4\,mm^2$ beträgt.
Nicht mehr von Bedeutung ist die alte Festlegung aus Abschnitt 10.1.2 aus DIN VDE 0100 Teil 43/06.81, wonach Beleuchtungsstromkreise in Hausinstallationen nur mit Überstrom-Schutzeinrichtungen bis 16 A gesichert werden durften. Diese bisherige Einschränkung ist somit aufgehoben.

4.3.3 Auswahl geeigneter Schutzeinrichtungen zum Schutz bei Überlast

4.3.3.1 Allgemeines

Bei der Auswahl geeigneter Schutzeinrichtungen für den Schutz bei Überlast werden ein hoher Nutzungsgrad der installierten Kabel und Leitungen sowie eine hohe Schutzwirkung im Fehlerfall angestrebt. Nutzungsgrad und Schutzgrad können als Maßstab bei der Bewertung von Überstrom-Schutzeinrichtungen zum Schutz bei Überlast dienen.

4.3.3.2 Nutzungsgrad N

Ein hoher Nutzungsgrad N bedeutet, daß die Strombelastbarkeit I_z der installierten Kabel und Leitungen möglichst vollständig ausgenutzt und betriebsmäßige, kurzzeitige Stromspitzen von der Überstrom-Schutzeinrichtung ungehindert durchgelassen werden.

Kabel und Leitungen werden um so besser ausgenutzt, je näher der zu erwartende Betriebsstrom I_b des Stromkreises und der Nennstrom I_n der Schutzeinrichtung zum Schutz bei Überlast bei der zulässigen Strombelastbarkeit I_z liegen.
Der Nutzungsgrad N in % ist das Verhältnis Nennstrom I_n der Überstrom-Schutzeinrichtung zu Strombelastbarkeit I_z:

$$N = \frac{I_n}{I_z} \cdot 100 \quad \text{in } \%$$

Hierbei ist der Nennstrom I_n der Überstrom-Schutzeinrichtung gleich dem maximal zu erwartenden Betriebsstrom I_b des Stromkreises.
Die wirtschaftlichste Lösung ist die hundertprozentige Ausnutzung der verlegten Kabel und Leitungen, also Nennstrom I_n der Überstrom-Schutzeinrichtung gleich Strombelastbarkeit I_z der Leitung oder des Kabels.
Nur wenn der große Prüfstrom I_2 der ausgewählten Schutzeinrichtung zum Schutz bei Überlast $\leq 1{,}45\ I_n$ ist (siehe Abschnitt 4.3.2.1) ergibt sich aus der Zuordnungsbedingung (2), daß der Nennstrom I_n der Schutzeinrichtung zum Schutz bei Überlast kleiner oder gleich der Strombelastbarkeit I_z gewählt werden darf (hundertprozentige Nutzung der Leitungen und Kabel).

Beispiel 1
Leitungsschutzschalter mit B- oder C-Charakteristik. Wie groß ist der Nutzungsgrad?
Bei Leitungsschutzschaltern mit B- oder C-Charakteristik ist der große Prüfstrom $I_2 = 1{,}45\ I_n$, somit darf der Nennstrom I_n gleich der Strombelastbarkeit I_z der Leitungen und Kabel sein. Daraus folgt für den Nutzungsgrad N:

$$N = \frac{I_n}{I_z} \cdot 100 \quad \text{in } \%$$

$$N = 1 \cdot 100 = 100\,\%$$

$$\underline{\underline{N = 100\,\%}}$$

100 % Nutzungsgrad wird nur dann erreicht, wenn der Nennstrom der Überstrom-Schutzeinrichtung mit einem großen Prüfstrom $I_2 = 1{,}45\ I_n$ exakt der Strombelastbarkeit I_z entspricht (siehe Beispiele 3 und 4).
Beträgt der große Prüfstrom I_2 der Schutzeinrichtung zum Schutz bei Überlast jedoch mehr als $1{,}45\ I_n$, so ist eine Schutzeinrichtung mit niedrigerem Nennstrom I_n zu verwenden.
Anstelle der Beziehung $I_n \leq I_z$ gilt dann die Beziehung

$$I_n \leq \frac{1{,}45}{I_2\text{-Faktor}} \cdot I_z$$

Die Leitung ist in diesem Fall jedoch weniger gut ausgenutzt.

Beispiel 2
Wie stark darf eine mit einer Überstrom-Schutzeinrichtung mit $I_2 = 1{,}75\ I_n$ (Leitungsschutzschalter der alten Charakteristik L) geschützte Leitung ausgenutzt werden?

$$I_n \leq \frac{1{,}45}{I_2\text{-Faktor}} \cdot I_z$$

mit I_2-Faktor 1,75 ergibt sich I_n zu

$$I_n \leq \frac{1{,}45}{1{,}75} \cdot I_z$$

$$I_n \leq 0{,}83\ I_z$$

$$N = \frac{I_n}{I_z} \cdot 100 \quad \text{in } \%$$

mit $I_n = 0{,}83\ I_z$ ergibt sich

$$\underline{\underline{N = 83\,\%}}$$

Die Leitung darf somit nur zu 83% ausgenutzt werden.
Bei nicht einstellbaren Überstrom-Schutzeinrichtungen (Leitungsschutzschalter, Leitungsschutzsicherungen) ergibt sich aber meistens ein noch niedrigerer Nutzungsgrad N, da ihr Nennstrom I_n nur in den seltensten Fällen gleich der Strombelastbarkeit I_z der Kabel und Leitungen sein wird und der nächst niedrigere Nennstrom I_n gewählt werden muß.

Beispiel 3
Bei einer zulässigen Strombelastbarkeit I_z von beispielsweise 21 A ermittelt sich der Nennstrom der Schutzeinrichtung zum Schutz bei Überlast wie folgt:

$$I_n \leq \frac{1{,}45}{I_2\text{-Faktor}}\ I_z$$

$$I_n \leq 0{,}83 \cdot 21\ \text{A}$$

$$I_n \leq 17{,}43\ \text{A}$$

Daraus folgt ein Nennstrom von 16 A für den Leitungsschutzschalter der Charakteristik L.

Der Nutzungsgrad N beträgt dann nur:

$$N = \frac{I_n}{I_z} \cdot 100 \quad \text{in } \%$$

$$N = \frac{16}{21} \cdot 100 = 76{,}2\,\%$$

$$\underline{\underline{N = 76{,}2\,\%}}$$

Beispiel 4
Welcher Nennstrom darf für einen Leitungsschutzschalter der Charakteristik B im vorangegangenen Beispiel (Strombelastbarkeit $I_z = 21$ A) gewählt werden und wie groß ist der Nutzungsgrad N?

Da bei der B-Charakteristik der große Prüfstrom $I_2 = 1{,}45\ I_n$ ist, darf der Nennstrom I_n gleich der Strombelastbarkeit I_z sein. Die nächst niedrigere Nennstromstärke ist 20 A (im Gegensatz zu der maximal möglichen Nennstromstärke von 16 A bei der Charakteristik L des vorangegangenen Beispiels). Der Nutzungsgrad beträgt:

$$N = \frac{I_n}{I_z} \cdot 100 \quad \text{in } \%$$

$$N = \frac{20}{21} \cdot 100 = 95{,}2\,\%$$

$$\underline{\underline{N = 95{,}2\,\%}}$$

Bei einstellbaren Schutzeinrichtungen zum Schutz bei Überlast, z. B. Leistungsschalter nach DIN VDE 0660 Teil 101, ergibt sich eine solche Minderung des Nutzungsgrades N nicht.
Bei ihrer Anwendung kann die zulässige Strombelastbarkeit I_z der Kabel und Leitungen exakt eingestellt werden (Einstellstrom). Da ihr großer Prüfstrom $< 1{,}45\ I_n$ (üblich zwischen $1{,}25\ I_n$ und $1{,}35\ I_n$) ist, kann mit ihnen somit immer ein Nutzungsgrad N von 100% erreicht werden, d. h. das Leitermaterial wird vollständig ausgenutzt.

4.3.3.3 Schutzgrad S

Ein hoher Schutzgrad S bedeutet, daß eine den Überlastschutz übernehmende Überstrom-Schutzeinrichtung im Fehlerfall schnellstmöglich den Stromkreis öffnet. Die Schutzwirkung der verschiedenen Überstrom-Schutzeinrichtungen ist abhängig von der jeweiligen Auslöse-Charakteristik. Von Bedeutung ist dabei besonders der I_2-Faktor.

Der Schutzgrad S ist wie folgt definiert:

$$S = \frac{I_2}{I_z}$$

mit $I_2 = I_2\text{-Faktor} \times I_n$ ergibt sich

$$S = \frac{I_2\text{-Faktor} \cdot I_n}{I_z}$$

Werden Überlast-Schutzeinrichtungen mit einem großen Prüfstrom $I_2 = 1{,}45\ I_n$ verwendet, so darf der Nennstrom I_n der Schutzeinrichtung gleich der zulässigen Strombelastbarkeit I_z des Kabels oder der Leitung sein (siehe Abschnitt 4.3.2.1). Der Schutzgrad ist dann 1,45.
Bei Überlast-Schutzeinrichtungen mit großem Prüfstrom $I_2 < 1{,}45\, I_n$ wird – gleiche Strombelastbarkeit I_z der zu schützenden Leitung vorausgesetzt – der Schutzgrad S besser ($S < 1{,}45$).
Kommen nun Überlast-Schutzeinrichtungen mit großem Prüfstrom $I_2 > 1{,}45\ I_n$ zur Anwendung, z. B. mit dem 1,6-, 1,75-, 1,9- oder 2,1fachen des Nennstromes, so ist die Schutzwirkung – wieder gleiche Strombelastbarkeit der zu schützenden Leitung vorausgesetzt – nicht mehr sichergestellt ($S > 1{,}45$).
Um die Schutzwirkung zu gewährleisten, muß in solch einem Fall der Nutzungsgrad N (siehe Abschnitt 4.3.3.2) herabgesetzt werden, also der Nennstrom der Überlast-Schutzeinrichtung bei gleicher Strombelastbarkeit I_z der zu schützenden Leitung niedriger gewählt werden.
Zwei Beispiele sollen die Aussagen verdeutlichen:

Beispiel 1
Geschützt werden soll eine Leitung mit einer Strombelastbarkeit I_z von 20 A mit einem Leitungsschutzschalter der B-Charakteristik mit einem Nennstrom I_n von 20 A.
Wie groß ist der Schutzgrad?

$$I_2 \leq 1{,}45\ I_z$$

mit $I_2 = 1{,}45\ I_n$ (Charakteristik B) ergibt sich

$$I_n \leq I_z$$

Der Nennstrom I_n der Überlast-Schutzeinrichtung darf gleich der zulässigen Strombelastbarkeit I_z der Leitung sein.

$$S = \frac{I_2\text{-Faktor} \cdot I_n}{I_z}$$

$$S = \frac{1{,}45 \cdot 20\ \text{A}}{20\ \text{A}}$$

$$\underline{\underline{S = 1{,}45}}$$

Die Forderung, daß der Schutzgrad maximal 1,45 betragen darf, ist erfüllt.

Beispiel 2
Die Leitung des vorangegangenen Beispiels mit der Strombelastbarkeit I_z von 20 A soll mit einem Leitungsschutzschalter der L-Charakteristik mit einem Nennstrom von I_n von 20 A geschützt werden (Altanlage).
Ist der notwendige Schutzgrad erreicht?

$$S = \frac{I_2\text{-Faktor} \cdot I_n}{I_z}$$

$$S = \frac{1{,}75 \cdot 20\ \text{A}}{20\ \text{A}}$$

$$\underline{\underline{S = 1{,}75}}$$

Der notwendige Schutzgrad von $\leq$ 1,45 ist nicht erfüllt. Er kann nur erreicht werden, wenn eine kleinere Nennstromstärke des Leitungsschutzschalters verwendet wird. Mit einem Leitungsschutzschalter L 16 ergibt sich der Schutzgrad zu:

$$S = \frac{I_2\text{-Faktor} \cdot I_n}{I_z}$$

$$S = \frac{1{,}75 \cdot 16\ \text{A}}{20\ \text{A}}$$

$$\underline{\underline{S = 1{,}4}}$$

Der Schutzgrad ist $\leq$ 1,45 und somit zulässig.

Allgemein kann also gesagt werden, daß Überlast-Schutzeinrichtungen mit großem Prüfstrom $I_2 = 1{,}45\ I_n$ den erforderlichen Schutzgrad von $\leq 1{,}45$ erfüllen. Solche Überstrom-Schutzeinrichtungen sind insbesondere Leitungsschutzsicherungen nach den Normen der Reihe DIN VDE 0636 und Leitungsschutzschalter nach DIN VDE 0641 mit den Charakteristiken B und C.
Der Schutzgrad wird verbessert bei Verwendung von Schutzeinrichtungen zum Schutz bei Überlast mit einem großen Prüfstrom $I_2 < 1{,}45\ I_n$. Solche Überstrom-Schutzeinrichtungen sind z. B. Leistungsschalter nach DIN VDE 0660 Teil 101 und Leitungsschutzschalter der Charakteristik K.
Je besser der Schutzgrad ist, der große Prüfstrom I_2 der verwendeten Überstrom-Schutzeinrichtung also sich dem Nennstrom I_n nähert, um so besser bieten diese Überstrom-Schutzeinrichtungen den Schutz von Kabeln und Leitungen bei kleineren Überlastungen von langer Dauer, wie sie in der Anmerkung 5 zu den Zuordnungsbedingungen in Abschnitt 5.2 von DIN VDE 0100 Teil 430 erwähnt werden (siehe Abschnitt 4.3.2.1).
Ein guter Schutzgrad S bedeutet im Umkehrschluß allerdings, daß die Schutzeinrichtung zum Schutz bei Überlast bei kleineren Überlastungen anspricht. Diese Eigenschaft ist im praktischen Betrieb mitunter aber nicht erwünscht. Errichter und Planer der elektrischen Anlage haben im Einzelfall abzuwägen, welcher Vorteil greifen soll.

4.3.3.4 Wie erfüllen die verschiedenen Leitungsschutzschalter-Charakteristiken die Zuordnungsbedingungen?

B- und C-Charakteristiken

Die B- und C-Charakteristiken wurden speziell entwickelt, um der internationalen Forderung $I_2 \leq 1{,}45\ I_z$ (Bedingung [2]) zu genügen.
Da bei beiden Charakteristiken die Überlastauslösung die Bedingung $I_2 = 1{,}45\ I_n$ erfüllt, kann die einfache Zuordnung mit $I_n \leq I_z$ erfolgen. Der Nennstrom I_n der Leitungsschutzschalter der Charakteristiken B und C muß gleich/kleiner der zulässigen Strombelastbarkeit I_z der zu schützenden Leitung sein.
Die Auslösecharakteristiken B und C entsprechen den internationalen Festlegungen in IEC 898. Sie wurden als Änderungen zu DIN VDE 0641/6.78 im November 1988 der Öffentlichkeit vorgestellt.
Für die Auslösecharakteristiken B und C darf seit 01.11.1988 das VDE-Zeichen vergeben werden. Von Bedeutung ist noch, daß der Nennstromwert 13 A ergänzt wurde.

G-Charakterisik
Da der große Prüfstrom $I_2 = 1{,}35\ I_n$ beträgt, kann ebenfalls die einfache Zuordnung mit $I_n \leq I_z$ vorgenommen werden.
Für die G-Charakterisik kann kein VDE-Zeichen vergeben werden.

K-Charakteristik
Da der große Prüfstrom $I_2 = 1{,}2\ I_n$ beträgt, kann ebenfalls die einfache Zuordnung mit $I_n \leq I_z$ vorgenommen werden.
Für die K-Charakteristik kann kein VDE-Zeichen vergeben werden, da es für Geräte nach DIN VDE 0660 (z. B. Leistungsschalter) kein VDE-Zeichen gibt.

L-Charakteristik
Die Zuordnung kann nicht nach der einfachen Zuordnungsbedingung $I_n \leq I_z$ vorgenommen werden, da der große Prüfstrom größer als 1,45 I_n ist. Für den großen Prüfstrom ergeben sich in Abhängigkeit vom Nennstrom des Leitungsschutzschalters folgende Werte:

- Nennstrom bis 4 A großer Prüfstrom $I_2 = 2{,}1\ I_n$,
- Nennstrom 6 bis 10 A großer Prüfstrom $I_2 = 1{,}9\ I_n$,
- Nennstrom 16 bis 25 A großer Prüfstrom $I_2 = 1{,}75\ I_n$,
- Nennstrom 32 bis 63 A großer Prüfstrom $I_2 = 1{,}6\ I_n$.

Die für die Leiterquerschnitte zulässigen Nennstromstärken werden nach der Beziehung

$$I_n = \frac{1{,}45}{I_2\text{-Faktor}} \cdot I_z$$

umgerechnet. Diese Umrechnung war bei der Zuordnung von Leitungsschutzschaltern der Charakteristik L zu den Leiterquerschnitten nach der alten DIN VDE 0100 Teil 430/06.81 immer erforderlich. In der Tabelle 1 von DIN VDE 0100 Teil 430/06.81, die die Zuordnung von Leitungsschutzsicherungen nach DIN VDE 0636 und Leitungsschutzschaltern nach DIN VDE 0641 beinhaltete, war die Umrechnung berücksichtigt. Der Praktiker brauchte also auch hier keine zusätzliche Rechenarbeit erledigen. Voraussetzung allerdings war, daß Leitungsschutzschalter der Charakteristik L benutzt wurden, denn nur diese Charakteristik war in DIN VDE 0641 zum damaligen Zeitpunkt verankert.

Beispiel
Eine Leitung mit dem Leiterquerschnitt 2,5 mm² Cu hat eine Strombelastbarkeit I_z von 26 A (Verlegeart der alten Gruppe 2) und soll mit einem Leitungsschutzschalter L 20 A bei Überlast geschützt werden. Ist diese Zuordnung zulässig?

$I_2 \leq 1{,}45\ I_z$ (Bedingung [2])

mit $I_2 = 1{,}75\ I_n$ für L 20 A ergibt sich

$1{,}75\ I_n \leq 1{,}45\ I_z$

$$I_n \leq \frac{1,45}{1,75} \cdot 26\,\text{A}$$

$$\underline{\underline{I_n \leq 21,5\,\text{A}}}$$

Der Nennstrom 20 A des Leitungsschutzschalters der Charakteristik L ist richtig gewählt. Ein Leitungsschutzschalter mit dem Nennstrom 25 A wäre unzulässig, wenngleich die Strombelastbarkeit I_z der Leitung 26 A beträgt (siehe Abschnitt 4.3.3.2).

Diese rechnerisch ermittelte Zuordnung konnte früher – wie schon angeführt – leichter der Tabelle 1 aus DIN VDE 0100 Teil 430/06.81 entnommen werden, weil die Umrechnung

$$I_n = \frac{1,45}{I_2\text{-Faktor}} \cdot I_z$$

schon in der Tabelle berücksichtigt war.
Für die Leitungsschutzschalter der Charakteristik L nach DIN VDE 0641/06.78 konnte bis zum Erscheinen von DIN VDE 0641 A4 im November 1988 (B- und C-Charakteristik) das VDE-Zeichen vergeben werden.

U-Charakteristik
Die Auslösecharakteristik U kann nicht nach der einfachen Zuordnung $I_n \leq I_z$ vorgenommen werden, da der große Prüfstrom 1,9 I_n beträgt. Bei der Charakteristik U ist somit, wie zuvor bei der Charakteristik L geschildert, eine Umrechnung vorzunehmen.
Für Leitungsschutzschalter der Charakteristik U kann kein VDE-Zeichen vergeben werden.

4.3.3.5 Wie erfüllen Leitungsschutzsicherungen der Betriebsklasse gL die Zuordnungsbedingungen?

Um der Zuordnungsbedingung (2) $I_2 \leq 1,45\ I_z$ entgegenzukommen, wurde international in der IEC 269-1 (EN 60269-1, Entwurf DIN VDE 0636 Teil 104/12.87) für Sicherungseinsätze der Betriebsklasse gL der große Prüfstrom für Nennstromstärken größer 10 A bis 25 A von 1,75 I_n auf 1,6 I_n gesenkt. Der Wert 1,6 I_n hatte bereits für alle Nennstromstärken größer 25 A schon immer Gültigkeit. Mit einem großen Prüfstrom von 1,6 I_n wird die Zuordnungsbedingung (2) $I_2 \leq 1,45\,I_z$ jedoch immer noch nicht vereinfacht. Die einfache Zuordnung $I_n \leq I_z$ ist damit nicht gegeben.
Da mit der Überarbeitung der IEC-Publikation für Niederspannungssicherungen früher als mit der für Leitungsschutzschalter begonnen wurde, konnte der Auslösestrom 1,45 I_n in der neuen IEC 269-1 nicht mehr verankert werden; er fehlt deshalb auch in der EN 60 269-1.

Im Hinblick auf DIN VDE 0100 Teil 430 wurden deshalb im Mai 1989 national drei Entwürfe herausgegeben, und zwar die Änderungen Teil 21 A4, Teil 31 A3 und Teil 41 A3 zu DIN VDE 0636. Danach lösen in Deutschland genormte Sicherungen innerhalb der festgelegten Prüfdauer bei 1,45 I_n aus.
Da die Messung mit dem großen Prüfstrom nach DIN VDE 0636 Teil 1/12.83 am Sicherungseinsatz vorgenommen wird, ergibt sich keine direkte Aussage über das Verhalten der kompletten Überstrom-Schutzeinrichtung. Aus diesem Grund wurde in den Entwürfen Teil 21 A4/05.89, Teil 31 A3/05.89 und Teil 41 A3/05.89 von DIN VDE 0636 eine zusätzliche Prüfung aufgenommen. Durch sie wird nachgewiesen, daß die komplette Sicherung bei 1,45 I_n innerhalb der konventionellen Prüfdauer auslöst. Diese Prüfung ist identisch mit der bei Leitungsschutzschaltern nach DIN VDE 0641 A4/11.89.
Weil wegen der bestehenden Stillstandsvereinbarungen und den fortgeschrittenen Arbeiten bei der IEC eine Veröffentlichung der vorgenannten Entwürfe als Weißdruck und auch eine Ermächtigung nicht möglich ist, kann der Nachweis der Übereinstimmung der Sicherungseinsätze mit dem Inhalt der Entwürfe durch eine Konformitätsbescheinigung des Herstellers erbracht werden.

4.3.3.6 Wie erfüllen Leistungsschalter die Zuordnungsbedingungen?

Der große Prüfstrom von Leistungsschaltern liegt im Mittel bei 1,3 I_n. Somit kann die einfache Zuordnung mit $I_n \leq I_z$ vorgenommen werden.

4.3.4 Schutz von parallel geschalteten Leitern (DIN VDE 0100 Teil 430, Abschnitt 5.3)

Sofern mehrere parallel geschaltete Leiter durch eine gemeinsame Schutzeinrichtung zum Schutz bei Überlast geschützt werden, gilt die Summe der Strombelastbarkeitswerte der parallel geschalteten Leiter als Strombelastbarkeit I_z. Diese Vorgehensweise ist jedoch nur zulässig, wenn die parallel geschalteten Leiter dieselben elektrischen Eigenschaften haben, auf ihrem Verlauf die gleichen Verlegebedingungen aufweisen und keine Abzweige vorhanden sind.
Unter den elektrischen Eigenschaften sind dabei zu verstehen:
- Leiterquerschnitte und
- Leitermaterial (Werkstoff).

Unter gleichen Verlegebedingungen sind gemeint:
- Länge (etwa gleiche Länge),
- Verlegeart,
- Umgebungstemperatur.

Die vorgenannten Bedingungen gewährleisten die gleichmäßige Aufteilung des Belastungsstromes auf die parallel geschalteten Leiter.
Parallel geschaltete Kabel und Leitungen werden aus Gründen der Wirtschaftlichkeit oft nicht einzeln abgesichert, was immer zu einem ausreichenden Schutz bei Überlast führen würde. Eine gemeinsame Überstrom-Schutzeinrichtung hat den Nachteil, daß bei Überlast oder Kurzschluß die gesamte Versorgung bis zur

Behebung des Fehlers abgeschaltet wird. Außerdem können bei der allerdings unwahrscheinlichen Unterbrechung eines Kabels bzw. einer Leitung oder bei einem widerstandsbehafteten Klemmenfehler die anderen Kabel und Leitungen überlastet werden.

Die Parallelschaltung von Kabeln und Leitungen zur Querschnittsverstärkung ist meist erst bei großen Querschnitten, etwa ab 95 mm², üblich. Dadurch können Verlegungs- und Montagearbeiten erleichtert werden. Solche Fälle können vorkommen z. B. in Schalt- und Verteileranlagen und bei Versorgung leistungsstarker Verbrauchsmittel in industriellen Anlagen. Auch in bestehenden Anlagen, in denen durch eine Leistungserhöhung in der Anlage eine Querschnittsverstärkung bereits verlegter Kabel und Leitungen erforderlich wird, kann die Parallelschaltung zweckmäßig sein, und zwar hier schon ab etwa 25 mm². Die Parallelschaltung noch kleinerer Querschnitte soll zwar grundsätzlich nicht ausgeschlossen werden, jedoch ist sie – vor allem im Bereich der Hausinstallation – wohl mehr eine Behelfslösung, unter der die Übersichtlichkeit leidet.

Die Parallelschaltung setzt außer den in DIN VDE 0100 Teil 430, Abschnitt 5.3, genannten Bedingungen voraus, daß die Kabel und Leitungen nicht einzeln betrieben werden können. Auch das Abklemmen einer einzelnen fehlerhaften Leitung (Kabel) führt zu einer Überlastung der verbleibenden Leitungen (Kabel). Deshalb muß in solchen Fällen die Überstrom-Schutzeinrichtung in ihrem Nennstrom neu angepaßt werden.

Zwei Ausführungsvarianten sind möglich:

Variante 1

Die parallel geschalteten Leiter sind in mehradrigen oder verseilten Kabeln und Leitungen enthalten.

Lösung 1a

Jede Leitung enthält alle Außenleiter und gegebenenfalls Neutral- (N), Schutz- (PE) oder PEN-Leiter eines Systems **(Bild 4-19)**. Der Schutzleiter (PE) könnte auch getrennt von den übrigen Leitungen verlegt werden. Wird der Schutzleiter nicht getrennt verlegt, ist es besonders wichtig, daß jede Leitung einen Schutzleiter enthält, damit auch bei der Montage und Demontage von einzelnen Leitungen immer eine Schutzleiterverbindung verbleibt.

Lösung 1b

Die Adern einer Leitung werden zur Verstärkung derselben Strombahn parallel geschaltet **(Bild 4-20)**. Die grün-gelben Adern oder konzentrischen Leiter dürfen für die Querschnittsverstärkung der Außen- und Neutralleiter nicht verwendet werden. Diese Art der Parallelschaltung ist deshalb nur bei O-Leitungen sinnvoll. Der Schutzleiter bzw. PEN-Leiter muß bei dieser Lösung von den übrigen Leitern getrennt verlegt werden. Auch als alleiniger Schutzleiter oder zur Verstärkung des Schutzleiters darf man die grün-gelbe Ader oder den konzentrischen Leiter einer gegebenenfalls eingesetzten I-Leitung nicht verwenden. Dies erfolgt nicht nur aus Gründen der Übersichtlichkeit, sondern auch deshalb, weil durch die nur in eine Richtung stromführenden Leiter im

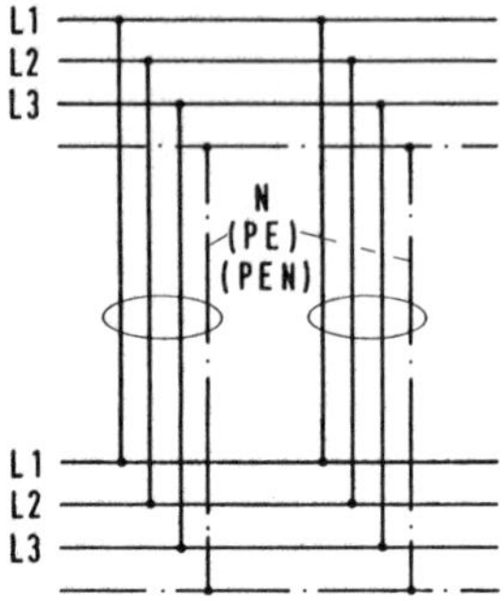

Bild 4-19. Beispiel für Parallelschaltung von zwei 4adrigen Leitungen mit je einem Neutral-, Schutz- oder PEN-Leiter

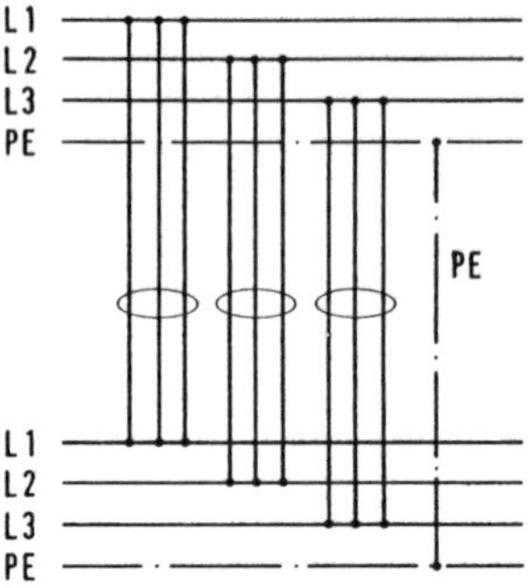

Bild 4-20. Beispiel für Parallelschaltung von drei Leitungen, deren Adern je Leitung parallel geschaltet sind

Schutzleiter eine Spannung induziert würde, die zu einer Gefahr beim Berühren der Körper führen könnte und auch Ausgleichsströme zwischen den Schutzleiterzweigen verursacht.
Bei Verwendung von Leitungen mit Stahlbewehrung ist diese Schaltung ebenfalls nicht empfehlenswert. Durch Wirbelstrombildung treten dann Zusatzverluste und somit erhebliche Erwärmungen auf, die sowohl der Leitung als auch ihrer Umgebung schaden können.

Variante 2
Es werden die Leiter einadriger Kabel und Leitungen bei enggebündelter oder ebener Anordnung parallel geschaltet. Nach derzeitigem internationalen Beratungsstand bei CENELEC ist diese Art der Parallelschaltung erst bei Querschnitten $> 50\,mm^2$ Cu und $> 70\,mm^2$ Al zulässig. Auch hier ist auf eine geeignete Phasenfolge und räumliche Anordnung der unterschiedlichen Außenleiter zu achten (siehe Lösung 1b der Variante 1).

Beispiel
Welche Nennstromstärke ist für die gemeinsamen Leitungsschutzsicherungen der Funktionsklasse gL zum Schutz bei Überlast zu wählen für zwei parallel geschaltete Drehstromkabel gleicher Art (Leiterquerschnitt, Leitermaterial, Aufbau, Isolationsmaterial) und bei gleichen Verlegebedingungen (Länge, Verlegeart, Umgebungstemperatur) mit einem Leiterquerschnitt von $35\,mm^2$ Cu, der Verlegeart C und einer Umgebungstemperatur von 25 °C?
Für das einzelne Kabel ist nach Tabelle 2 vom Beiblatt 1 zu DIN VDE 0100 Teil 430 (siehe Tabelle 4-1 aus Abschnitt 4.3.2.2) eine zulässige Belastbarkeit I_z von 126 A gegeben. Da der große Prüfstrom I_2 einer Leitungsschutzsicherung

der Betriebsklasse gL 1,45 I_n beträgt, ist die zweite Zuordnungsbedingung somit $I_n \leq I_z$. Der Nennstrom I_n der Leitungsschutzsicherung kann daher 125 A sein. Die Addition der Nennstromstärken beider Kabel ergibt eine Nennstromstärke von 250 A für die **gemeinsame** Schutzeinrichtung zum Schutz bei Überlast **(Bild 4-21)**. Mit dieser ganz einfachen Rechenmethode liegt man immer auf der sicheren Seite.

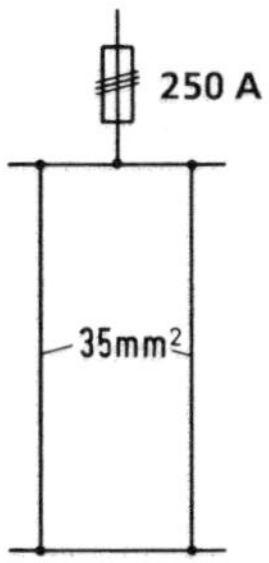

Bild 4-21. Schutz bei Überlast von parallel geschalteten Kabeln durch eine gemeinsame Überstrom-Schutzeinrichtung

Eine bessere Ausnutzung der Querschnitte kann sich ergeben, wenn man exakt nach dem Wortlaut von DIN VDE 0100 Teil 430, Abschnitt 5.3, vorgeht und als Strombelastbarkeit I_z die Summe der Strombelastbarkeitswerte der parallel geschalteten Leiter berücksichtigt. In dem Beispiel bringt diese Vorgehensweise allerdings keinen Vorteil.
Sind Art, Länge und Querschnitt der parallel geschalteten Leiter unterschiedlich, so sind auch ihre Impedanzen verschieden. Der Gesamtstrom wird sich im umgekehrten Verhältnis der Impedanzen auf die einzelnen Leiter aufteilen. Der Gesamtstrom muß dann so begrenzt werden, daß kein Leiter überlastet wird. Der zulässige Gesamtstrom kann mit Hilfe der Kirchhoffschen Regel anhand der zulässigen Strombelastbarkeit der einzelnen Leiter sowie den aus deren Art, Querschnitt und Länge zu ermittelnden ohmschen und induktiven Widerstände errechnet werden. Er ist dann als I_z in die Formel $I_2 \leq 1{,}45\ I_z$ zur Ermittlung der gemeinsamen Schutzeinrichtung zum Schutz bei Überlast einzusetzen.
Wenn nur zwei Leiter parallel verlegt sind und nur der Querschnitt unterschiedlich ist, führt auch das folgende, einfache Verfahren zu einem auf der sicheren Seite liegenden Ergebnis.
Die Querschnitte der beiden Leiter werden addiert und dann der unterhalb des ermittelten Summenquerschnitts liegende Normquerschnitt zur Bestimmung der gemeinsamen Schutzeinrichtung zum Schutz der Überlast herangezogen.

Beispiel
Welche Nennstromstärke ist für die gemeinsamen Leitungsschutzsicherungen der Funktionsklasse gL zum Schutz bei Überlast zu wählen, wenn parallel zu einem existierenden Drehstromkabel von 95 mm² Cu ein Kabel 35 mm² Cu desselben Typs auf derselben Strecke (Verlegeart B1) zusätzlich neu verlegt wird? Die Umgebungstemperatur beträgt 25 °C.

Die Summe beider Querschnitte beträgt 130 mm². Der nächst niedrigere Normquerschnitt ist 120 mm². Er darf nach DIN VDE 0298 Teil 4 bei 25 °C Umgebungstemperatur bei der Verlegeart B1 mit 253 A belastet werden. Da bei Leitungsschutzsicherungen der Funktionsklasse gL der große Prüfstrom $I_2 = 1{,}45\ I_n$ beträgt, darf der Nennstrom I_n der Sicherungen $\leq I_z$ sein. Somit darf ein Nennstrom von 250 A als gemeinsame Schutzeinrichtung zum Schutz bei Überlast für die beiden parallel verlegten Kabel gewählt werden.

Wenn nur die Querschnitte ungleich sind, wird die Leitung mit dem größten Querschnitt, d. h. die pro Quadratmillimeter am geringsten belastbare, bei steigendem Strom zuerst an die Grenze der zulässigen Strombelastbarkeit stoßen. Die kleineren Querschnitte sind nicht voll ausnutzbar (insgesamt also keine sehr wirtschaftliche Lösung). Der zulässige Gesamtstrom kann dann nach folgender Formel ausreichend genau errechnet werden:

$$I_{z\,gesamt} = I_{S\,max}\left(1 + \frac{S_1}{S_{max}} + \frac{S_2}{S_{max}} + \ldots + \frac{S_n}{S_{max}}\right)$$

Darin bedeuten:

$I_{S\,max}$ zulässige Strombelastbarkeit der Leitung mit dem größten Querschnitt,

S_{max} der größte Querschnitt,

$S_1, S_2 \ldots S_n$ die Querschnitte der übrigen Leitungen.

Für das Beispiel ergibt sich somit ein zulässiger Gesamtstrom von:

$$I_{z\,ges} = I_{S\,max}\left(1 + \frac{S_1}{S_{max}}\right)$$

$$I_{z\,ges} = 219\left(1 + \frac{35}{95}\right)$$

$$\underline{\underline{I_{z\,ges} = 300\ \text{A}}}$$

Die richtige Wahl des Nennstromes der Schutzeinrichtung zum Schutz bei Überlast von $I_n = 250$ A wird somit bestätigt.
Falls bei der Parallelschaltung von Leitern mit einer gemeinsamen Schutzeinrichtung zum Schutz bei Überlast keine gemeinsame Schutzeinrichtung für den Schutz bei Kurzschluß vorgesehen wird, können die in den einzelnen Leitern liegenden Schutzeinrichtungen für den Schutz bei Kurzschluß im Fehlerfall einzelne Leiter abschalten. Die in der Parallelschaltung verbleibenden Leiter

wären nicht mehr ausreichend bei Überlast geschützt. Deshalb darf dann auch keine gemeinsame Schutzeinrichtung zum Schutz bei Überlast gewählt werden. Es müssen statt dessen in den einzelnen Leitern Schutzeinrichtungen zum Schutz bei Überlast angeordnet werden, und zwar am Anfang oder am Ende der Parallelschaltstrecken (siehe auch Abschnitt 4.4.4.5).

4.3.5 Anordnung der Schutzeinrichtungen zum Schutz bei Überlast (DIN VDE 0100 Teil 430, Abschnitt 5.4)

4.3.5.1 Allgemeines (DIN VDE 0100 Teil 430, Abschnitt 5.4.1)

An allen Stellen, an denen die Strombelastbarkeit gemindert wird, müssen immer dann Schutzeinrichtungen zum Schutz bei Überlast eingebaut werden, wenn eine vorgeschaltete Schutzeinrichtung den Überlastschutz nicht sicherstellen kann. Folgende Ausnahmen hiervon werden in DIN VDE 0100 Teil 430 ermöglicht:
- Versetzen der Schutzeinrichtungen zum Schutz von Kabeln und Leitungen (siehe Abschnitt 4.3.5.2),
- Fälle, in denen auf die Schutzeinrichtung zum Schutz bei Überlast verzichtet werden darf (siehe Abschnitt 4.3.6),
- Anordnung oder Wegfall der Schutzeinrichtungen zum Schutz bei Überlast in IT-Systemen (Netzen) (siehe Abschnitt 4.3.7)

Als Ursachen für eine Minderung der Strombelastbarkeit können auftreten **(Bild 4-22)**:
- Verringerung des Leiterquerschnittes,
- andere Art der Verlegung,
- anderer Aufbau der Kabel und Leitungen (Leiterisolierung, Aderzahl).

Erfolgt nur eine querschnittsgleiche Verzweigung, verringert sich also der Leiterquerschnitt der einzelnen Leitung nicht, so vermindert sich die Strombelastbarkeit nicht, wenn die Leiter im weiteren Verlauf parallel verlegt werden.

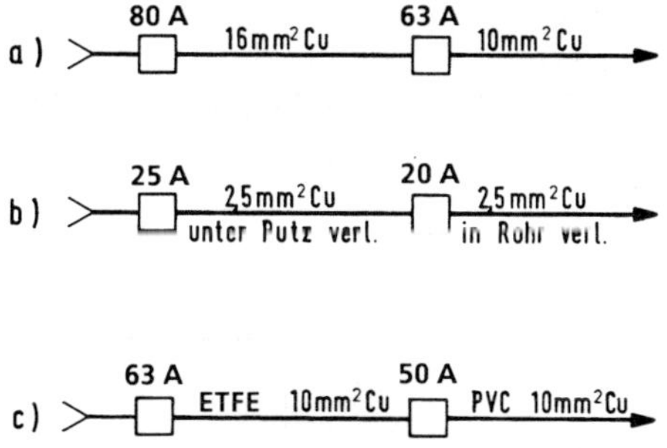

Bild 4-22. Minderung der Strombelastbarkeit
a) Verringerung des Leiterquerschnittes
b) andere Verlegeart
c) anderer Aufbau der Kabel und Leitungen (Leiterisolierung, Aderzahl)

Ein Beispiel für einen nicht querschnittsgleichen Abzweig zeigt **Bild 4-23.** Die Überstrom-Schutzeinrichtung M schützt den Abzweig S_2 (Länge OV) bei Kurzschluß und den Leitungsabschnitt S_1 bei Kurzschluß und Überlast. Für den Schutz bei Überlast des Abzweiges S_2 braucht die Schutzeinrichtung V zum Schutz bei Überlast nicht mehr am Anfang der Leitung (O) zu sein.

4.3.5.2 Versetzen der Schutzeinrichtungen zum Schutz von Kabeln und Leitungen (DIN VDE 0100 Teil 430, Abschnitt 5.4.2)

Schutzeinrichtungen zum Schutz bei Überlast dürfen im Zuge der zu schützenden Leitung angeordnet werden, wenn der Leitungsabschnitt zwischen der Änderung
- des Leitungsquerschnittes oder
- der Verlegeart oder
- des Aufbaues der Leitung (Leiterisolierung, Aderzahl)

und der Schutzeinrichtung weder Abzweige noch Steckvorrichtungen enthält. Dabei muß **zusätzlich** eine der beiden folgenden Bedingungen erfüllt sein:
- Der besagte Leitungsabschnitt muß bei Kurzschluß geschützt sein (siehe Abschnitt 4.4).
- Der besagte Leitungsabschnitt darf nicht mehr als 3 m lang sein und muß so ausgeführt werden, daß die Kurzschlußgefahr auf ein Minimum herabgesetzt ist. Außerdem darf der Leitungsabschnitt nicht in der Nähe brennbarer Stoffe verlegt sein (siehe Abschnitt 4.4.4.2).

Ein Beispiel für das zulässige Versetzen der Schutzeinrichtung zum Schutz bei Überlast zeigt **Bild 4-24**. Die Überstrom-Schutzeinrichtung M_1 schützt den Leitungsabschnitt S_1 bei Kurzschluß. Die Überstrom-Schutzeinrichtung M_2 schützt den gesamten Leitungsabschnitt S_1 bei Überlast und den Abzweig S_2 bei Kurzschluß.

Für den Schutz bei Überlast des Abzweiges S_2 braucht die Schutzeinrichtung V für den Schutz bei Überlast dann nicht mehr am Anfang der Leitung S_2 zu sein. **Nicht statthaft** ist die Anordnung der Schutzeinrichtung V zum Schutz bei Überlast nach **Bild 4-25**. Der Abzweig S_2 wird zwar durch die Überstrom-Schutzeinrichtung M bei Kurzschluß geschützt, aber vor der Schutzeinrichtung zum Schutz bei Überlast ist ein Abzweig vorhanden.

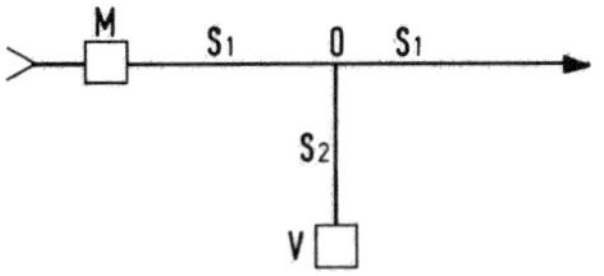

Bild 4-23. Zulässige Anordnung der Schutzeinrichtung V zum Schutz bei Überlast

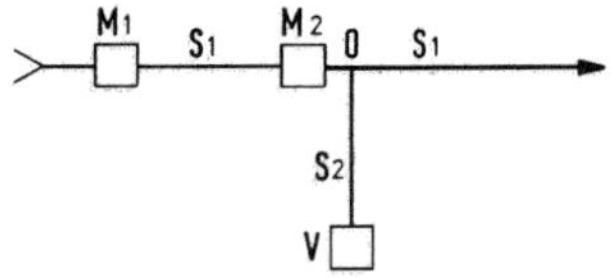

Bild 4-24. Zulässiges Versetzen der Schutzeinrichtung V zum Schutz bei Überlast

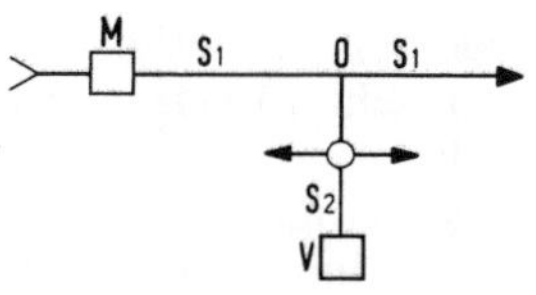

Bild 4-25. Unzulässiges Versetzen der Schutzeinrichtung V zum Schutz bei Überlast

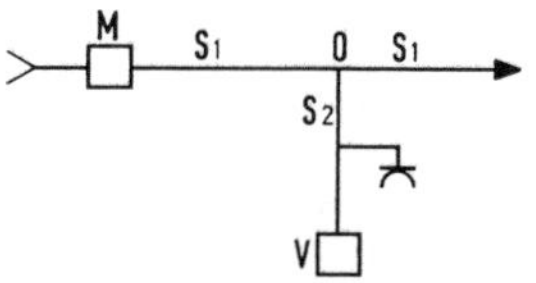

Bild 4-26. Unzulässiges Versetzen der Schutzeinrichtung V zum Schutz bei Überlast

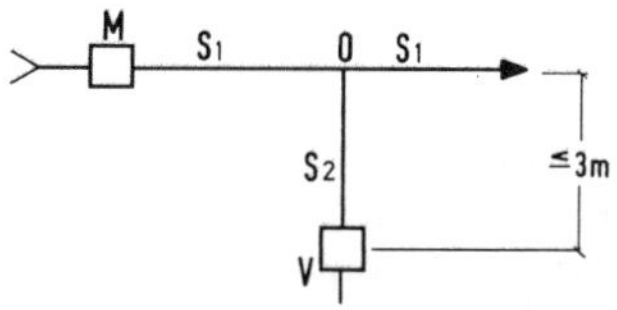

Bild 4-27. Zulässiges Versetzen der Schutzeinrichtung V zum Schutz bei Überlast

Ebenfalls **nicht statthaft** ist die Anordnung der Schutzvorrichtung V zum Schutz bei Überlast nach **Bild 4-26**. Der Abzweig S_2 wird zwar durch die Überstrom-Schutzeinrichtung M bei Kurzschluß geschützt, aber nicht bei Überlast, da vor der Schutzeinrichtung V zum Schutz bei Überlast eine Steckvorrichtung vorhanden ist.

Statthaft dagegen ist das Versetzen der Schutzeinrichtung V zum Schutz bei Überlast nach **Bild 4-27**. Die Überstrom-Schutzeinrichtung M braucht den Abzweig S_2 nicht bei Kurzschluß zu schützen, wenn der Abzweig S_2 so ausgeführt ist, daß die Kurzschlußgefahr auf ein Minimum herabgesetzt ist. Nur der Leitungsabschnitt S_1 ist durch die Überstrom-Schutzeinrichtung M bei Kurzschluß und Überlast geschützt.

In der alten Ausgabe Juni 1981 von DIN VDE 0100 Teil 430 wurde noch der bekannte alte Begriff »kurzschluß- und erdschlußsicher« verwendet. In der neuen Ausgabe November 1991 von DIN VDE 0100 Teil 430 ist die bei CENELEC gebräuchliche Formulierung verwendet worden, wonach die Verlegungsweise von Kabeln und Leitungen so auszuführen ist, daß die bei Kurzschluß mögliche Gefahr für Personen und Sachen auf ein Minimum herabgesetzt wird.

Bei kurzschluß- und erdschlußsicherer Verlegung gemäß DIN VDE 0100 Teil 520 ist die Forderung, daß die Kurzschlußgefahr auf ein Minimum herabgesetzt ist, erfüllt.

Kurzschluß- und erdschlußsicher sind nach **DIN VDE 0100 Teil 200** Betriebsmittel oder Strombahnen, bei denen durch Anwenden geeigneter Maßnahmen oder Mittel unter bestimmungsgemäßen Betriebsbedingungen weder ein Kurzschluß noch ein Erdschluß zu erwarten ist.

DIN VDE 0100 Teil 520 konkretisiert die geeigneten Maßnahmen und Mittel.

Folgende Verlegearten gelten nach **DIN VDE 0100 Teil 520** als kurzschluß- und erdschlußsicher:

- Anordnungen aus starren Leitern, bei welchen die gegenseitige Berührung (Kurzschluß) und die Berührung mit geerdeten Teilen (Erdschluß) verhindert ist, z. B. durch Abstandshalter oder ausreichende Abstände.
- Leiteranordnungen aus Aderleitungen, bei denen die gegenseitige Berührung und die Berührung mit geerdeten Teilen verhindert ist, z. B. durch Abstandshalter gehaltene ausreichende Abstände oder durch Führen in getrennten Elektro-Installationsrohren bzw. -kanälen oder deren getrennten Zügen.
- Leiteranordnungen aus Aderleitungen geeigneter Bauart. Häufig verwendete Leitung ist die Sonder-Gummiaderleitung NSGAFÖU mit mindestens 3 kV Nennspannung.
- Anordnungen aus einadrigen Kabeln, einadrigen Mantelleitungen oder einadrigen Gummischlauchleitungen mindestens der Bauart H07RN-F.
- Mantelleitungen und Kabel, die zugänglich und nicht in der Nähe brennbarer Stoffe verlegt sind und bei denen die Gefahr einer mechanischen Beschädigung durch geeignete Maßnahmen verhindert ist. Hierunter fällt beispielsweise die Verlegung in abgeschlossenen elektrischen Betriebsstätten.
- Anordnungen von Leitungen und Kabeln, die ohne Gefahr für die Umgebung ausbrennen können, gelten im Hinblick auf die erreichte Sicherheit als gleichwertig zum kurzschluß- und erdschlußsicheren Verlegen.

Aus Gründen des erhöhten Montage- und damit Kostenaufwands sind starre Leiter, z. B. Schienen, in den meisten Fällen ungeeignet. Bei Aderleitungen muß durch geeignete Leitungshalter ein gegenseitiges Berühren und ein Berühren mit geerdeten Bauteilen verhindert werden. Wenn diese Leitungen in Kanälen geführt werden, sind getrennte Isolierstoffkanäle erforderlich.

Als wirtschaftliche Lösung bietet sich meist die Sonder-Gummiaderleitung NSGAFÖU für eine Nennspannung von 3 kV an. Bei dieser Leitung ist ein gegenseitiges Berühren oder Berühren geerdeter Metallteile erlaubt. Sie kann deshalb auch als ungesicherte Leitung in Leitungskanälen gemeinsam mit anderen Leitungen verlegt werden.

Diese Leitungsbauart war ursprünglich für die Anwendung in Schienenfahrzeugen und Oberleitungs-Bussen konzipiert. Die hohen Beanspruchungen, denen die Leitungen hier ausgesetzt werden, und die daraus resultierenden Sicherheitsanforderungen befähigen sie ganz besonders für den Einsatz als ungesicherte und kurzschlußsichere Leitung.

Wo in besonderen Fällen aufgrund der Verlegeart nicht mit einer mechanischen Beschädigung der Leitung zu rechnen ist, kann auch eine Verwendung von schutzisolierten Mehraderleitungen ausreichend sein.

4.3.6 Fälle, in denen auf die Schutzeinrichtung zum Schutz bei Überlast verzichtet werden darf (DIN VDE 0100 Teil 430, Abschnitt 5.5)

Nach DIN VDE 0100 Teil 430 gibt es in der Praxis vier Fälle, in denen auf die Schutzeinrichtungen zum Schutz bei Überlast verzichtet werden darf.

Fall 1
Schutzeinrichtungen zum Schutz bei Überlast dürfen in Kabeln und Leitungen entfallen, die hinter einer Änderung
- des Leiterquerschnittes oder
- der Verlegeart oder
- des Aufbaues (Leiterisolierung, Aderzahl)

von Kabeln und Leitungen liegen und diese durch eine vorgeschaltete Überstrom-Schutzeinrichtung wirksam bei Überlast geschützt sind.
Ein Beispiel zeigt **Bild 4-28**. Die Überstrom-Schutzeinrichtung M schützt den verringerten Leiterquerschnitt des Abzweiges S_2 bei Überlast. Auf eine eigene Schutzeinrichtung zum Schutz bei Überlast für den Abzweig S_2 darf verzichtet werden.

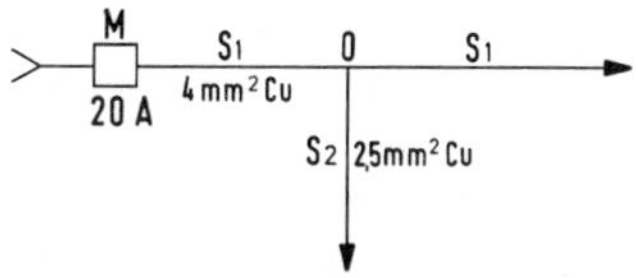

Bild 4-28. Schutzeinrichtung zum Schutz bei Überlast nicht erforderlich – Zulässiger Verzicht

Fall 2
Schutzeinrichtungen zum Schutz bei Überlast dürfen in Kabeln und Leitungen entfallen, in denen nicht mit dem Auftreten von Überlastströmen gerechnet werden muß. Hierbei gibt es allerdings eine wichtige Voraussetzung zu erfüllen: Die Kabel dürfen weder Abzweige noch Steckvorrichtungen aufweisen.
Von dieser Ausnahme wird in folgenden Beispielen Gebrauch gemacht:
Im Beispiel **Bild 4-29** ist das Verbrauchsmittel A mit einer eigenen Schutzeinrichtung zum Schutz bei Überlast ausgerüstet und fest angeschlossen. Diese Schutzeinrichtung muß den Abzweig S_2 bei Überlast schützen können.
Im Beispiel gemäß **Bild 4-30** ist bei den fest angeschlossenen Verbrauchsmitteln A nicht mit Überlast zu rechnen. Da der Betriebsstrom der Verbrauchsmittel nicht den Wert der Strombelastbarkeit der Leitung überschreitet, brauchen

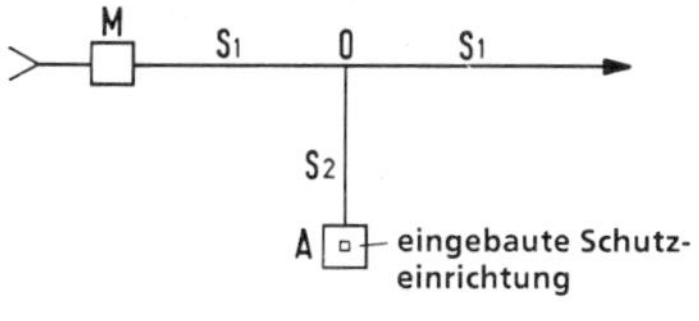

Bild 4-29. Schutzeinrichtung zum Schutz bei Überlast nicht erforderlich – Zulässiger Verzicht

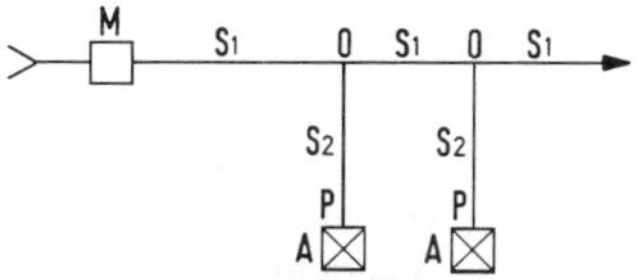

Bild 4-30. Schutzeinrichtung zum Schutz bei Überlast nicht erforderlich – Zulässiger Verzicht

die Leitungen OP nicht durch Schutzeinrichtungen zum Schutz bei Überlast geschützt zu werden. Beispiele für solche Verbrauchsmittel, die immer fest angeschlossen sein müssen, sind:

- Elektrowärmegeräte wie Heißwasserbereiter, Raumheizgeräte usw.,
- Motoren, deren Strom bei blockiertem Läufer die Strombelastbarkeit der Leitung nicht überschreitet, z. B. Motoren für Kabeltrommeln auf Kränen,
- Anlagen mit aussetzendem oder kurzzeitigem Betrieb und Dauerbetrieb mit aussetzender oder kurzzeitiger Belastung, z. B. Krananlagen und ähnliche Betriebe, bei denen die Leitungen besonders bemessen sind (siehe Abschnitt 3.3.7.2).

Im Beispiel gemäß **Bild 4-31** kann in den Leitungen OP kein Überstrom auftreten, da der Abzweig S_2 für die Summe der Nennströme der Schutzeinrichtungen der in P abzweigenden Unterstromkreise ausgelegt ist. Das kann z. B. bei Unterverteilungen gegeben sein (aber nicht zweckmäßig).

Im Beispiel gemäß **Bild 4-32** wird eine Leitung von einer Stromquelle gespeist, die keinen höheren Strom als die Strombelastbarkeit der Leitung S_2 liefern kann (z. B. Transformator, Generator). In diesem Fall darf die Schutzeinrichtung zum Schutz bei Überlast entfallen (siehe hierzu auch DIN VDE 0100 Teil 430, Abschnitt 8 [Abschnitt 4.6 dieses Bandes]).

Unter den Fall, wo mit dem Auftreten von Überlastströmen nicht gerechnet werden muß, fallen auch Verbindungsleitungen zwischen Stromquellen und ihren Schaltanlagen. Als Stromquellen sind dabei zu verstehen:

- Akkumulatoren,
- Anlasser,
- Gleichrichter,
- Generatoren,
- Transformatoren.

Unter Schaltanlagen versteht man nur Anlagen größeren Ausmaßes. Zählerschränke in der Hausinstallation gehören nicht dazu. Bei den Verbindungsleitungen zwischen den aufgeführten Betriebsmitteln ist meist nur an größere Querschnitte für eine Leistung von mehreren 100 kW und an kürzere Strecken gedacht. Bei kleineren Leistungen wird von dieser Ausnahme vor allem für die Verbindungsleitung zwischen einem Motor und seinem Anlasser Gebrauch gemacht.

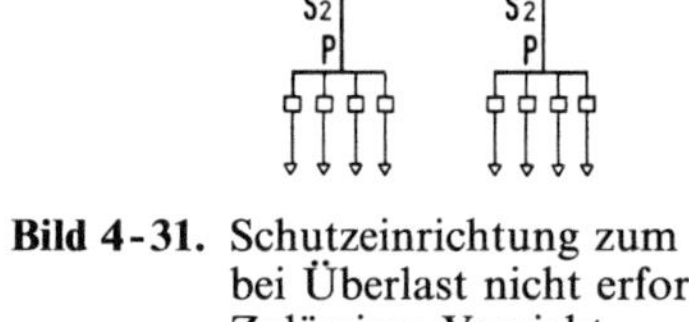

Bild 4-31. Schutzeinrichtung zum Schutz bei Überlast nicht erforderlich – Zulässiger Verzicht

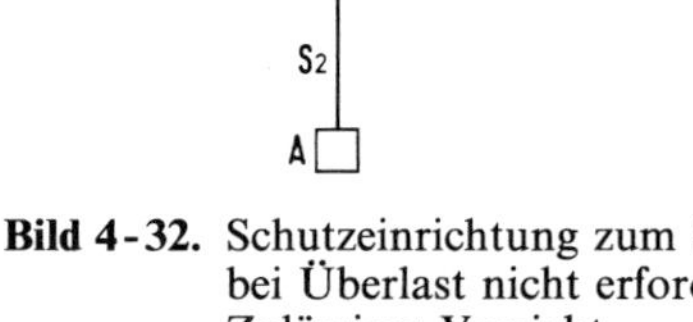

Bild 4-32. Schutzeinrichtung zum Schutz bei Überlast nicht erforderlich – Zulässiger Verzicht

Fall 3
Schutzeinrichtungen zum Schutz bei Überlast dürfen in Hilfsstromkreisen entfallen, weil mit dem Auftreten von Überlastströmen dort nicht gerechnet werden muß.
Hilfsstromkreise sind Stromkreise für zusätzliche Funktionen, z. B. Steuerstromkreise zur Befehlsgabe und Verriegelung, Melde- und Meßstromkreise. Eine Überlastung der Leitung ist meist nicht zu erwarten, da die Leiterquerschnitte häufig schon aus Gründen der mechanischen Festigkeit und des Spannungsfalles (oft lange Leitungen) stärker gewählt werden, als aus Gründen der thermischen Belastbarkeit erforderlich.

Fall 4
Schutzeinrichtungen zum Schutz bei Überlast dürfen in öffentlichen Verteilungsnetzen entfallen, wenn diese als im Erdreich verlegte Kabel oder als Freileitung ausgeführt sind.
Überlastete Freileitungen und im Erdreich verlegte Kabel können aufgrund ihrer Verlegeweise kaum eine Gefahr für Sachen oder Personen herbeiführen. Bei diesen besonders in Verteilungsnetzen üblichen Verlegearten läßt sich aber auch ein Schutz bei Überlast oft nur mit hohem technischen Aufwand verwirklichen. So kann man z. B. in eine Abzweigmuffe keine Sicherung einbauen und müßte an ihrer Stelle immer einen Verteilerschrank errichten. Der Schutz bei Überlast darf deshalb bei den genannten Verlegearten in Verteilungsnetzen eher nach technisch-wirtschaftlichen Gesichtspunkten gestaltet werden.
Allerdings müssen Leitungen von Verteilungsnetzen, die in Gebäuden hineinführen, z. B. Hausanschlußkabel, wegen der dort gegebenen Brandgefahr wieder bei Überlast geschützt sein (siehe DIN VDE 0100 Teil 732 [Kabelnetz] und DIN VDE 0211 [Freileitungsnetz]).
In der Vorgängerausgabe Juni 1981 von DIN VDE 0100 Teil 430 galt diese Ausnahme auch für andere Verteilungsnetze, also nichtöffentliche Verteilungsnetze. Das als Basis für DIN VDE 0100 Teil 430 dienende internationale Schriftstück sieht diese Möglichkeit nicht mehr vor. Das deutsche nationale Gremium schlägt jedoch vor, im internationalen Basis-Schriftstück die Ausnahme auch für andere nichtöffentliche Verteilungsnetze aufzunehmen.

Alle vorgenannten vier Ausnahmefälle, in denen auf die Schutzeinrichtung zum Schutz bei Überlast verzichtet werden darf, gelten selbstverständlich nicht für solche Anlagen, für die in besonderen Normen abweichende Bedingungen festgelegt sind.
Beispielhaft sind hier die feuer- und explosionsgefährdeten Räume zu nennen. Beispiele für Anlagen, für die abweichende Bedingungen gelten, sind auch solche nach den Normen der Reihe DIN VDE 0108, wie Versammlungsstätten, Waren- und Geschäftshäuser, Beherbergungsstätten.

4.3.7 Anordnung oder Wegfall der Schutzeinrichtungen zum Schutz bei Überlast in IT-Systemen (DIN VDE 0100 Teil 430, Abschnitt 5.6)

Für IT-Systeme gelten die vorerwähnten Möglichkeiten, Schutzeinrichtungen zum Schutz bei Überlast zu versetzen (siehe Abschnitt 4.3.5.2) oder gar ganz auf sie zu verzichten (siehe Abschnitt 4.3.6), nicht.
Aber auch hierzu gibt es eine Ausnahme. Die aufgezeigten Möglichkeiten in den Abschnitten 4.3.5.2 und 4.3.6 können doch angewendet werden, wenn

- jeder nicht bei Überlast geschützte Stromkreis durch eine Fehlerstrom-Schutzeinrichtung geschützt ist, oder
- **alle** von einem solchen Stromkreis gespeisten Betriebsmittel – einschließlich Kabel und Leitungen – der Schutzisolierung gemäß DIN VDE 0100 Teil 410/11.83, Abschnitt 6.2, genügen.

Das Deutsche Nationale Komitee schlägt hierzu jedoch folgende Änderung des CENELEC-Harmonisierungstextes vor, die zu einer differenzierten Betrachtung führt:

Bei versetzter Anordnung der Schutzeinrichtung zum Schutz bei Überlast (siehe Abschnitt 4.3.5.2) und bei Wegfall (siehe Abschnitt 4.3.6) muß sichergestellt sein, daß in IT-Systemen bei je einem Körperschluß in 2 verschiedenen Betriebsmitteln keine Gefahr durch zu hohe Erwärmung der Kabel und Leitungen auftritt.
Ein solcher Schutz ist nach deutscher Meinung gegeben, wenn das Versetzen der Schutzeinrichtung zum Schutz bei Überlast nach Abschnitt 5.4.2 b) von DIN VDE 0100 Teil 430 vorgenommen wird. Der Leitungsabschnitt also zwischen der Änderung des Leiterquerschnittes, der Verlegeart oder des Aufbaus der Leitung (Leiterisolierung, Aderzahl) und der Schutzeinrichtung weder Abzweige noch Steckvorrichtung enthält **und** seine Länge nicht mehr als 3 m beträgt. Daher ist der Leitungsabschnitt so auszuführen, daß die Kurzschlußgefahr auf ein Minimum herabgesetzt und er nicht in der Nähe brennbarer Stoffe verlegt ist (siehe Abschnitt 4.3.5.2).
Ein solcher Schutz ist auch gegeben, wenn der Wegfall der Schutzeinrichtung zum Schutz bei Überlast nach Abschnitt 5.5 a) von DIN VDE 0100 Teil 430 erfolgt. Also auf die Schutzeinrichtung zum Schutz bei Überlast von Kabeln und Leitungen verzichtet wird, wenn diese hinter einer Änderung

- des Leiterquerschnittes oder
- der Verlegeart oder
- des Aufbaues (Leiterisolierung, Aderzahl)

liegen und durch eine vorgeschaltete Schutzeinrichtung wirksam bei Überlast geschützt sind (siehe Abschnitt 4.3.6).
Das Versetzen der Schutzeinrichtung zum Schutz bei Überlast nach Abschnitt 5.4.2 a) von DIN VDE 0100 Teil 430 – Leitungsabschnitt zwischen der Änderung des Leiterquerschnittes, der Verlegeart oder des Aufbaues der Leitung, (Leiterisolierung, Aderzahl) und der Schutzeinrichtung enthält weder Abzweige noch Steckvorrichtungen **und** ist gemäß Abschnitt 6 von DIN VDE 0100

Teil 430 bei Kurzschluß geschützt (siehe Abschnitt 4.3.5.2) – ist nur zulässig, wenn in dem Stromkreis

- Fehlerstrom-Schutzeinrichtungen verwendet werden oder
- schutzisolierte Betriebsmittel (einschließlich Kabel und Leitungen) verwendet werden oder
- im IT-System eine Isolationsüberwachung zum Einsatz kommt, die beim ersten Fehler abschaltet oder ein akustisches Signal gibt, und der Fehler entsprechend den betrieblichen Möglichkeiten unverzüglich beseitigt wird.

Bei Anwendung einer der drei vorgenannten Maßnahmen ist auch der Wegfall der Schutzeinrichtung zum Schutz bei Überlast nach Abschnitt 5.5 b) von DIN VDE 0100 Teil 430 – Wegfall der Schutzeinrichtung zum Schutz der Überlast in Kabeln und Leitungen, in denen mit dem Auftreten von Überlastströmen nicht gerechnet werden muß, vorausgesetzt, daß sie weder Abzweige noch Steckvorrichtungen aufweisen (siehe Abschnitt 4.3.6) – zulässig.

4.3.8 Fälle, bei denen der Wegfall von Schutzeinrichtungen zum Schutz bei Überlast aus Sicherheitsgründen empfohlen wird (DIN VDE 0100 Teil 430, Abschnitt 5.7)

Wenn die Unterbrechung eines Stromkreises eine Gefahr darstellen kann, sollten Schutzeinrichtungen zum Schutz bei Überlast nicht eingebaut werden. Gegenüber der Vorgängerausgabe 06.81 von DIN VDE 0100 Teil 430 wird der Wegfall von Schutzeinrichtungen zum Schutz bei Überlast aus Sicherheitsgründen nur noch empfohlen, nicht mehr gefordert.

In einer Anmerkung 1 wird ebenfalls empfohlen, die Stromkreise beim Wegfall der Schutzeinrichtung zum Schutz bei Überlast so auszulegen, daß mit dem Auftreten von Überlastströmen nicht gerechnet werden muß.

Beispiele für Stromkreise, bei denen die Unterbrechung eine Gefahr darstellen kann, sind:

- Sekundärstromkreise von Stromwandlern,
- Erregerstromkreise von umlaufenden Maschinen,
- Stromkreise, die der Sicherheit dienen,
- Speisestromkreise von Hubmagneten.

Zu »Sekundärstromkreise von Stromwandlern« **(Bild 4-33)**
Auf die Schutzeinrichtung zum Schutz bei Überlast soll verzichtet werden, da beim Ansprechen der Schutzeinrichtung und primär eingeschaltetem Wandler an dessen Klemmen eine gefährlich hohe Berührungsspannung auftreten kann und der Wandler sich unzulässig erwärmt (Personen- und Brandgefahr).

Zu »Erregerstromkreis von umlaufenden Maschinen« **(Bild 4-34)**
Beispiel: Gleichstrom-Nebenschlußmotor
Die Drehzahl des Ankers ist von der Stärke des magnetischen Feldes abhängig. Da dieses sich nicht ändert – die Magnetwicklung ist dauernd am Netz angeschlossen – bleibt auch die Drehzahl bei allen Belastungen praktisch gleich, auch

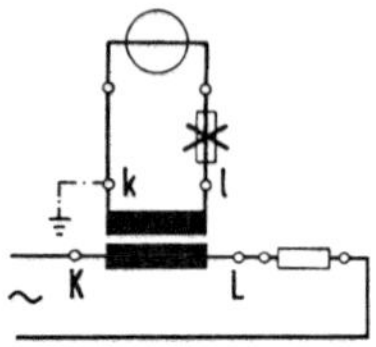

Bild 4-33. Sekundärstromkreis eines Stromwandlers
– Empfohlener Verzicht auf eine Schutzeinrichtung aus Sicherheitsgründen

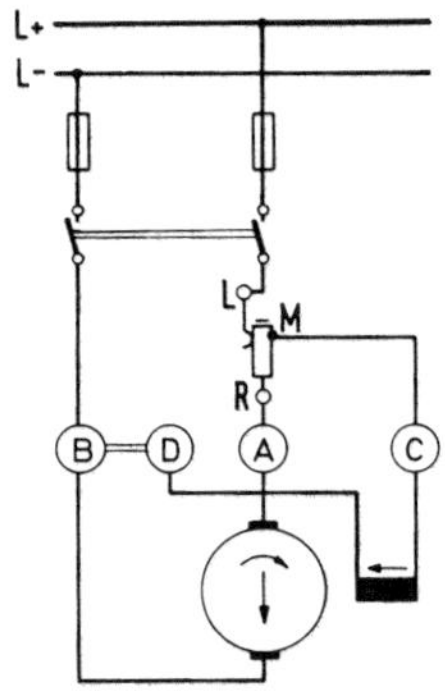

Bild 4-34. Erregerstromkreis von umlaufenden Maschinen
Beispiel: Gleichstrom-Nebenschlußmotor
– Empfohlener Verzicht auf eine Schutzeinrichtung aus Sicherheitsgründen

bei Leerlauf. Sobald aber der Magnetwicklungskreis unterbrochen wird, z. B. durch Ansprechen einer fälschlicherweise hier angeordneten Schutzeinrichtung zum Schutz bei Überlast, geht der Motor wegen der extremen Feldschwächung durch. Auf die Schutzeinrichtung zum Schutz bei Überlast soll daher aus Sicherheitsgründen verzichtet werden.

Zu »Stromkreise, die der Sicherheit dienen«
– Stromkreise für die Spannungsregelung
Für spannungsempfindliche Betriebsmittel wird vielfach eine Spannungsregelung eingesetzt. Ihr Ausfall bedeutet unter Umständen eine Gefahr für Personen und Sachen.
– Signalstromkreise
Der Ausfall von bestimmten Signalstromkreisen, z. B. Haltesignale bei Verkehrssignalanlagen, kann eine große Gefahr für Personen und Sachen darstellen. Daher soll auch hier auf eine Schutzeinrichtung zum Schutz bei Überlast aus Sicherheitsgründen verzichtet werden.
– Stromkreise für Feuerlöscheinrichtungen

Zu »Speisestromkreise von Hubmagneten« **(Bild 4-35)**
Die Unfallgefahr bei Ausfall eines Speisestromkreises für Hub- und Fördermagnete infolge des Ansprechens von Schutzeinrichtungen zum Schutz bei Überlast ist groß, daher soll auf sie aus Sicherheitsgründen verzichtet werden.

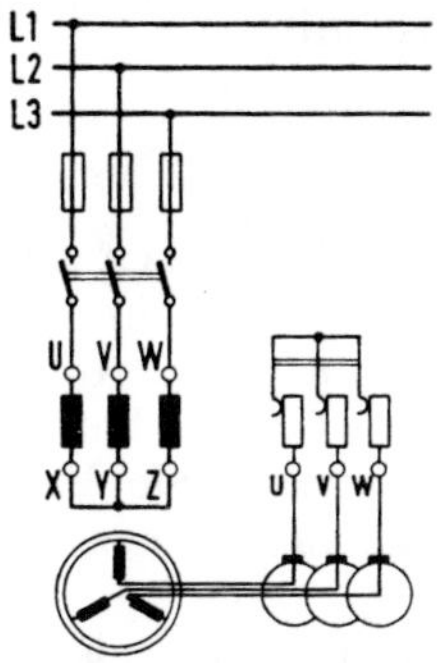

Bild 4-35. Ankerstromkreis von Wechselstrommaschinen
Beispiel: Schleifringläufer
– Empfohlener Verzicht auf eine Schutzeinrichtung aus Sicherheitsgründen

Beispiele:

- Aufspannmagnete bei Werkzeugmaschinen, Drehbänken, Hobelmaschinen usw.,
- Lastenmagnete.

Außerdem wären noch Ankerstromkreise von Wechselstrommaschinen zu nennen.
Beispiel: Schleifringläufer
Beim Ansprechen von fälschlicherweise im Ankerstromkreis angeordneten Überstrom-Schutzeinrichtungen besteht die Möglichkeit, den Motor allein hierdurch auszuschalten. Die Ständerwicklung bliebe aber eingeschaltet und würde wegen mangelnder Kühlung verbrennen.

In allen aufgezählten Fällen sind die Anschlußleitungen der Verbrauchsmittel so auszulegen, daß der Betriebsstrom der Verbrauchsmittel den Wert der Strombelastbarkeit der Leitung nicht überschreitet und somit nicht mit einer Überlast zu rechnen ist.
Es kann statt dessen auch zweckmäßig sein, eine Überlastmeldeeinrichtung in Betracht zu ziehen. Hierauf wird in DIN VDE 0100 Teil 430 Abschnitt 5.7 in einer Anmerkung 2 hingewiesen.

4.4 Schutz bei Kurzschluß (DIN VDE 0100 Teil 430, Abschnitt 6)

4.4.1 Allgemeines (DIN VDE 0100 Teil 430, Abschnitt 6.1)

Kurzschlüsse können Ströme verursachen, die die Dauerstrombelastbarkeit der Leitungen um Zehnerpotenzen überschreiten. Schon heute werden in Wohn- und Bürogebäuden Kurzschlußströme bis zu 25 kA registriert; in industriellen Anlagen werden im Extremfall sogar Werte von mehr als 100 kA erreicht. Durch den Bau immer leistungsstärkerer Verteilungsnetze und die zunehmende Vermaschung der Netze ist zukünftig mit noch größeren Kurzschlußströmen zu rechnen.
In Freileitungsnetzen sind die Kurzschlußströme in der Regel niedriger als in Kabelnetzen. Der Grund hierfür liegt in dem größeren Leiterabstand bei den Freileitungen. Die hieraus resultierenden zusätzlichen induktiven Widerstände können die Gesamtimpedanz im kurzgeschlossenen Stromkreis erheblich vergrößern.
Schon ein kurzfristiges Überschreiten der maximal zulässigen Grenztemperatur der Leiterisolation kann bereits eine Schädigung der Isolation bewirken. Die Spannungs- und Zugfestigkeit, wie auch die Flexibilität und chemische Beständigkeit werden gemindert. Bei einem erheblichen Überschreiten der Grenztemperatur muß davon ausgegangen werden, daß die Isolation unmittelbar und gänzlich zerstört wird. Wärme ist also ein sehr wesentlicher Faktor für die Lebensdauer der Leiterisolierung; er kann sie sehr maßgeblich beeinflussen.
Schon bei einem kurzfristigen Stromstoß nimmt die Isolierhülle des Leiters an der Berührungsstelle mit dem Leiter annähernd die Temperatur des Leiters an. Die unmittelbar am Leiter anliegende Schicht der Isolierung wird elastisch, unter Umständen sogar zähflüssig. Bei gleichzeitiger mechanischer Beanspruchung – Stromkräfte, Biegespannungen, Druck von außen durch Schellen oder Nachbarleiter – ist nicht auszuschließen, daß sich der Leiter innerhalb der Isolierung verlagert. Das wiederum kann eine Schwächung der Wandstärke der Isolierung verursachen (**Bilder 4-36** und **4-37**).
An der Kurzschlußstelle kommt es in vielen Fällen zur Ausbildung eines Lichtbogens, der – wenn er nicht rechtzeitig abgeschaltet wird – auch bei kleinen Strömen einen Brand verursachen kann.
Im Gegensatz zur Überlastung findet im Kurzschlußfall die Wärmezufuhr sehr schnell statt, im allgemeinen in Bruchteilen von Sekunden, so daß die Wärmeabfuhr nach außen vernachlässigbar ist. Es werden keine nennenswerten Wärmemengen an die Isolierung abgegeben. Für die Temperaturerhöhung der Isolierung ist deshalb so gut wie ausschließlich das Wärmespeichervermögen der Leiter maßgebend. Geht man davon aus, daß die gesamte Stromwärme im Leiter selbst gespeichert wird, errechnet sich die Zeit, in der bei einem gegebenen Kurzschlußstrom die zulässige Kurzschlußtemperatur der Isolierung erreicht wird und innerhalb der die Schutzeinrichtung den Kurzschlußstrom unterbrechen muß, nach der Formel:

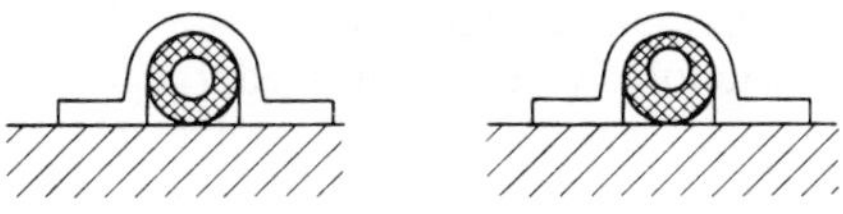

Bild 4-36. Auswirkung des Kurzschlußstromes bei gleichzeitiger mechanischer Beanspruchung durch Schelle

Bild 4-37. Auswirkung der Kurzzeitbelastung auf Kabel NYY $4 \times 185\,\mathrm{mm}^2$

$$t = \frac{Q_c \cdot (B + 20\,°\mathrm{C})}{\varrho_{20}} \cdot \ln\left(1 + \frac{\vartheta_f - \vartheta_i}{B + \vartheta_i}\right) \cdot \frac{S^2}{I^2}$$

Darin bedeuten:

t zulässige Ausschaltzeit im Kurzschlußfall in s

Q_c volumetrische Wärmekapazität des Leiterwerkstoffs in J/°C mm³

B Reziprokwert des Temperaturkoeffizienten des spezifischen Widerstandes bei 0 °C für den Leiterwerkstoff in °C

ϱ_{20} spezifischer Widerstand des Leiterwerkstoffs bei 20 °C in Ω mm

ϑ_f Endtemperatur des Leiters in °C (zulässige Grenztemperatur)

ϑ_i Anfangstemperatur des Leiters in °C

S Leiterquerschnitt in mm²

I Effektivwert des Stromes bei vollkommenem Kurzschluß in A

Für die Berechnung der Schutzeinrichtungen bei Kurzschluß ist als Anfangstemperatur die zulässige Betriebstemperatur und als Endtemperatur die zulässige Kurzschlußtemperatur der Leiterisolierung in die Formel einzusetzen.

Tabelle 4-4: Werte für Leiterwerkstoffe (Werte entsprechen DIN VDE 0100 Teil 540, Anhang A, Tabelle A.1)

Leiterwerkstoff	B in °C	Q_c in J/°C mm³	ϱ_{20} in Ωmm
Kupfer	234,5	$3{,}45 \cdot 10^{-3}$	$17{,}241 \cdot 10^{-6}$
Aluminium	228	$2{,}5 \cdot 10^{-3}$	$28{,}264 \cdot 10^{-6}$
Blei	230	$1{,}45 \cdot 10^{-3}$	$214 \cdot 10^{-6}$
Stahl	202	$3{,}8 \cdot 10^{-3}$	$138 \cdot 10^{-6}$

In DIN VDE 0100 Teil 430, Abschnitt 6.3.2.1 (siehe Abschnitt 4.4.3 dieses Bandes) wird die zuvor beschriebene Formel wie folgt vereinfacht wiedergegeben:

$$t = \left(\mathrm{k} \cdot \frac{S}{I}\right)^2$$

Der Materialbeiwert k errechnet sich nach folgender Gleichung:

$$\mathrm{k} = \sqrt{\frac{Q_c \cdot (B + 20\,^\circ\mathrm{C})}{\varrho_{20}} \cdot \ln\left(1 + \frac{\vartheta_f - \vartheta_i}{B + \vartheta_i}\right)}$$

Die Höhe der zulässigen Kurzschlußtemperatur (Endtemperatur ϑ_f des Leiters) und auch die des Faktors k für das jeweils zur Anwendung kommende Isoliermaterial sind abhängig von der Zeit, in der die zulässige Betriebstemperatur überschritten wird.

Für Kurzschlüsse bis zu 5 s Dauer gelten folgende zulässige Kurzschlußtemperaturen (Endtemperatur ϑ_f des Leiters):

- 160 °C bei einer Isolierung aus Polyvinylchlorid (PVC),
- 250 °C bei einer Isolierung aus vernetztem Polyethylen (VPE),
- 250 °C bei einer Isolierung aus Ethylen-Propylen-Kautschuk (EPR),
- 220 °C bei einer Isolierung aus Butyl-Kautschuk (IIK),
- 200 °C bei einer Isolierung aus Gummi (G).

Bei den vorgenannten Werten ist davon auszugehen, daß die Isolierung nicht wesentlich altert, wenn die Kurzschlußzeit 5 s nicht überschreitet.

Für die Alterung ist neben der Zeit der Erwärmung auch die Zeit für die Abkühlung auf die Betriebstemperatur maßgebend. Kleinere Querschnitte kühlen wegen ihrer geringen Wärmekapazität schneller ab als größere. Außerdem macht sich bei kleinen Querschnitten der Skineffekt und die damit verbundene stärkere Wärmeentwicklung an der Leiteroberfläche weniger bemerkbar. Andererseits ist das Isoliermaterial bei kleinen Querschnitten weniger dick. Zur Zeit wird noch untersucht, ob für kleinere Querschnitte andere zulässige Kurzschlußtemperaturen eingeführt werden sollen.

Andererseits ist bei kleineren Querschnitten die Wärmekapazität so gering, daß die während der Kurzschlußzeit von der Isolierung aufgenommene Wärmemenge schon erheblich ins Gewicht fällt! Eine entsprechende Berücksichtigung in der Formel für den k-Faktor würde bei kleineren Querschnitten zu größeren k-Faktoren führen.

Für ein vorgegebenes Leitermaterial, z.B. Kupfer, läßt sich für verschiedene Leiterquerschnitte auf der Basis der Näherungsformel

$$t = \left(\mathrm{k} \cdot \frac{S}{I}\right)^2$$

eine Kurvenschar im Zeit/Strom-Diagramm für eine vorgegebene Endtemperatur (z. B. 160 °C für PVC) und Anfangstemperatur (70 °C für PVC) ermitteln. In diesen vielfach in der Literatur zu findenden Kurven kann man die Ausschaltzeit bei dem gegebenen Kurzschlußstrom und Leiterquerschnitt direkt ablesen **(Bild 4-38)**.

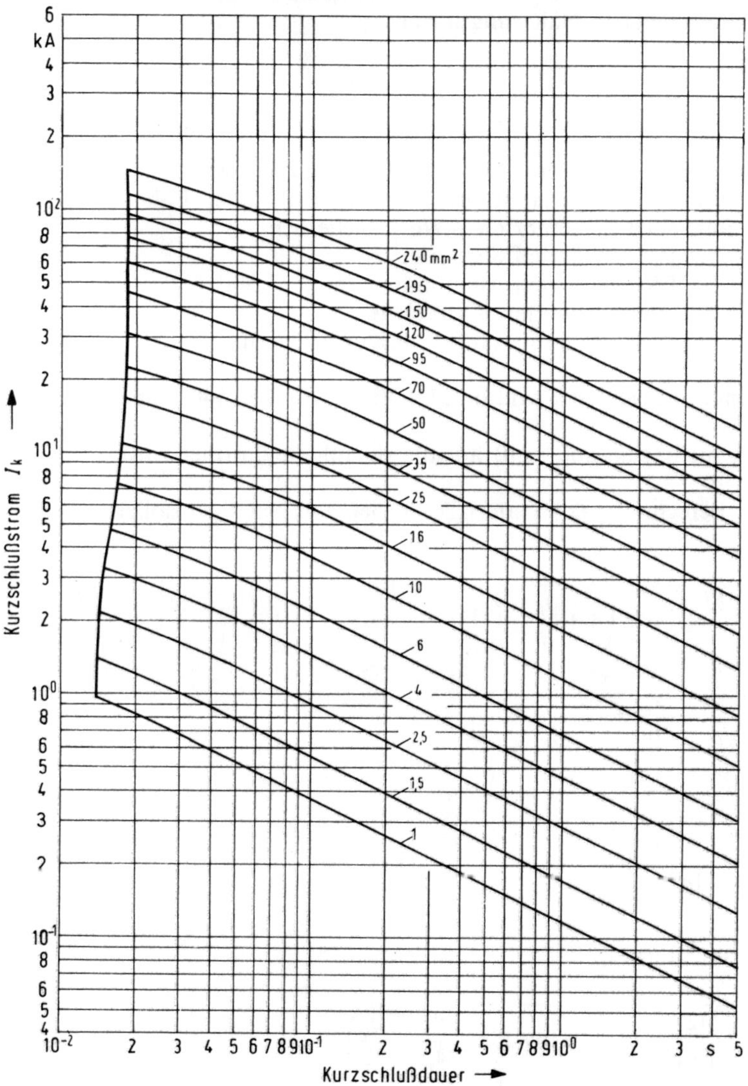

Bild 4-38. Maximaler Kurzschlußstrom und maximale Kurzschlußdauer von Kupferleitern mit PVC-Isolierung in Abhängigkeit vom Leiterquerschnitt

Die Kurven ersparen dem Errichter den aufgezeigten, nicht ganz unkomplizierten Rechengang.
Meist wird man aber die zulässige Ausschaltzeit weder nach der zuvor beschriebenen, längeren Formel noch nach den Kurven ermitteln, sondern vielmehr mit der kurzen, in DIN VDE 0100 Teil 430, Abschnitt 6.3.2.1 (siehe Abschnitt 4.4.3 dieses Bandes) angegebenen Näherungsformel

$$t = \left(\mathrm{k} \cdot \frac{S}{I}\right)^2$$

rechnen, vorausgesetzt, die Werte für die k-Faktoren der verschiedenen Leiter und Leiterisolationen sind bekannt. Für die Mehrzahl aller Fälle der Praxis reichen die im folgenden aufgeführten k-Werte sicherlich aus:
- 115 A s/mm^2 bei PVC-isolierten Kupferleitern,
- 76 A s/mm^2 bei PVC-isolierten Aluminiumleitern,
- 141 A s/mm^2 bei gummiisolierten Kupferleitern,
- 115 A s/mm^2 bei Weichlotverbindungen in Kupferleitern.

Weitere Materialkoeffizienten k sind in DIN VDE 0100 Teil 540, Tabellen 2 bis 5 zu finden.
Ist der k-Wert nicht bekannt, muß auf die detaillierte Formel zurückgegriffen werden.
Beispiel für die Berechnung des Materialkoeffizienten k für PVC-isolierte Kupferleiter

$$\mathrm{k} = \sqrt{\frac{Q_c \cdot (B + 20\,°\mathrm{C})}{\varrho_{20}} \cdot \ln\left(1 + \frac{\vartheta_f - \vartheta_i}{B + \vartheta_i}\right)}$$

$\vartheta_i \quad = 70 \quad \text{in °C}$

$\vartheta_f \quad = 160 \quad \text{in °C}$

$B \quad = 234{,}5 \text{ in °C}$

$Q_c \quad = 3{,}45 \cdot 10^{-3} \text{ in } \frac{\mathrm{J}}{°\mathrm{C\,mm^3}}$

$\varrho_{20} = 17{,}241 \cdot 10^{-6} \text{ in } \Omega\mathrm{mm}$

$$\mathrm{k} = \sqrt{\frac{3{,}45 \cdot 10^{-3}\,(234{,}5 + 20)}{17{,}241 \cdot 10^{-6}} \cdot \ln\left(1 + \frac{160 - 70}{234{,}5 + 70}\right)}$$

$$k = \sqrt{50{,}9 \cdot 10^3 \cdot \ln 1{,}296}$$

$$k = \sqrt{50{,}9 \cdot 10^3 \cdot 0{,}259}$$

$$\underline{\underline{k = 114{,}8}}$$

Die Dimensionierung der Schutzeinrichtungen für den Schutz bei Kurzschluß erfolgt durch Vergleich ihrer Zeit/Strom-Kennlinien mit den Kennlinien für die zulässige thermische Beanspruchung der Leitungen. Das heißt, die Überstrom-Schutzeinrichtungen sind so auszuwählen, daß durch die Lage ihrer jeweiligen Zeit/Strom-Kennlinie eine zu hohe Beanspruchung der zu schützenden Leitung ausgeschlossen wird. Mit anderen Worten: Die Schutzeinrichtungen müssen abschalten, wenn bzw. bevor der Leiter seine Grenztemperatur (Endtemperatur) erreicht. Im **Bild 4-39** sind die Kennlinien eines Leitungsschutzschalters, einer Schmelzsicherung und der zulässigen thermischen Belastbarkeit einer Leitung gegenübergestellt. Beide Schutzeinrichtungen können in diesem Beispiel den Kurzschlußschutz sicherstellen, da ihre Zeit/Strom-Kennlinien – **Bild 4-40** zeigt solche von Leitungsschutzschaltern – innerhalb des Bereichs der zulässigen thermischen Belastbarkeit der Leitung verlaufen. Dies ist z.B. immer dann der Fall, wenn Leitungsschutzschalter oder Sicherungen zusätzlich zum Schutz bei Kurzschluß auch den Schutz der Leitung bei Überlast übernehmen können (siehe Abschnitt 4.5.1).
Falls Sicherungen oder Leitungsschutzschalter bzw. Leistungsschalter nur für den Schutz bei Kurzschluß vorgesehen werden, können sich die Kennlinien der Schutzeinrichtung und der Leitung auch schneiden. Bei Sicherungen darf dann aber der kleinste unbeeinflußte Kurzschlußstrom den Wert I_a nicht unterschreiten **(Bild 4-41).** Kleinere Kurzschlußströme würden zu längeren Abschaltzeiten führen, d.h. die Isolation würde leiden. Da aber auch widerstandsbehaftete Kurzschlüsse, die kleiner als I_a sind, nicht generell ausgeschlossen werden

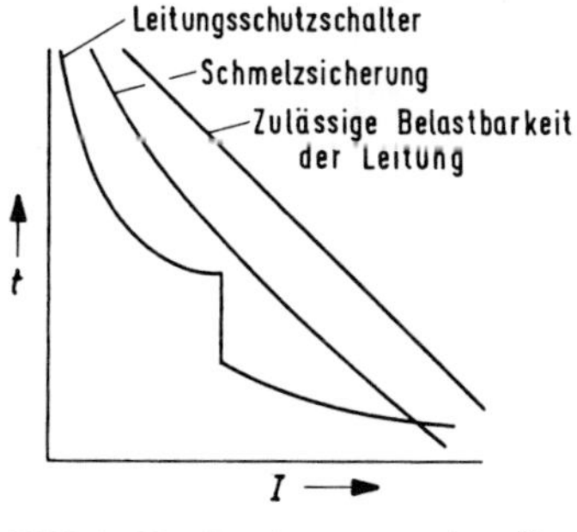

Bild 4-39. Bestimmung des Überstromschutzes durch Vergleich der Zeit/Strom-Kennlinien

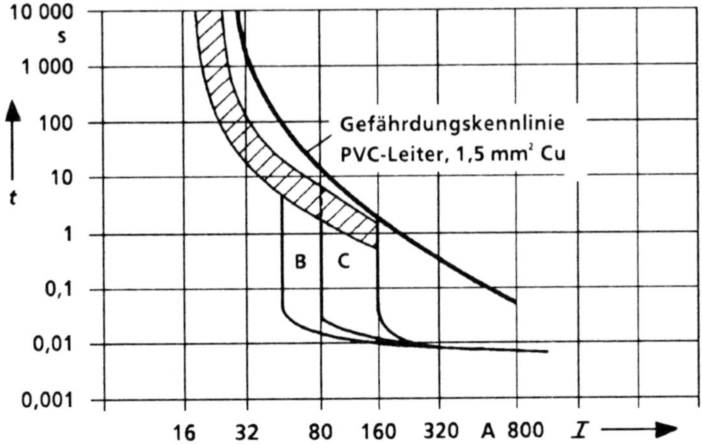

a) Charakteristiken B und C

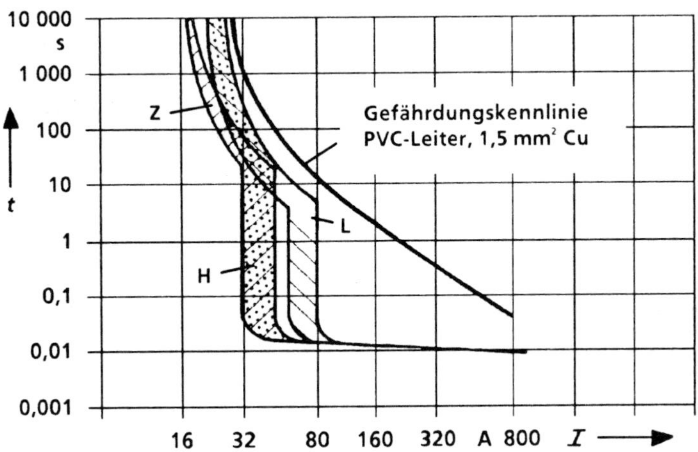

b) Charakteristiken H, L und Z

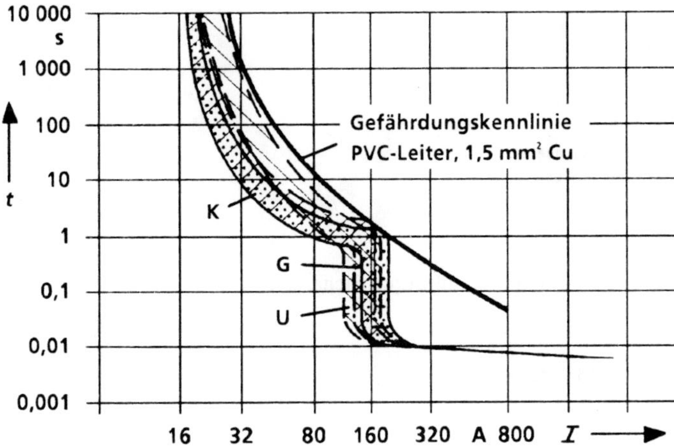

c) Charakteristiken G, K und U

Bild 4-40. Auslösecharakteristiken von Leitungsschutzschaltern mit einem Nennstrom von 16 A

können, ist es zweckmäßig, entweder eine gemeinsame Schutzeinrichtung zum Schutz bei Kurzschluß und Überlast zu wählen oder die zusätzlich eingesetzte Schutzeinrichtung zum Schutz bei Überlast sollte auch den Schutz der Leitung bis zu Überströmen der Größe I_a übernehmen können.

Bei Leitungsschutzschaltern und Leistungsschaltern gilt vom Grundsatz her die gleiche Bedingung für I_a wie bei Sicherungen. **Bild 4-42** zeigt jedoch, daß bei sehr hohen Kurzschlußströmen die Kennlinie eines Leitungsschutz- oder Leistungsschalters nahezu waagerecht verläuft. Das bedeutet, daß von einem bestimmten Punkt ab ein noch höherer Strom nicht mehr zu noch kürzeren Ausschaltzeiten führt. Bei dem Kurzschlußstrom I_b ergibt sich ein zweiter Schnittpunkt mit der Kennlinie der Leitung, ab dem die Leitung durch einen Leitungsschutz- oder Leistungsschalter nicht mehr geschützt ist. Die vom Schalter durchgelassene und somit die Leitung erwärmende Energie errechnet sich aus dem Produkt von Leitungswiderstand, Quadrat des Kurzschlußstromes und der Zeit ($R \cdot I^2 \cdot t$). Da der Widerstand der jeweils betrachteten Leitung fast konstant ist, reicht es für die Praxis aus, ausschließlich mit dem $I^2 \cdot t$-Wert zu rechnen.

Bei Kurzschlußströmen, die über mehrere Perioden fließen, ist die vom Schalter durchgelassene Energie $I^2 \cdot t$ aus dem Produkt des Quadrates des Strom-Effektivwertes und der Ausschaltzeit des Schalters zu ermitteln **(Bild 4-43).**

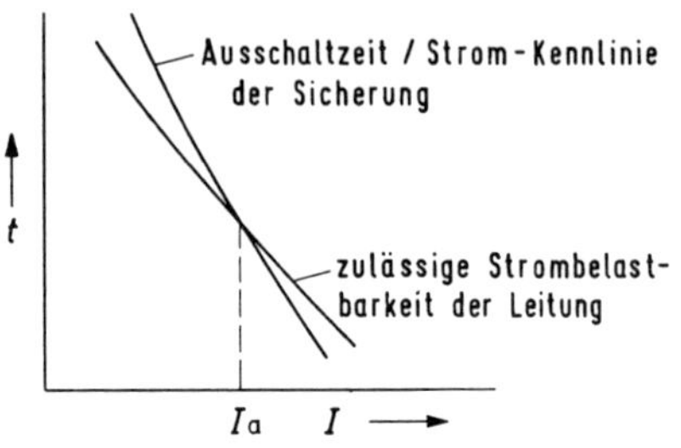

Bild 4-41. Schutz der Leitung bei Kurzschluß durch Sicherung

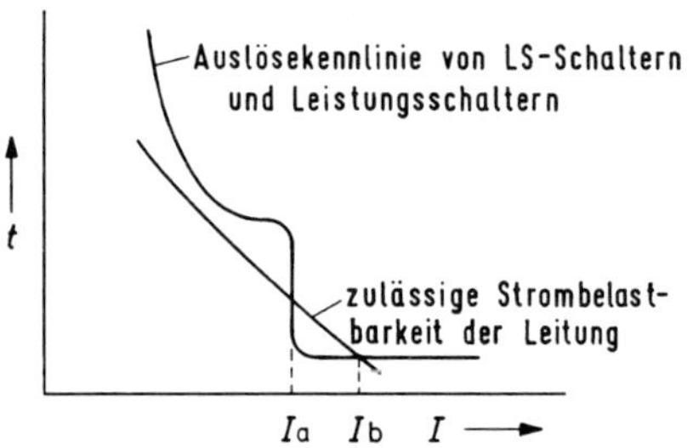

Bild 4-42. Schutz der Leitung bei Kurzschluß durch Leitungsschutzschalter oder Leistungsschalter

Bei Ausschaltzeiten von weniger als fünf Perioden ($< 0{,}1$ s) kann hierzu nicht mehr der Effektivwert des Stromes herangezogen werden, da die Sinusform der Stromkurve nicht mehr gegeben ist. Dafür gibt es zwei Gründe: Bedingt durch den induktiven Anteil der Netzimpedanz ist der Anfangskurzschlußstrom höher als der Dauerkurzschlußstrom I_k **(Bild 4-44).** Andererseits werden durch konstruktive Maßnahmen am Schalter strombegrenzende Eigenschaften des Schalters gewollt herbeigeführt **(Bild 4-45).** Bei den vorgenannten kurzen Ausschaltzeiten kann der Errichter also nicht mehr selbst rechnen, sondern muß die vom Hersteller für die jeweiligen Schalter veröffentlichten $I^2 \cdot t$-Angaben mit der Kennlinie der Leitung vergleichen. Dabei muß der unbeeinflußte Kurzschlußstrom am Einbauort des Schalters kleiner sein als I_b entsprechend **Bild 4-46** (siehe auch Abschnitt 4.4.3).

▶

Bild 4-44. Verlauf von Kurzschlußströmen bei ohmsch induktiver Kurzschlußimpedanz

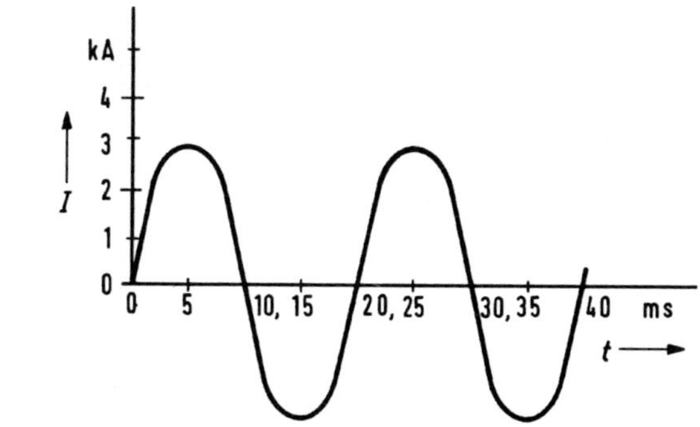

a) Stromverlauf

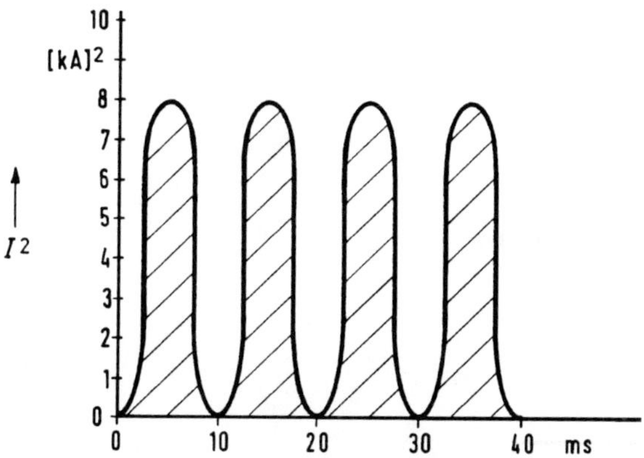

b) Verlauf der quadrierten Stromwerte
Schraffierte Fläche ≙ $I^2 \cdot t$-Wert

Bild 4-43. Quadrat des Stromes am Beispiel von $I_{eff} = 2\,kA$

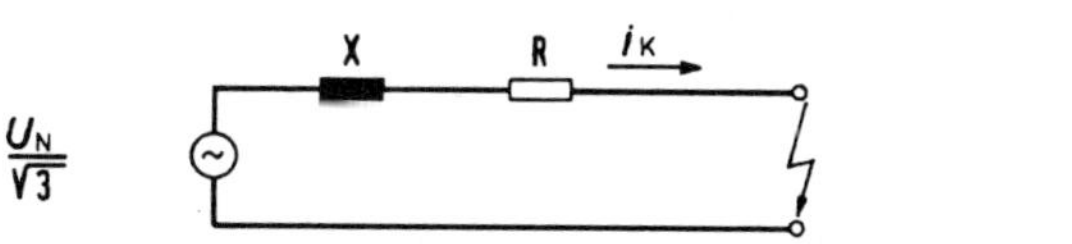

a) Einphasiges Ersatzschaltbild des Kurzschlußstromkreises

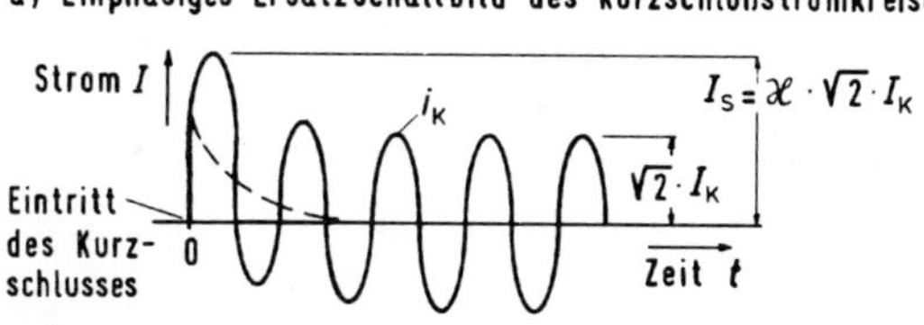

b) Verlauf des Kurzschlußstroms bei Kurzschlußbeginn im Augenblick des Spannungsnulldurchgangs.

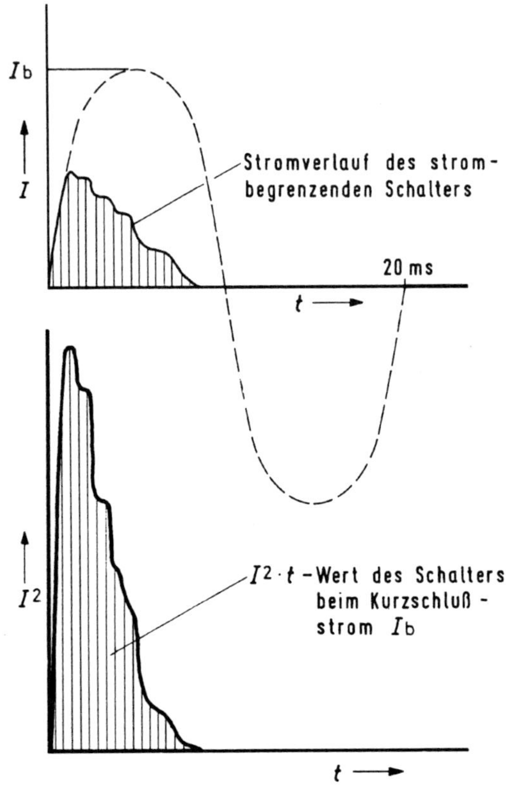

Bild 4-45. Beeinflussung des Stromes durch strombegrenzenden Schalter

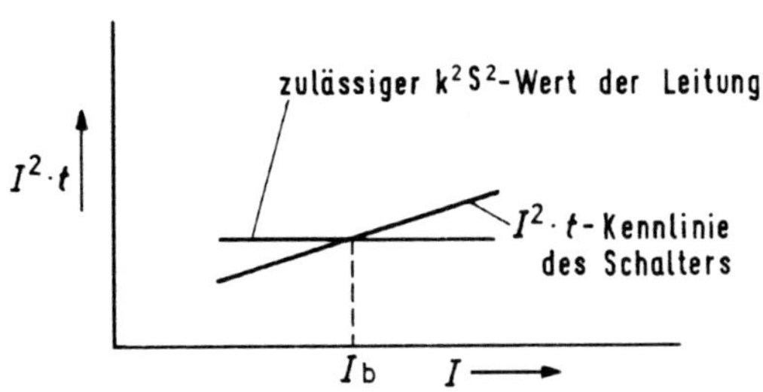

Bild 4-46. Schutz der Leitung bei Kurzschluß durch Leitungsschutzschalter oder Leistungsschalter

4.4.2 Bestimmung des Stromes bei vollkommenem Kurzschluß (DIN VDE 0100 Teil 430, Abschnitt 6.2)

Der kleinste unbeeinflußte Kurzschlußstrom entspricht im allgemeinen dem Strom, der bei einem vollkommenen Kurzschluß am entferntesten Punkt der geschützten Leitung auftritt. Er ist nach einer der im folgenden aufgeführten Methoden zu ermitteln:

- durch ein geeignetes Rechenverfahren, z.B. nach den Normen der Reihe DIN VDE 0102,
- mittels Untersuchungen an einer Netznachbildung,
- durch Messungen in der Anlage oder
- anhand von Angaben der EVU.

Zu »Rechenverfahren«
Rechenverfahren für die verschiedenen Kurzschlußarten werden sehr ausführlich in DIN VDE 0102 »Berechnung von Kurzschlußströmen in Drehstromnetzen« behandelt. Die Ergebnisse sind recht genau; sie stehen natürlich im unmittelbaren Zusammenhang mit der Genauigkeit der in den Formeln eingesetzten Werte.

Zu »Untersuchungen an einer Netznachbildung«
Mit Hilfe eines Netzmodells läßt sich der Kurzschlußstrom unter Berücksichtigung vieler variabler Größen relativ schnell und genau bestimmen.

Zu »Messungen in der Anlage«
Es lassen sich verschiedene Meßmethoden anwenden. Bei einigen Typen der auf dem Markt angebotenen Meßgeräte kann der Kurzschlußstrom I_k direkt abgelesen werden. Andere Geräte zeigen die Schleifenimpedanz Z_S oder lediglich den Spannungsfall ΔU_m an.
Mit den gemessenen Werten des Spannungsfalls ΔU_m und der Leerlaufspannung U_{m_0} sowie der bekannten Größe des Prüfwiderstandes R_P läßt sich die Schleifenimpedanz Z_S und daraus der Kurzschlußstrom I_k wie folgt errechnen:

$$\Delta U_m = U_{m_0} - U_m$$

$$\Delta U_m = Z_S \cdot I_m$$

$$I_m = \frac{U_{m_0}}{R_P + Z_S}$$

$$I_m \approx \frac{U_{m_0}}{R_P} \quad \text{für} \quad Z_S \ll R_P$$

$$\Delta U_m \approx Z_S \cdot \frac{U_{m0}}{R_P}$$

$$Z_S \approx \frac{\Delta U_m}{U_{m0}} \cdot R_P$$

$$I_k = \frac{U_{m0}}{Z_S}$$

Darin bedeuten:

ΔU_m gemessener Spannungsfall an der Schleifenimpedanz
U_{m0} gemessene Leerlaufspannung des Netzes am Meßort
U_m gemessener Spannungsfall am Prüfwiderstand R_P
Z_S Schleifenimpedanz
I_m Prüfstrom
R_P Prüfwiderstand
I_k Kurzschlußstrom

Meist werden bei derartigen Messungen umfangreiche Rechnungen nicht erforderlich, da den Meßgeräten üblicherweise Tabellen beigefügt sind, die ein direktes Umsetzen des Meßwertes bezogen auf den Kurzschlußstrom ermöglichen.
Das Messen in der Anlage führt in aller Regel zu dem genauesten Ergebnis, da sich bei den Untersuchungen am Netzmodell und bei den Rechenverfahren die individuellen örtlichen Einflüsse kaum exakt abschätzen lassen und sie deshalb nicht angemessen berücksichtigt werden können. Das ist allerdings nur in Grenzfällen von Bedeutung; meist liefern aber auch die beiden vorgenannten Verfahren ausreichend sichere Ergebnisse.
Aber selbst das Messen in der Anlage liefert nur dann exakte Ergebnisse, wenn Meßgeräte mit hoher Meßgenauigkeit verwendet werden. Solche Meßgeräte sind relativ teuer. Bei Geräten mit einem nach DIN VDE 0413 Teil 3 zugelassenen Gebrauchsfehler von $\pm 30\,\%$ sind neben diesem gerätebedingten Fehler auch die systembedingten Fehler zu berücksichtigen.
Unter Berücksichtigung aller Einflußgrößen – z.B. Überschreiten der Randbedingungen nach DIN VDE 0413, Länge der Meßleitungen – erscheint es in der Praxis als sinnvoll, mit Meßfehlern von etwa 50 % zu rechnen.

Zu »Angaben der EVU«
Auch die Angaben der EVU können selbstverständlich nur nach den vorgenannten Methoden ermittelt werden. Im übrigen gelten sie nur bis zum Hausanschlußkasten (HAK).

4.4.3 Kenngrößen der Schutzeinrichtungen zum Schutz bei Kurzschluß (DIN VDE 0100 Teil 430, Abschnitt 6.3)

Schutzeinrichtungen zum Schutz bei Kurzschluß müssen den beiden folgenden Bedingungen aus DIN VDE 0100 Teil 430, Abschnitte 6.3.1 und 6.3.2 genügen, die nachfolgend behandelt werden:

Das Ausschaltvermögen muß mindestens dem größten Strom bei vollkommenem Kurzschluß am Einbauort entsprechen. Nur unter der Voraussetzung, daß eine andere geeignete Schutzeinrichtung vorgeschaltet ist, darf das Ausschaltvermögen geringer sein. In derartigen Fällen müssen die Eigenschaften der beiden Schutzeinrichtungen so aufeinander abgestimmt sein, daß die nachgeschaltete Schutzeinrichtung und die zu schützenden Kabel und Leitungen keinen Schaden nehmen. Das heißt bei der Dimensionierung sind u.a. die Durchlaßenergie, die dynamische Festigkeit der Strombahnen wie auch die Verschleißfestigkeit zu berücksichtigen. Angaben hierüber können üblicherweise den Herstellerunterlagen entnommen werden.

Nach DIN VDE 0100 Teil 430, Abschnitte 4.1 (siehe Abschnitt 4.2.1) und 4.3 (siehe Abschnitt 4.2.3) dürfen als Einrichtungen für den Kurzschlußschutz eingesetzt werden:

- Leitungsschutzsicherungen nach den Normen der Reihe DIN VDE 0636,
- Leitungsschutzschalter nach den Normen der Reihe DIN VDE 0641,
- Leistungsschalter nach VDE 0660 Teil 101,
- Teilbereichssicherungen zum Geräteschutz nach den Normen der Reihe DIN VDE 0636 und
- Leistungsschalter nur mit Schnellauslösern nach DIN VDE 0660 Teil 101.

Sicherungen nach DIN VDE 0636 können unabhängig von der Nennstromstärke Kurzschlußströme von 50 kA schalten. Über ihr Ausschaltvermögen braucht der Errichter in üblichen Anlagen also keine besonderen Überlegungen anzustellen.

In DIN VDE 0641 sind für Leitungsschutzschalter drei Werte für das Nennschaltvermögen vorgesehen, nämlich 3, 6 und 10 kA. Die Technischen Anschlußbedingungen der EVU (TAB) lassen aber Schalter mit nur 3 kA Nennschaltvermögen wegen der steigenden Kurzschlußleistungen in den Niederspannungsnetzen nicht mehr zu; unter anderem deshalb werden in der Praxis so gut wie nur noch Schalter mit mindestens 6 kA Nennschaltvermögen verwendet. Falls am Einbauort eines Leitungsschutzschalters mit einem Nennschaltvermögen von 6 kA ausnahmsweise einmal ein Kurzschlußstrom von mehr als 6 kA zum Fließen käme, kann der Leitungsschutzschalter (und auch die von ihm zu schützende Leitung bis herunter zu Querschnitten von 1,5 mm^2 Cu) dennoch keinen Schaden erleiden, wenn die dem Leitungsschutzschalter vorgeschaltete Leitungsschutzsicherung nicht größer als 63 A ist (siehe DIN VDE 0100 Teil 430, Abschnitt 6.3.2.2). Für Leitungsschutzschalter mit Vorsicherungen von mehr als 63 A Nennstrom und für Leistungsschalter sind zur Abstimmung der Kenngrößen der beiden Schutzeinrichtungen die Angaben der Hersteller maßgebend.

Bevor auf die nicht ganz unkomplizierten Auswahlkriterien für die Schutzeinrichtungen zum Schutz bei Kurzschluß eingegangen wird, sei angemerkt, daß der Errichter von Installationsanlagen meist ein und dieselbe Schutzeinrichtung (eine Sicherung oder einen Leitungsschutzschalter) sowohl für den Schutz bei Überlast als auch für den Schutz bei Kurzschluß einsetzt. Ist diese gemeinsame Schutzeinrichtung für den Schutz bei Überlast richtig bemessen, ist vom Abschnitt 6 »Schutz bei Kurzschluß« der DIN VDE 0100 Teil 430 nur noch der Absatz 6.3.2.2 zu beachten. Und das auch nur dann, wenn der Nennstrom der Vorsicherung größer als 63 A ist.

Das bedeutet für die Praxis: Unter der Voraussetzung, daß der Schutz bei Überlast und Kurzschluß durch eine gemeinsame Überstrom-Schutzeinrichtung sichergestellt wird und die Vorsicherung nicht größer als 63 A ist, der Errichter den Schutz bei Kurzschluß und damit auch die folgenden Erläuterungen hierzu nicht gesondert berücksichtigen muß. Dies ist auch dem Abschnitt 7.1 »Schutz durch eine gemeinsame Überstrom-Schutzeinrichtung« der DIN VDE 0100 Teil 430 (siehe Abschnitt 4.5.1 dieses Bandes) zu entnehmen.

Um dem Errichter die Planungsarbeit für die Mehrzahl der praktischen Anwendungsfälle, in denen ausnahmsweise eine Schutzeinrichtung allein den Schutz bei Kurzschluß übernehmen soll, zu erleichtern, wurden im Beiblatt 5 zur DIN VDE 0100 (z.Z. Entwurf) Tabellen mit maximal zulässigen Kabel- und Leitungslängen veröffentlicht **(Tabellen 4-5 bis 4-23).** Sie entlasten den Errichter für die meisten Fälle der Praxis von der Anwendung der Näherungsformel

$$t = \left(\mathrm{k} \cdot \frac{S}{I}\right)^2$$

auf die im folgenden eingegangen wird. Auch die Arbeit des Vergleichens mit den Zeit/Strom-Kennlinien der Schutzeinrichtungen entfällt. Für die Beurteilung, welche Schutzeinrichtung für den Schutz bei Kurzschluß und überwiegend auch für den Schutz bei indirektem Berühren eingesetzt werden muß, müssen nur noch die vorgeschaltete Netzimpedanz, der Leiterquerschnitt und die verlegte bzw. die zu verlegende Leitungslänge bekannt sein. Umgekehrt können aus den Tabellen auf sehr einfache Weise auch die maximalen Längen von Leitungen ermittelt werden, die im Falle eines Kurzschlusses geschützt sind bzw. welche Leitungslängen bei Anwendung des Schutzes bei indirektem Berühren verlegt werden dürfen, vorausgesetzt die hierzu erforderlichen anderen Nennwerte sind bekannt. Neben Sicherungen und Leitungsschutzschaltern wurden auch Leistungsschalter in das Tabellenwerk aufgenommen. Falls nicht die Anforderungen nach DIN VDE 0100 Teil 430, Abschnitt 7.1 »Schutz durch eine gemeinsame Überstrom-Schutzeinrichtung« (siehe Abschnitt 4.5.1 dieses Bandes) zur Anwendung kommen, sollte der Errichter elektrischer Anlagen zunächst auf das unkomplizierte und rationelle Verfahren zur Auswahl der richtigen Schutzeinrichtung auf der Basis der vorgenannten Tabellen zurückgreifen. Damit liegt er allerdings in der Mehrzahl aller Fälle der Praxis weit auf der sicheren Seite, zumal hier aus Gründen des Berührungsschutzes in den diesbezüglich relevanten Tabellen mit

Abschaltzeiten von maximal 0,2 s gerechnet wurde. Die Tabelle 4-7 kann im übrigen auch für Leitungsschutzschalter der Charakteristik B angewendet werden, da Leitungsschutzschalter der Charakteristik B im Falle des Kurzschlusses allenfalls geringfügig schneller auslösen als Leitungsschutzschalter der Charakteristik L. Auch in einem solchen Fall läge das Ergebnis auf der sicheren Seite. Wenn in Grenzfällen die Tabellen nicht ausreichen, ist im Einzelfall die maximal mögliche Leitungslänge durch Rechnung zu ermitteln.

Beispiel

Gesucht wird die zulässige Sicherungsnennstromstärke für eine 20 m lange Drehstrom-Leitung NYM 6 mm² zu einem Durchlauferhitzer mit einer Leistung von 21 kW. Die Leitung soll mit Sicherungen geschützt werden. Es ist als ungünstigster Fall der einpolige Kurzschluß zu berücksichtigen. Als Schleifenimpedanz bis zum Einbauort der Sicherungen wurden $Z_S = 300\,m\Omega$ ermittelt **(Bild 4-47).**

Der Nennstrom des Durchlauferhitzers beträgt 32 A. DIN VDE 0100 Teil 430, Abschnitt 5.5 b) ist zu entnehmen, daß die Leitung nicht gegen Überlast geschützt werden muß (siehe auch Abschnitt 4.3.6, Fall 2). Der zulässige Nennstrom der Sicherung zum Schutz bei Kurzschluß kann mit Hilfe der Tabelle 4-5 ermittelt werden.

Der Tabelle ist zu entnehmen, daß bei einem Leiterquerschnitt von 6 mm² Cu und einer Schleifenimpedanz $Z_S = 300\,m\Omega$ vor der zu dimensionierenden Schutzeinrichtung eine Sicherung mit einem Nennstrom von 63 A den Kurzschlußschutz für eine 38 m lange Leitung sicherstellt. Demnach darf für den Kurzschlußschutz der 20 m langen Zuleitung zum Durchlauferhitzer eine Sicherung mit einem Nennstrom von 63 A eingesetzt werden.

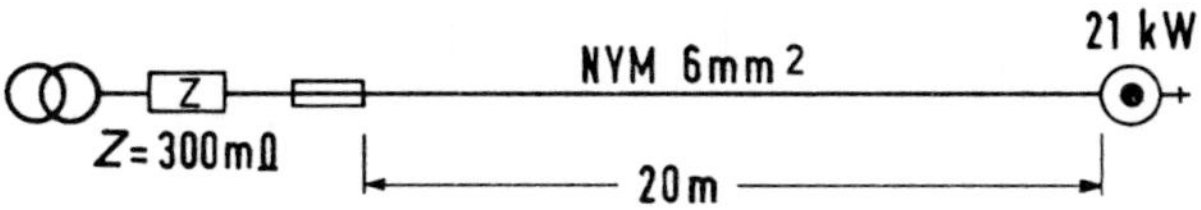

Bild 4-47. Beispiel für die Anwendung der Tabelle 4-5. Gesucht ist die Sicherungsnennstromstärke

Tabelle 4-5. Maximal zulässige Leitungslänge, Cu-Leiter, Isolation PVC oder Gummi, Leitungsschutzsicherung Betriebsklasse gL nach Normen der Reihe DIN VDE 0636, Nennspannung: 380 V/220 V; Leerlaufspannung: 400 V/230 V, Abschaltung nach maximal 5 s oder bei Erreichen der zulässigen Kurzschlußtemperatur (Quelle: Entwurf Beiblatt 5 zu DIN VDE 0100, Tabelle 4)

Querschnitt S in mm²	Nennstrom in A	Mindestkurzschlußstrom I_K in A	maximale Länge bei einer Schleifenimpedanz vor der Schutzeinrichtung								
			10 mΩ in m	50 mΩ in m	100 mΩ in m	200 mΩ in m	300 mΩ in m	400 mΩ in m	500 mΩ in m	600 mΩ in m	700 mΩ in m
1,5	6	28	260	259	258	255	252	249	246	243	240
1,5	10	47	156	155	154	151	148	145	142	139	136
1,5	16	72	101	100	98	95	92	89	86	83	80
1,5	20	89	82	81	79	76	73	70	67	64	61
1,5	25	155	47	45	44	41	38	35	32	28	25
2,5	10	47	260	258	256	251	246	241	236	231	226
2,5	16	72	168	166	163	159	154	149	143	138	133
2,5	20	106	114	112	110	105	100	95	90	84	79
2,5	25	120	101	99	96	91	86	81	76	71	65
2,5	32	182	66	64	62	57	51	46	41	35	30
4,0	16	72	269	266	262	254	246	238	230	221	213
4,0	20	106	183	180	176	168	160	152	143	135	127
4,0	25	120	161	158	154	146	138	130	121	113	104
4,0	32	156	124	120	116	108	100	92	84	75	66
4,0	50	313	61	58	54	46	37	28	19	10	0
6,0	20	106	275	271	265	253	241	228	216	203	191
6,0	25	120	242	237	231	219	207	195	182	170	157
6,0	32	156	186	181	175	163	151	138	126	113	100
6,0	50	260	111	106	100	88	75	62	49	35	21
6,0	63	386	75	70	64	51	38	24	10	0	0

Fortsetzung

Querschnitt S in mm²	Nennstrom in A	Mindestkurzschlußstrom I_K in A	maximale Länge bei einer Schleifenimpedanz vor der Schutzeinrichtung								
			10 mΩ in m	50 mΩ in m	100 mΩ in m	200 mΩ in m	300 mΩ in m	400 mΩ in m	500 mΩ in m	600 mΩ in m	700 mΩ in m
10,0	25	120	405	397	387	367	347	326	305	284	263
10,0	32	156	311	303	293	273	253	232	210	189	167
10,0	50	260	186	178	168	147	126	104	82	59	35
10,0	63	351	137	129	119	98	77	54	31	6	0
10,0	80	452	106	98	88	67	44	21	0	0	0
16,0	35	173	445	432	417	384	352	318	284	250	214
16,0	50	260	295	282	266	234	200	166	130	94	56
16,0	63	351	218	205	189	156	121	86	49	10	0
16,0	80	452	168	156	139	106	70	33	0	0	0
16,0	100	573	132	119	103	69	32	0	0	0	0

Tabelle 4-6. Maximal zulässige Leitungslänge, Cu-Leiter, Isolation PVC oder Gummi, Leitungsschutzsicherung Betriebsklasse gL nach Normen der Reihe DIN VDE 0636, Nennspannung: 380 V/220 V; Leerlaufspannung: 400 V/ 230 V, Abschaltung nach maximal 0,2 s oder bei Erreichen der zulässigen Kurzschlußtemperatur (Quelle: Entwurf Beiblatt 5 zu DIN VDE 0100, Tabelle 5)

Querschnitt S in mm²	Nennstrom in A	Mindestkurzschlußstrom I_K in A	maximale Länge bei einer Schleifenimpedanz vor der Schutzeinrichtung								
			10 mΩ in m	50 mΩ in m	100 mΩ in m	200 mΩ in m	300 mΩ in m	400 mΩ in m	500 mΩ in m	600 mΩ in m	700 mΩ in m
1,5	6	60	121	120	118	115	112	109	106	103	100
1,5	10	100	72	71	70	67	64	61	58	55	51
1,5	16	148	49	48	46	43	40	37	34	31	27
1,5	20	191	38	37	35	32	29	26	23	19	16
1,5	25	270	27	25	24	21	18	14	11	8	4
2,5	10	100	121	119	116	111	106	101	96	91	86
2,5	16	148	81	79	77	72	67	62	56	51	46
2,5	20	191	63	61	59	53	48	43	38	32	27
2,5	25	270	44	42	40	35	30	24	19	13	7
2,5	32	332	36	34	32	26	21	16	10	4	0
4,0	16	148	130	127	123	115	107	99	90	82	73
4,0	20	191	101	98	94	86	77	69	60	52	43
4,0	25	270	71	68	64	56	47	39	30	21	11
4,0	32	332	58	55	51	42	34	25	16	6	0
4,0	50	578	33	30	25	17	8	0	0	0	0
6,0	20	191	152	147	141	129	116	104	91	78	64
6,0	25	270	107	102	96	84	71	58	45	31	17
6,0	32	332	87	82	76	64	51	37	24	9	0
6,0	50	578	49	45	38	25	12	0	0	0	0
6,0	63	750	38	33	27	13	0	0	0	0	0

Fortsetzung

Quer-schnitt	Nenn-strom	Mindest-kurz-schluß-strom	maximale Länge bei einer Schleifenimpedanz vor der Schutzeinrichtung								
			10 mΩ	50 mΩ	100 mΩ	200 mΩ	300 mΩ	400 mΩ	500 mΩ	600 mΩ	700 mΩ
S in mm²	in A	I_K in A	in m	in m	in m	in m	in m	in m	in m	in m	in m
10,0	25	270	179	171	161	140	119	97	75	52	28
10,0	32	332	145	137	127	107	85	63	39	15	0
10,0	50	578	83	75	64	43	19	0	0	0	0
10,0	63	750	63	55	45	22	0	0	0	0	0
10,0	80	990	47	39	29		0	0	0	0	0
16,0	32	332	231	218	202	169	135	99	63	24	0
16,0	50	578	131	118	102	67	31	0	0	0	0
16,0	63	750	100	87	71	35	0	0	0	0	0
16,0	80	990	75	62	45	9	0	0	0	0	0
16,0	100	1310	56	43	26	0	0	0	0	0	0

Tabelle 4 - 7. Maximal zulässige Leitungslänge, Cu-Leiter, Isolation PVC oder Gummi, Leitungsschutzschalter nach DIN VDE 0641 Teil 2, Charakteristik L (auch für Charakteristik B anwendbar), Nennspannung: 380 V/220 V; Leerlaufspannung: 400 V/ 230 V, Abschaltung nach maximal 0,2 s oder bei Erreichen der zulässigen Kurzschlußtemperatur (Quelle: Entwurf Beiblatt 5 zu DIN VDE 0100, Tabelle 6)

Quer-schnitt	Nenn-strom	Mindest-kurz-schluß-strom	maximale Länge bei einer Schleifenimpedanz vor der Schutzeinrichtung								
			10 mΩ	50 mΩ	100 mΩ	200 mΩ	300 mΩ	400 mΩ	500 mΩ	600 mΩ	700 mΩ
S in mm²	in A	I_K in A	in m	in m	in m	in m	in m	in m	in m	in m	in m
1,5	6	32	231	229	228	225	222	219	216	213	210
1,5	10	53	138	137	136	133	130	127	124	121	118
1,5	16	78	93	91	90	87	84	81	78	75	72
1,5	20	98	74	73	71	68	65	62	59	56	53
1,5	25	122	59	58	56	53	50	47	44	41	38
2,5	10	53	230	229	226	221	216	211	206	201	196
2,5	16	78	154	152	150	145	140	135	130	125	119
2,5	20	98	123	121	119	114	109	104	99	93	88
2,5	25	122	98	97	94	89	84	79	74	68	63
2,5	32	157	77	75	72	67	62	57	52	46	41
4,0	16	78	247	244	240	232	224	216	207	199	191
4,0	20	98	197	194	190	182	174	166	158	149	141
4,0	25	122	158	154	150	143	134	126	118	109	101
4,0	32	157	123	120	116	108	100	91	83	74	66
4,0	40	182	106	103	99	91	82	74	65	57	48
6,0	20	98	297	292	286	274	262	250	237	225	212
6,0	25	122	237	232	226	214	202	190	177	165	152
6,0	32	157	185	180	174	162	150	137	125	112	99
6,0	40	182	159	155	149	136	124	111	99	85	72
6,0	50	228	127	122	116	104	92	79	66	52	38

Fortsetzung

Querschnitt S in mm²	Nennstrom in A	Mindestkurzschlußstrom I_K in A	maximale Länge bei einer Schleifenimpedanz vor der Schutzeinrichtung								
			10 mΩ in m	50 mΩ in m	100 mΩ in m	200 mΩ in m	300 mΩ in m	400 mΩ in m	500 mΩ in m	600 mΩ in m	700 mΩ in m
10,0	25	122	397	389	379	359	339	318	297	276	254
10,0	32	157	310	302	292	272	251	230	209	187	165
10,0	40	182	267	259	249	228	208	186	165	143	121
10,0	50	228	213	205	195	174	153	132	110	87	64
10,0	63	287	169	161	150	130	108	87	64	40	16
16,0	32	157	491	479	463	431	398	365	331	297	262
16,0	40	182	423	410	394	362	329	296	262	227	191
16,0	50	228	338	325	309	277	243	209	174	139	102
16,0	63	287	267	255	239	206	172	137	101	64	26

Tabelle 4-8. Maximal zulässige Leitungslänge, Cu-Leiter, Isolation PVC oder Gummi, Leistungsschalter nach DIN VDE 0660 Teil 101, Nennspannung: 380 V/220 V; Leerlaufspannung: 400 V/ 230 V, Abschaltung nach maximal 0,2 s oder bei Erreichen der zulässigen Kurzschlußtemperatur (Quelle: Entwurf Beiblatt 5 zu DIN VDE 0100, Tabelle 7)

Quer-schnitt	Einstell-strom	Mindest-kurz-schluß-strom	maximale Länge bei einer Schleifenimpedanz vor der Schutzeinrichtung								
			10 mΩ	50 mΩ	100 mΩ	200 mΩ	300 mΩ	400 mΩ	500 mΩ	600 mΩ	700 mΩ
S in mm²	in A	I_K in A	in m	in m	in m	in m	in m	in m	in m	in m	in m
1,5	20	24	303	302	300	297	294	291	288	285	282
1,5	40	48	151	150	149	146	143	140	137	134	131
1,5	60	72	101	100	98	95	92	89	86	83	80
1,5	80	96	75	74	73	70	67	64	61	58	54
1,5	100	120	60	59	58	55	52	49	45	42	39
1,5	120	144	50	49	48	45	42	38	35	32	29
1,5	140	168	43	42	40	37	34	31	28	25	21
1,5	160	192	38	36	35	32	29	26	22	19	16
1,5	200	240	30	29	27	24	21	18	15	11	8
1,5	220	264	27	26	25	22	18	15	12	8	5
1,5	240	288	25	24	22	19	16	13	9	6	2
1,5	260	312	23	22	20	17	14	11	7	4	0
1,5	280	336	21	20	19	16	12	9	6	2	0
1,5	300	360	20	19	17	14	11	8	4	0	0
1,5	320	384	19	17	16	13	10	6	3	0	0

Tabelle 4-9. Maximal zulässige Leitungslänge, Cu-Leiter, Isolation PVC oder Gummi, Leistungsschalter nach DIN VDE 0660 Teil 101, Nennspannung: 380 V/220 V; Leerlaufspannung: 400 V/ 230 V, Abschaltung nach maximal 0,2 s oder bei Erreichen der zulässigen Kurzschlußtemperatur (Quelle: Entwurf Beiblatt 5 zu DIN VDE 0100, Tabelle 8)

Querschnitt S in mm²	Einstellstrom in A	Mindestkurzschlußstrom I_K in A	maximale Länge bei einer Schleifenimpedanz vor der Schutzeinrichtung								
			10 mΩ in m	50 mΩ in m	100 mΩ in m	200 mΩ in m	300 mΩ in m	400 mΩ in m	500 mΩ in m	600 mΩ in m	700 mΩ in m
2,5	40	48	252	250	248	243	238	233	228	223	218
2,5	60	72	168	166	163	159	154	149	143	138	133
2,5	80	96	126	124	121	116	111	106	101	96	91
2,5	120	144	84	82	79	74	69	64	59	53	48
2,5	140	168	72	70	67	62	57	52	47	41	36
2,5	160	192	63	61	58	53	48	43	37	32	26
2,5	180	216	56	54	51	46	41	36	30	25	19
2,5	200	240	50	48	46	40	35	30	24	19	13
2,5	220	264	45	43	41	36	31	25	20	14	8
2,5	240	288	42	40	37	32	27	21	16	10	4
2,5	260	312	38	36	34	29	23	18	12	6	0
2,5	280	336	36	34	31	26	21	15	9	3	0
2,5	300	360	33	31	29	24	18	13	7	1	0
2,5	320	384	31	29	27	21	16	10	4	0	0
2,5	340	408	29	27	25	19	14	8	2	0	0
2,5	360	432	28	26	23	18	12	7	0	0	0
2,5	380	456	26	24	22	16	11	5	0	0	0
2,5	400	480	25	23	20	15	9	4	0	0	0
2,5	420	504	24	22	19	14	8	2	0	0	0

Tabelle 4-10. Maximal zulässige Leitungslänge, Cu-Leiter, Isolation PVC oder Gummi, Leistungsschalter nach DIN VDE 0660 Teil 101, Nennspannung: 380 V/220 V; Leerlaufspannung: 400 V/230 V, Abschaltung nach maximal 0,2 s oder bei Erreichen der zulässigen Kurzschlußtemperatur (Quelle: Entwurf Beiblatt 5 zu DIN VDE 0100, Tabelle 9)

Querschnitt S in mm²	Einstellstrom in A	Mindestkurzschlußstrom I_K in A	maximale Länge bei einer Schleifenimpedanz vor der Schutzeinrichtung								
			10 mΩ in m	50 mΩ in m	100 mΩ in m	200 mΩ in m	300 mΩ in m	400 mΩ in m	500 mΩ in m	600 mΩ in m	700 mΩ in m
4,0	60	72	269	266	262	254	246	238	230	221	213
4,0	80	96	201	198	194	186	178	170	162	154	145
4,0	100	120	161	158	154	146	138	130	121	113	104
4,0	120	144	134	131	127	119	111	102	94	85	77
4,0	140	168	115	112	108	100	91	83	75	66	57
4,0	160	192	100	97	93	85	77	68	60	51	42
4,0	180	216	89	86	82	74	65	57	48	39	30
4,0	200	240	80	77	73	65	56	48	39	30	21
4,0	220	264	73	70	66	57	49	40	31	22	13
4,0	240	288	67	63	59	51	43	34	25	16	6
4,0	260	312	61	58	54	46	37	29	20	10	0
4,0	280	336	57	54	50	41	33	24	15	5	0
4,0	300	360	53	50	46	38	29	20	11	1	0
4,0	320	384	50	47	43	34	26	16	7	0	0
4,0	340	408	47	44	40	31	22	13	4	0	0
4,0	360	432	44	41	37	28	20	10	1	0	0
4,0	380	456	42	39	35	26	17	8	0	0	0
4,0	400	480	40	36	32	24	15	6	0	0	0
4,0	420	504	38	35	30	22	13	3	0	0	0
4,0	440	528	36	33	29	20	11	2	0	0	0
4,0	460	552	34	31	27	19	9	0	0	0	0
4,0	480	576	33	30	26	17	8	0	0	0	0
4,0	500	600	32	28	24	16	6	0	0	0	0

Tabelle 4-11. Maximal zulässige Leitungslänge, Cu-Leiter, Isolation PVC oder Gummi, Leistungsschalter nach DIN VDE 0660 Teil 101, Nennspannung: 380 V/220 V; Leerlaufspannung: 400 V/ 230 V, Abschaltung nach maximal 0,2 s oder bei Erreichen der zulässigen Kurzschlußtemperatur (Quelle: Entwurf Beiblatt 5 zu DIN VDE 0100, Tabelle 10)

Querschnitt S in mm²	Einstellstrom in A	Mindestkurzschlußstrom I_K in A	maximale Länge bei einer Schleifenimpedanz vor der Schutzeinrichtung								
			10 mΩ in m	50 mΩ in m	100 mΩ in m	200 mΩ in m	300 mΩ in m	400 mΩ in m	500 mΩ in m	600 mΩ in m	700 mΩ in m
6,0	80	96	303	298	292	280	268	256	244	231	219
6,0	100	120	242	237	231	219	207	195	182	170	157
6,0	120	144	202	197	191	179	167	154	141	129	116
6,0	140	168	173	168	162	150	137	125	112	99	86
6,0	160	192	151	146	140	128	116	103	90	77	63
6,0	180	216	134	129	123	111	99	86	73	59	46
6,0	200	240	120	116	110	97	85	72	59	45	31
6,0	220	264	109	105	99	86	74	61	47	33	19
6,0	240	288	100	95	89	77	64	51	38	24	9
6,0	260	312	92	88	82	69	56	43	29	15	0
6,0	280	336	86	81	75	62	50	36	22	8	0
6,0	300	360	80	75	69	57	44	30	16	1	0
6,0	320	391	75	70	64	51	38	25	11	0	0
6,0	340	408	70	66	60	47	34	20	6	0	0
6,0	360	432	66	62	56	43	30	16	1	0	0
6,0	380	456	63	58	52	39	26	12	0	0	0
6,0	400	480	60	55	49	36	23	8	0	0	0
6,0	420	504	57	52	46	33	20	5	0	0	0
6,0	440	528	54	49	43	30	17	2	0	0	0
6,0	460	552	52	47	41	28	14	0	0	0	0
6,0	480	576	50	45	39	26	12	0	0	0	0
6,0	500	600	47	43	36	24	10	0	0	0	0
6,0	520	624	46	41	35	22	8	0	0	0	0

Fortsetzung

Querschnitt S in mm²	Einstellstrom in A	Mindestkurzschlußstrom I_K in A	maximale Länge bei einer Schleifenimpedanz vor der Schutzeinrichtung								
			10 mΩ in m	50 mΩ in m	100 mΩ in m	200 mΩ in m	300 mΩ in m	400 mΩ in m	500 mΩ in m	600 mΩ in m	700 mΩ in m
6,0	540	648	44	39	33	20	6	0	0	0	0
6,0	560	672	42	37	31	18	4	0	0	0	0
6,0	580	696	41	36	30	17	2	0	0	0	0
6,0	600	720	39	35	28	15	1	0	0	0	0
6,0	620	744	38	33	27	14	0	0	0	0	0
6,0	640	768	37	32	26	12	0	0	0	0	0
6,0	660	792	36	31	25	11	0	0	0	0	0

Tabelle 4-12. Maximal zulässige Leitungslänge, Cu-Leiter, Isolation PVC oder Gummi, Leistungsschalter nach DIN VDE 0660 Teil 101, Nennspannung: 380 V/220 V; Leerlaufspannung: 400 V/ 230 V, Abschaltung nach maximal 0,2 s oder bei Erreichen der zulässigen Kurzschlußtemperatur (Quelle: Entwurf Beiblatt 5 zu DIN VDE 0100, Tabelle 11)

Querschnitt	Einstellstrom	Mindestkurzschlußstrom	maximale Länge bei einer Schleifenimpedanz vor der Schutzeinrichtung								
			10 mΩ	50 mΩ	100 mΩ	200 mΩ	300 mΩ	400 mΩ	500 mΩ	600 mΩ	700 mΩ
S in mm²	in A	I_K in A	in m	in m	in m	in m	in m	in m	in m	in m	in m
10,0	100	120	405	397	387	367	347	326	305	284	263
10,0	120	144	337	330	320	299	279	258	237	215	194
10,0	140	168	289	281	271	251	230	209	188	166	144
10,0	160	192	253	245	235	214	194	172	151	129	106
10,0	180	216	224	216	206	186	165	144	122	99	76
10,0	200	240	202	194	184	163	142	121	98	76	52
10,0	220	264	183	175	165	145	123	102	79	56	32
10,0	240	288	168	160	150	129	108	86	63	40	15
10,0	260	312	155	147	137	116	94	72	49	25	1
10,0	280	336	143	136	125	105	83	61	37	13	0
10,0	300	360	134	126	116	95	73	50	27	2	0
10,0	320	384	125	117	107	86	64	41	18	0	0
10,0	340	408	118	110	100	79	57	34	9	0	0
10,0	360	432	111	103	93	72	50	26	2	0	0
10,0	380	456	105	97	87	66	43	20	0	0	0
10,0	400	480	100	92	82	60	38	14	0	0	0
10,0	420	504	95	87	77	55	33	9	0	0	0
10,0	440	528	91	83	72	51	28	4	0	0	0
10,0	460	552	87	79	68	47	24	0	0	0	0
10,0	480	576	83	75	65	43	20	0	0	0	0
10,0	500	600	79	71	61	39	16	0	0	0	0
10,0	540	648	73	65	55	33	10	0	0	0	0
10,0	580	696	68	60	50	28	4	0	0	0	0

Fortsetzung

Querschnitt S in mm²	Einstellstrom in A	Mindestkurzschlußstrom I_K in A	maximale Länge bei einer Schleifenimpedanz vor der Schutzeinrichtung								
			10 mΩ in m	50 mΩ in m	100 mΩ in m	200 mΩ in m	300 mΩ in m	400 mΩ in m	500 mΩ in m	600 mΩ in m	700 mΩ in m
10,0	620	744	64	56	45	23	0	0	0	0	0
10,0	660	792	60	52	41	19	0	0	0	0	0
10,0	700	840	56	48	38	15	0	0	0	0	0
10,0	740	888	53	45	34	12	0	0	0	0	0
10,0	780	936	50	42	31	8	0	0	0	0	0
10,0	820	984	48	40	29	6	0	0	0	0	0
10,0	860	1032	45	37	26	3	0	0	0	0	0
10,0	900	1080	43	35	24	1	0	0	0	0	0
10,0	940	1128	41	33	22	0	0	0	0	0	0

Tabelle 4 - 13. Maximal zulässige Leitungslänge, Cu-Leiter, Isolation PVC oder Gummi, Leistungsschalter nach DIN VDE 0660 Teil 101, Nennspannung: 380 V/220 V; Leerlaufspannung: 400 V/ 230 V, Abschaltung nach maximal 0,2 s oder bei Erreichen der zulässigen Kurzschlußtemperatur (Quelle: Entwurf Beiblatt 5 zu DIN VDE 0100, Tabelle 12)

Querschnitt	Einstellstrom	Mindestkurzschlußstrom	maximale Länge bei einer Schleifenimpedanz vor der Schutzeinrichtung								
			10 mΩ	50 mΩ	100 mΩ	200 mΩ	300 mΩ	400 mΩ	500 mΩ	600 mΩ	700 mΩ
S in mm²	in A	I_K in A	in m	in m	in m	in m	in m	in m	in m	in m	in m
16,0	160	192	401	388	372	340	307	273	239	204	168
16,0	180	216	256	343	327	295	262	228	193	157	121
16,0	200	240	320	307	291	259	225	191	156	126	83
16,0	220	264	291	278	262	229	196	161	126	89	51
16,0	240	288	266	253	237	205	171	136	100	63	24
16,0	260	312	245	233	217	184	150	115	78	40	1
16,0	280	336	228	215	199	166	132	96	59	21	0
16,0	300	360	212	200	183	150	116	80	43	4	0
16,0	320	384	199	186	170	137	102	66	28	0	0
16,0	340	408	187	174	158	125	90	53	15	0	0
16,0	360	432	176	164	147	114	79	42	3	0	0
16,0	380	456	167	154	138	104	69	32	0	0	0
16,0	400	480	158	146	129	96	60	22	0	0	0
16,0	420	504	151	138	122	88	52	14	0	0	0
16,0	440	528	144	131	115	81	44	6	0	0	0
16,0	460	552	137	125	108	74	38	0	0	0	0
16,0	480	576	131	119	102	68	31	0	0	0	0
16,0	500	600	126	113	97	62	26	0	0	0	0
16,0	550	660	114	102	85	50	13	0	0	0	0
16,0	600	720	105	92	75	40	2	0	0	0	0
16,0	650	780	96	83	67	31	0	0	0	0	0
16,0	700	840	89	76	60	24	0	0	0	0	0
16,0	750	900	83	70	53	17	4	0	0	0	0

Fortsetzung

Querschnitt S in mm^2	Einstellstrom in A	Mindestkurzschlußstrom I_K in A	maximale Länge bei einer Schleifenimpedanz vor der Schutzeinrichtung								
			10 mΩ in m	50 mΩ in m	100 mΩ in m	200 mΩ in m	300 mΩ in m	400 mΩ in m	500 mΩ in m	600 mΩ in m	700 mΩ in m
16,0	800	960	78	65	48	11	0	0	0	0	0
16,0	850	1020	73	60	43	6	0	0	0	0	0
16,0	900	1080	69	56	39	1	0	0	0	0	0
16,0	950	1140	65	52	35	0	0	0	0	0	0
16,0	1000	1200	61	48	31	0	0	0	0	0	0
16,0	1100	1320	56	43	25	0	0	0	0	0	0
16,0	1200	1440	51	38	20	0	0	0	0	0	0
16,0	1300	1560	47	33	16	0	0	0	0	0	0

Tabelle 4-14. Maximal zulässige Leitungslänge, Cu-Leiter, Isolation PVC oder Gummi, Leistungsschalter nach DIN VDE 0660 Teil 101, Nennspannung: 380 V/220 V; Leerlaufspannung: 400 V/ 230 V, Abschaltung nach maximal 5 s oder bei Erreichen der zulässigen Kurzschlußtemperatur (Quelle: Entwurf Beiblatt 5 zu DIN VDE 0100, Tabelle 13)

Querschnitt	Einstellstrom	Mindestkurzschlußstrom	maximale Länge bei einer Schleifenimpedanz vor der Schutzeinrichtung				
S in mm²	in A	I_K in A	10 mΩ in m	50 mΩ in m	100 mΩ in m	200 mΩ in m	300 mΩ in m
25	140	168	719	699	673	621	568
25	160	192	629	608	582	530	477
25	180	216	558	538	512	459	406
25	200	240	502	481	455	403	349
25	250	300	401	380	354	301	247
25	300	360	333	312	286	233	178
25	350	420	285	264	238	184	129
25	400	480	248	228	201	148	92
25	450	540	220	200	173	119	62
25	500	600	198	177	151	96	39
25	600	720	164	143	116	61	3
25	700	840	140	119	92	36	0
25	800	960	122	101	74	17	0
25	900	1080	108	87	59	2	0
25	1000	1200	96	75	48	0	0
25	1200	1440	79	58	31	0	0
25	1400	1680	67	46	18	0	0
25	1600	1920	58	37	8	0	0
25	1800	2160	51	30	1	0	0
25	2000	2400	46	24	0	0	0

Tabelle 4-15. Maximal zulässige Leitungslänge, Cu-Leiter, Isolation PVC oder Gummi, Leistungsschalter nach DIN VDE 0660 Teil 101, Nennspannung: 380 V/220 V; Leerlaufspannung: 400 V/ 230 V, Abschaltung nach maximal 5 s oder bei Erreichen der zulässigen Kurzschlußtemperatur (Quelle: Entwurf Beiblatt 5 zu DIN VDE 0100, Tabelle 14)

Querschnitt	Einstellstrom	Mindestkurzschlußstrom	maximale Länge bei einer Schleifenimpedanz vor der Schutzeinrichtung				
S in mm²	in A	I_K in A	10 mΩ in m	50 mΩ in m	100 mΩ in m	200 mΩ in m	300 mΩ in m
35	160	192	862	834	798	725	652
35	180	216	776	737	701	629	555
35	200	240	688	660	624	551	477
35	250	300	549	521	485	412	337
35	300	360	457	428	392	318	243
35	350	420	390	362	325	251	176
35	400	480	341	312	276	201	125
35	450	540	302	273	237	162	85
35	500	600	271	242	206	131	53
35	600	720	225	196	159	83	4
35	700	840	192	163	126	49	0
35	800	960	167	138	101	23	0
35	900	1080	147	118	81	3	0
35	1000	1200	132	103	65	0	0
35	1200	1440	109	80	42	0	0
35	1400	1680	92	63	24	0	0
35	1600	1920	80	50	12	0	0
35	1800	2160	70	41	1	0	0
35	2000	2400	62	33	0	0	0
35	2200	2640	56	26	0	0	0
35	2400	2880	51	21	0	0	0

Tabelle 4-16. Maximal zulässige Leitungslänge, Cu-Leiter, Isolation PVC oder Gummi, Leistungsschalter nach DIN VDE 0660 Teil 101, Nennspannung: 380 V/220 V; Leerlaufspannung: 400 V/ 230 V, Abschaltung nach maximal 5 s oder bei Erreichen der zulässigen Kurzschlußtemperatur (Quelle: Entwurf Beiblatt 5 zu DIN VDE 0100, Tabelle 15)

Querschnitt	Einstellstrom	Mindestkurzschlußstrom	maximale Länge bei einer Schleifenimpedanz vor der Schutzeinrichtung				
S in mm²	in A	I_K in A	10 mΩ in m	50 mΩ in m	100 mΩ in m	200 mΩ in m	300 mΩ in m
50	180	216	1029	990	941	843	743
50	200	240	925	886	837	738	639
50	250	300	738	699	650	551	450
50	300	360	613	574	525	426	324
50	350	420	524	485	436	336	234
50	400	480	458	419	369	269	166
50	450	540	406	367	317	216	113
50	500	600	364	325	275	174	70
50	600	720	302	263	213	111	5
50	700	840	257	218	168	65	0
50	800	960	224	185	134	31	0
50	900	1080	198	159	108	3	0
50	1000	1200	177	138	87	0	0
50	1200	1440	146	106	55	0	0
50	1400	1680	124	84	33	0	0
50	1600	1920	107	67	15	0	0
50	1800	2160	94	54	2	0	0
50	2000	2400	84	44	0	0	0
50	2500	3000	65	25	0	0	0
50	3000	3600	53	12	0	0	0

Tabelle 4-17. Maximal zulässige Leitungslänge, Cu-Leiter, Isolation PVC oder Gummi, Leistungsschalter nach DIN VDE 0660 Teil 101, Nennspannung: 380 V/220 V; Leerlaufspannung: 400 V/230 V, Abschaltung nach maximal 5 s oder bei Erreichen der zulässigen Kurzschlußtemperatur (Quelle: Entwurf Beiblatt 5 zu DIN VDE 0100, Tabelle 16)

Querschnitt	Einstellstrom	Mindestkurzschlußstrom	maximale Länge bei einer Schleifenimpedanz vor der Schutzeinrichtung				
S in mm²	in A	I_K in A	10 mΩ in m	50 mΩ in m	100 mΩ in m	200 mΩ in m	300 mΩ in m
70	200	240	1309	1253	1182	1041	898
70	250	300	1045	988	918	776	632
70	300	360	868	812	741	599	455
70	350	420	742	686	615	472	328
70	400	480	648	591	520	377	232
70	450	540	574	518	447	303	157
70	500	600	515	459	388	244	98
70	600	720	427	371	299	155	7
70	700	840	364	308	236	91	0
70	800	960	317	260	189	42	0
70	900	1080	280	223	152	5	0
70	1000	1200	251	194	122	0	0
70	1200	1440	206	150	77	0	0
70	1400	1680	175	118	45	0	0
70	1600	1920	151	94	21	0	0
70	1800	2160	133	76	2	0	0
70	2000	2400	118	61	0	0	0
70	2500	3000	92	34	0	0	0
70	3000	3600	74	16	0	0	0
70	3500	4200	62	3	0	0	0
70	4000	4800	52	0	0	0	0

Tabelle 4-18. Maximal zulässige Leitungslänge, Cu-Leiter, Isolation PVC oder Gummi, Leistungsschalter nach DIN VDE 0660 Teil 101, Nennspannung: 380 V/220 V; Leerlaufspannung: 400 V/ 230 V, Abschaltung nach maximal 5 s oder bei Erreichen der zulässigen Kurzschlußtemperatur (Quelle: Entwurf Beiblatt 5 zu DIN VDE 0100, Tabelle 17)

Querschnitt	Einstellstrom	Mindestkurzschlußstrom	maximale Länge bei einer Schleifenimpedanz vor der Schutzeinrichtung				
S in mm^2	in A	I_K in A	10 mΩ in m	50 mΩ in m	100 mΩ in m	200 mΩ in m	300 mΩ in m
95	200	240	1759	1682	1586	1393	1200
95	250	300	1403	1327	1230	1037	844
95	300	360	1166	1089	993	800	606
95	350	420	977	920	824	630	436
95	400	480	870	793	697	503	308
95	450	540	771	694	598	404	209
95	500	600	692	615	519	325	129
95	600	720	574	497	400	206	0
95	700	840	489	412	315	120	0
95	800	960	425	348	252	56	0
95	900	1080	376	299	202	6	0
95	1000	1200	336	259	162	0	0
95	1200	1440	277	200	103	0	0
95	1400	1680	235	158	60	0	0
95	1600	1920	203	126	28	0	0
95	1800	2160	178	101	3	0	0
95	2000	2400	159	81	0	0	0
95	2500	3000	123	45	0	0	0
95	3000	3600	99	22	0	0	0
95	3500	4200	82	4	0	0	0
95	4000	4800	70	0	0	0	0
95	4500	5400	60	0	0	0	0

Tabelle 4-19. Maximal zulässige Leitungslänge, Cu-Leiter, Isolation PVC oder Gummi, Leistungsschalter nach DIN VDE 0660 Teil 101, Nennspannung: 380 V/220 V; Leerlaufspannung: 400 V/ 230 V, Abschaltung nach maximal 5 s oder bei Erreichen der zulässigen Kurzschlußtemperatur (Quelle: Entwurf Beiblatt 5 zu DIN VDE 0100, Tabelle 18)

Querschnitt	Einstellstrom	Mindestkurz-schlußstrom	maximale Länge bei einer Schleifenimpedanz vor der Schutzeinrichtung				
S in mm²	in A	I_K in A	10 mΩ in m	50 mΩ in m	100 mΩ in m	200 mΩ in m	300 mΩ in m
120	250	300	1714	1619	1501	1264	1026
120	300	360	1424	1329	1211	974	737
120	350	420	1217	1123	1004	767	530
120	400	480	1062	976	849	612	374
120	450	540	942	847	728	491	253
120	500	600	845	750	632	394	157
120	600	720	700	606	487	249	11
120	700	840	597	502	384	146	0
120	800	960	519	425	306	68	0
120	900	1080	459	364	246	7	0
120	1000	1200	411	316	197	0	0
120	1200	1440	338	244	125	0	0
120	1400	1680	287	192	73	0	0
120	1600	1920	248	153	34	0	0
120	1800	2160	218	123	4	0	0
120	2000	2400	193	99	0	0	0
120	2500	3000	150	55	0	0	0
120	3000	3600	121	26	0	0	0
120	3500	4200	100	5	0	0	0
120	4000	4800	85	0	0	0	0
120	4500	5400	73	0	0	0	0
120	5000	6000	63	0	0	0	0

Tabelle 4-20. Maximal zulässige Leitungslänge, Cu-Leiter, Isolation PVC oder Gummi, Leistungsschalter nach DIN VDE 0660 Teil 101, Nennspannung: 380 V/220 V; Leerlaufspannung: 400 V/ 230 V, Abschaltung nach maximal 5 s oder bei Erreichen der zulässigen Kurzschlußtemperatur (Quelle: Entwurf Beiblatt 5 zu DIN VDE 0100, Tabelle 19)

Querschnitt	Einstellstrom	Mindestkurzschlußstrom	maximale Länge bei einer Schleifenimpedanz vor der Schutzeinrichtung				
S in mm²	in A	I_K in A	10 mΩ in m	50 mΩ in m	100 mΩ in m	200 mΩ in m	300 mΩ in m
150	250	300	2017	1905	1765	1485	1206
150	300	360	1676	1564	1424	1145	865
150	350	420	1432	1321	1181	901	622
150	400	480	1250	1138	998	719	439
150	450	540	1108	996	856	577	297
150	500	600	994	882	743	463	184
150	600	720	824	712	572	293	13
150	700	840	702	590	451	171	0
150	800	960	611	499	359	80	0
150	900	1080	540	428	288	9	0
150	1000	1200	483	371	232	0	0
150	1200	1440	398	286	146	0	0
150	1400	1680	337	225	86	0	0
150	1600	1920	291	180	40	0	0
150	1800	2160	256	144	4	0	0
150	2000	2400	228	116	0	0	0
150	2500	3000	176	65	0	0	0
150	3000	3600	142	31	0	0	0
150	3500	4200	118	6	0	0	0
150	4000	4800	100	0	0	0	0
150	4500	5400	86	0	0	0	0
150	5000	6000	74	0	0	0	0
150	5500	6600	65	0	0	0	0
150	6000	7200	57	0	0	0	0

Tabelle 4-21. Maximal zulässige Leitungslänge, Cu-Leiter, Isolation PVC oder VPE oder EPR, Leitungsschutzsicherung Betriebsklasse gL nach Normen der Reihe DIN VDE 0636, Nennspannung: 380 V/220 V; Leerlaufspannung: 400 V/ 230 V, Abschaltung nach maximal 5 s oder bei Erreichen der zulässigen Kurzschlußtemperatur (Quelle: Entwurf Beiblatt 5 zu DIN VDE 0100, Tabelle 20)

Querschnitt	Nennstrom	Mindestkurzschlußstrom	maximale Länge bei einer Schleifenimpedanz vor der Schutzeinrichtung				
S in mm²	in A	I_K in A	10 mΩ in m	50 mΩ in m	100 mΩ in m	200 mΩ in m	300 mΩ in m
25	63	351	342	321	295	242	187
25	80	452	264	243	217	163	108
25	100	573	207	187	160	106	49
25	125	751	157	136	109	54	0
25	160	995	117	96	69	12	0
35	80	452	362	334	297	223	147
35	100	573	284	255	219	144	66
35	125	751	215	186	149	73	0
35	160	995	161	132	94	17	0
35	224	1471	106	71	39	0	0
50	100	573	382	343	293	192	88
50	125	751	289	250	200	98	0
50	160	995	216	176	126	22	0
50	200	1286	165	125	74	0	0
50	224	1471	143	103	52	0	0
70	125	751	409	352	281	136	0
70	160	995	305	249	177	31	0
70	200	1286	233	176	104	0	0
70	224	1471	202	145	73	0	0
70	250	1664	177	120	47	0	0

Fortsetzung

Querschnitt S in mm^2	Nennstrom in A	Mindestkurzschlußstrom I_K in A	maximale Länge bei einer Schleifenimpedanz vor der Schutzeinrichtung				
			10 mΩ in m	50 mΩ in m	100 mΩ in m	200 mΩ in m	300 mΩ in m
95	160	995	410	333	236	40	0
95	200	1286	313	236	138	0	0
95	224	1471	271	194	97	0	0
95	250	1664	237	160	63	0	0
95	355	2373	161	83	0	0	0
120	200	1286	382	287	168	0	0
120	224	1471	331	236	117	0	0
120	250	1664	289	195	76	0	0
120	355	2373	196	101	0	0	0
120	400	2720	168	73	0	0	0
150	224	1471	389	277	138	0	0
150	250	1664	341	229	89	0	0
150	355	2373	231	119	0	0	0
150	400	2720	198	86	0	0	0
150	500	3580	143	32	0	0	0

Tabelle 4-22. Maximal zulässige Leitungslänge, Al-Leiter, Isolation PVC oder VPE oder EPR, Leitungsschutzsicherung Betriebsklasse gL nach Normen der Reihe DIN VDE 0636, Nennspannung: 380 V/220 V; Leerlaufspannung: 400 V/ 230 V, Abschaltung nach maximal 5 s oder bei Erreichen der zulässigen Kurzschlußtemperatur (Quelle: Entwurf Beiblatt 5 zu DIN VDE 0100, Tabelle 21)

Querschnitt	Nennstrom	Mindestkurz-schlußstrom	maximale Länge bei einer Schleifenimpedanz vor der Schutzeinrichtung				
S in mm²	in A	I_K in A	10 mΩ in m	50 mΩ in m	100 mΩ in m	200 mΩ in m	300 mΩ in m
25	50	260	280	268	252	221	188
25	63	351	206	194	179	147	114
25	80	452	160	147	132	99	66
25	100	573	125	113	97	64	30
25	125	751	95	82	66	33	0
35	63	351	283	266	244	200	155
35	80	452	219	202	180	136	90
35	100	573	172	154	133	88	41
35	125	751	130	113	91	45	0
35	160	995	97	80	57	10	0
50	80	452	298	274	224	184	121
50	100	573	233	210	180	119	55
50	125	751	177	153	123	61	0
50	160	995	132	108	78	14	0
50	200	1286	101	77	46	0	0
70	100	573	336	301	258	169	78
70	125	751	254	220	176	86	0
70	160	995	190	155	111	19	0
70	200	1286	145	110	66	0	0
70	224	1471	126	91	46	0	0

Fortsetzung

Querschnitt	Nennstrom	Mindestkurzschlußstrom	maximale Länge bei einer Schleifenimpedanz vor der Schutzeinrichtung				
S in mm²	in A	I_K in A	10 mΩ in m	50 mΩ in m	100 mΩ in m	200 mΩ in m	300 mΩ in m
95	125	751	348	300	240	117	0
95	160	995	260	212	151	26	0
95	200	1286	198	150	89	0	0
95	224	1471	172	124	62	0	0
95	250	1664	150	102	40	0	0
120	160	995	323	263	187	32	0
120	200	1286	247	186	110	0	0
120	224	1471	214	153	77	0	0
120	250	1664	187	127	50	0	0
120	355	2373	127	66	0	0	0
150	200	1286	298	224	132	0	0
150	224	1471	258	185	92	0	0
150	250	1664	226	152	60	0	0
150	355	2373	153	79	0	0	0
150	400	2720	131	57	0	0	0

Tabelle 4-23. Maximal zulässige Leitungslänge, Cu-Leiter, Isolation PVC oder VPE oder EPR, Leitungsschutzsicherung Betriebsklasse gL nach Normen der Reihe DIN VDE 0636, Nennspannung: 380 V/220 V; Leerlaufspannung: 400 V/230 V, Abschaltung nach maximal 5 s oder bei Erreichen der zulässigen Kurzschlußtemperatur (Quelle: Entwurf Beiblatt 5 zu DIN VDE 0100, Tabelle 22)

Querschnitt	Nennstrom	Mindestkurzschlußstrom	maximale Länge bei einer Schleifenimpedanz vor der Schutzeinrichtung				
S in mm²	in A	I_K in A	10 mΩ in m	50 mΩ in m	100 mΩ in m	200 mΩ in m	300 mΩ in m
25/16	63	351	266	251	231	191	149
25/16	80	452	206	191	171	129	86
25/16	100	573	162	146	126	84	39
25/16	125	751	122	107	86	43	0
25/16	160	1185	76	60	39	0	0
35/16	80	452	231	213	191	145	96
35/16	100	573	181	163	141	94	44
35/16	125	751	137	119	97	48	0
35/16	160	1185	85	67	44	0	0
35/16	200	2049	47	29	4	0	0
50/25	100	573	269	242	207	136	63
50/25	125	751	204	176	142	69	0
50/25	160	995	152	125	89	16	0
50/25	200	1286	116	89	53	0	0
50/25	224	1733	84	57	20	0	0
70/35	125	751	282	244	195	95	0
70/35	160	995	211	172	123	21	0
70/35	200	1286	161	122	73	0	0
70/35	224	1471	140	101	51	0	0
70/35	250	1664	122	83	33	0	0
95/50	160	9954	283	231	165	28	0
95/50	200	1286	216	164	97	0	0
95/50	224	1471	188	135	68	0	0
95/50	250	1664	164	111	44	0	0
95/50	355	2373	111	58	0	0	0

Fortsetzung

Querschnitt	Nennstrom	Mindestkurzschlußstrom	maximale Länge bei einer Schleifenimpedanz vor der Schutzeinrichtung				
S in mm²	in A	I_K in A	10 mΩ in m	50 mΩ in m	100 mΩ in m	200 mΩ in m	300 mΩ in m
120/70	200	1286	382	287	168	0	0
120/70	224	1471	331	236	117	0	0
120/70	250	1664	289	195	76	0	0
120/70	355	2373	196	101	0	0	0
120/70	400	2720	168	73	0	0	0
150/70	224	1471	389	277	138	0	0
150/70	250	1664	341	229	89	0	0
150/70	355	2373	231	119	0	0	0
150/70	400	2720	198	86	0	0	0
150/70	500	3580	143	32	0	0	0

Beispiel
Gesucht wird die zulässige Länge einer Drehstrom-Leitung NYM 2,5 mm² vom Stromkreisverteiler zu einem Fördergebläse von 10 kVA Leistung. Zur Berücksichtigung des Motoranlaufstromes soll die Leitung mit einer Sicherung von 25 A zum Schutz bei Kurzschluß ausgerüstet werden. Als Schleifenimpedanz bis zum Hausanschluß wurde vom EVU ein Wert von $Z_S = 300$ mΩ angegeben. Zwischen dem Hauptverteiler (einschließlich Zählerplatz) und dem Stromkreisverteiler liegt eine 50 m lange Mantelleitung NYM 5 × 6 mm². Die Schleifenimpedanz der 2 m langen Hauptleitung NYM 4 × 25 mm² ist vernachlässigbar klein **(Bild 4-48).** Der Nennstrom des Gebläses beträgt 15 A. Nach DIN VDE 0100 Teil 430, Abschnitt 5.4.2 a) (siehe Abschnitt 4.3.5.2 dieses Bandes) wird die Leitung durch einen Motorschutzschalter bei Überlast geschützt. Zur Ermittlung des zulässigen Nennstromes der Sicherung zum Schutz bei Kurzschluß wird wiederum die Tabelle 4-5 herangezogen. Es sind drei unterschiedliche Ermittlungsgänge möglich.

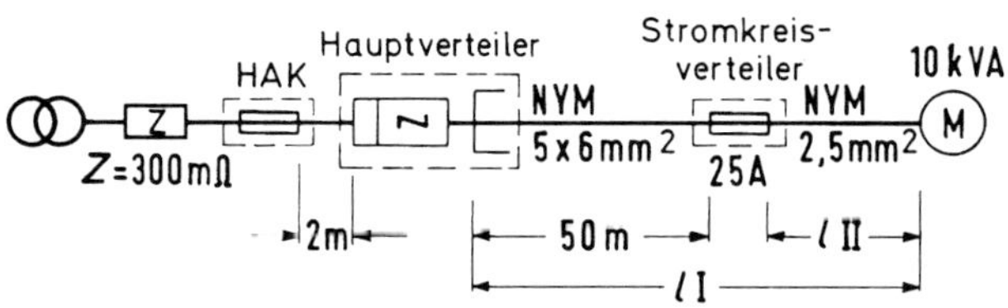

Bild 4-48. Beispiel für die Anwendung der Tabelle 4–5. Gesucht ist die höchstzulässige Leitungslänge

Ermittlungsgang 1
Es wird so verfahren, als ob die Motor-Zuleitung NYM 2,5 mm² bereits am Hausanschlußkasten beginnt. Wie im vorangegangenen Beispiel kann auch die hier gestellte Frage mit Hilfe der Tabelle 4-5 gelöst werden: Bei einem Leiterquerschnitt von 2,5 mm² und einer Schleifenimpedanz $Z_S = 300$ mΩ vor dem Hausanschlußkasten bietet die eingesetzte Sicherung mit einem Nennstrom von 25 A noch einen ausreichenden Kurzschlußschutz bei einer maximalen Leitungslänge von 86 m, d.h. die Strecke l_I dürfte für den angenommenen Fall 86 m betragen.
Von diesem Wert sind die 50 m für die Verbindungsleitung zwischen Hauptverteiler und Stromkreisverteiler abzuziehen, so daß eine maximal zulässige Länge $l_{II} =$ 36 m für die Zuleitung vom Stromkreisverteiler zum Motor verbleibt.

Ermittlungsgang 2
Im vorangegangenen, vereinfachten Ermittlungsverfahren wurde ein zu hoher Widerstand für die Verbindung zwischen Hauptverteiler und Stromkreisverteiler einkalkuliert. Das Ergebnis liegt damit deutlich auf der sicheren Seite. In diesem zweiten Ermittlungsgang wird auf die im Abschnitt 4.4.4.2 dargestellte Dreieckmethode zurückgegriffen **(Bild 4-49).**

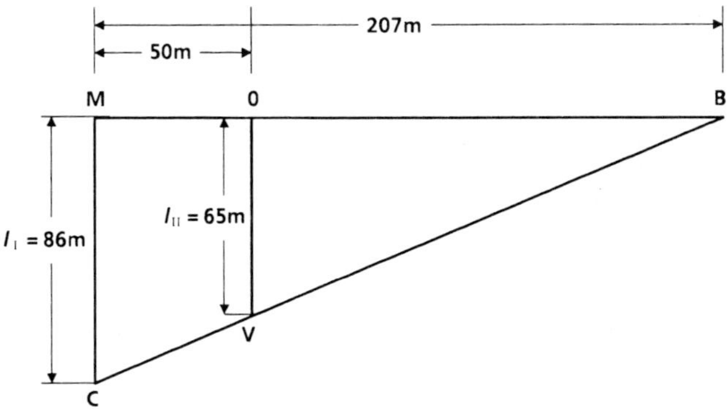

Bild 4-49. Beispiel für die Anwendung der Tabelle 4–5 und des Dreieckdiagramms

Für die Länge MC wurde im vorangegangenen Ermittlungsverfahren bereits ein Wert von 86 m ermittelt. Auf gleiche Weise läßt sich nach Tabelle 4-5 mit dem Sicherungsnennstrom von 25 A und einer Schleifenimpedanz $Z_S = 300\ m\Omega$ für den Querschnitt 6 mm² eine Länge MB von 207 m ermitteln.
Die maximal zulässige Länge l_{II} für die Zuleitung NYM 2,5 mm² vom Stromkreisverteiler zum Motor entspricht im Dreieckdiagramm der Strecke OV und kann dort mit etwa 65 m abgegriffen werden. Es lohnt sich also für den Errichter, das zwar etwas aufwendigere, dafür aber genauere Verfahren mit dem Dreieckdiagramm anzuwenden.

Ermittlungsgang 3
Aus der **Tabelle 4-24** kann für die isolierte Kupferleitung von 6 mm² Cu unter Vernachlässigung der relativ unbedeutenden Reaktanz bei einer Temperatur von 80 °C für die Hin- und Rückleitung ein Widerstandsbelag von $2 \cdot 3{,}6687\ m\Omega/m$ abgelesen werden. Demnach beträgt die Schleifenimpedanz der 50 m langen Mantelleitung NYM 6 mm² zwischen Hausanschlußkasten und Stromkreisverteiler $Z_S = 50\ m \cdot 2 \cdot 3{,}6687\ m\Omega/m = 366{,}87\ m\Omega$. Zusammen mit den 300 mΩ des EVU Netzes ergibt sich bis zum Stromkreisverteiler eine Schleifenimpedanz von insgesamt $Z_{S_{ges}} = 300\ m\Omega + 366{,}87\ m\Omega \approx 667\ m\Omega$. Mit diesem Wert und dem Sicherungsnennstrom von 25 A bei dem Leiterquerschnitt 2,5 mm² Cu kann aus der Tabelle 4-5 unter der Schleifenimpedanz 700 mΩ die maximal zulässige Länge l_{II} für die Mantelleitung NYM 2,5 mm² vom Stromkreisverteiler zum Motor mit 65 m ermittelt werden.

Tabelle 4-24: Leiterwiderstandsbeläge für Kupferleitungen bei 20 °C und 80 °C in Abhängigkeit vom Leiterquerschnitt

Leiterquerschnitt mm²	Leiterwiderstandsbelag bei 20 °C mΩ/m	80 °C mΩ/m
1,5	12,0813	14,6505
2,5	7,2688	8,8145
4	4,5529	5,5212
6	3,0253	3,6687
10	1,8071	2,1915
16	1,1392	1,3815
25	0,7229	0,8767
35	0,5252	0,6369
50	0,3884	0,4710
70	0.2706	0,3282
95	0,1967	0,2385
120	0,1568	0,1901
150	0,1288	0,1562
185	0,1048	0,1271

Beispiel

Im vorangegangenen Beispiel soll die Zuleitung NYM 2,5 mm² zum Fördergebläse statt mit einer Sicherung von 25 A mit einem Leitungsschutzschalter 16 A der Charakteristik C zum Schutz bei Kurzschluß ausgerüstet werden.

Bei dieser Charakteristik beträgt der magnetische Auslösestrom des Schalters maximal $10 \cdot I_n = 10 \cdot 16\,\text{A} = 160\,\text{A}$. Die Schleifenimpedanz bis zum Stromkreisverteiler wurde bereits im vorangegangenen Beispiel mit $Z_S = 667\,\text{m}\Omega$ errechnet.

Ermittlungsgang

Da es für Leitungsschutzschalter der Charakteristik C keine Tabelle in dem Beiblatt 5 zur DIN VDE 0100 gibt, wird die maximal zulässige Leitungslänge rechnerisch ermittelt, nach der Näherungsformel:

$$l = \frac{\dfrac{U_0 \cdot 10^3}{I_a} - Z_v}{2 \cdot z}$$

Darin bedeuten:

l maximal zulässige Leitungslänge (Entfernung) nach der Schutzeinrichtung in m

U_0 Spannung gegen Erde bzw. geerdeten Leiter in V

I_a erforderlicher Kurzschlußstrom zur Abschaltung der Kurzschluß-Schutzeinrichtung innerhalb der Zeit, in der sich der Leiter nicht unzulässig hoch erwärmt in A

Z_v Schleifenimpedanz von der Stromquelle (Transformator) bis zur Kurzschluß-Schutzeinrichtung in mΩ

z Widerstandsbelag des Kabels der Leitung nach der Kurzschluß-Schutzeinrichtung in mΩ/m

Für den zuvor beschriebenen Anwendungsfall errechnet sich somit die maximale Leitungslänge l_{II} zwischen Stromkreisverteiler und Motor mit

$$l = \frac{\frac{230 \cdot 10^3}{160} - 667}{2 \cdot 8{,}8145}$$

$$\underline{\underline{l = 43{,}706\ \text{m}}}$$

Beispiel
Anstelle des schweranlaufenden Fördergebläses in dem vorangegangenen Beispiel, das einen Leitungsschutzschalter mit C-Charakteristik erforderlich machte, wird ein Gerät mit 15 A Nennstrom betrieben. Der Leitungsschutzschalter mit der C-Charakteristik wird gegen einen Leitungsschutzschalter 16 A der Charakteristik B ausgetauscht. Die Schleifenimpedanz bis zum Stromkreisverteiler bleibt wie zuvor $Z_S = 667$ mΩ.

Ermittlungsgang
Da Leitungsschutzschalter der Charakteristik B bezogen auf die Kurzschlußauslösung allenfalls geringfügig schneller schalten als solche der Charakteristik L, kann auch für derartige Fälle die Tabelle 4-7 zur Lösung herangezogen werden. Das Ergebnis liegt damit auf der sicheren Seite.
Bei einem Leiterquerschnitt von 2,5 mm^2 Cu, einem Leitungsschutzschalter 16 A und einer Schleifenimpedanz $Z_S = 667$ mΩ ist in der Spalte »maximale Länge bei einer Schleifenimpedanz von 700 mΩ vor der Schutzeinrichtung« für die höchstzulässige Leitungslänge l_{II} ein Wert von 119 m abzulesen.
Die zulässige Ausschaltzeit t für Kurzschlüsse bis zu 5 s Dauer kann annähernd nach folgender Formel berechnet werden:

$$t = \left(\text{k} \cdot \frac{S}{I}\right)^2$$

Die physikalischen Zusammenhänge dieser Formel wurden bereits im Abschnitt 4.4.1 behandelt.

Beispiel
Gegeben: PVC-isolierte Leitung, 1,5 mm^2 Cu, kleinster Kurzschlußstrom 200 A. Gesucht wird die zulässige Ausschaltzeit t und der maximal zulässige Nennstrom der Sicherung zum Schutz bei Kurzschluß.

Lösungsgang mit der Näherungsformel nach DIN VDE 0100 Teil 430, Abschnitt 6.3.2.1:

$$t = \left(\mathrm{k} \cdot \frac{S}{I}\right)^2$$

Für die PVC-isolierte Kupferleitung ist mit einem Materialkoeffizienten k = 115 As/mm (siehe Abschnitt 4.4.1) zu rechnen.

$$t = \left(115 \cdot \frac{1{,}5}{200}\right)^2$$

$$\underline{\underline{t = 0{,}75\ \mathrm{s}}}$$

Lösungsgang mit der vollständigen Formel, die bereits im Abschnitt 4.4.1 behandelt wurde:

$$t = \frac{Q_\mathrm{c} \cdot (B + 20\ ^\circ\mathrm{C})}{\varrho_{20}} \cdot \ln\left(1 + \frac{\vartheta_\mathrm{f} - \vartheta_\mathrm{i}}{B + \vartheta_\mathrm{i}}\right) \cdot \frac{S^2}{I^2}$$

Die Werte für Kupferleiter sind der Tabelle 4-4 zu entnehmen:

$$Q_\mathrm{c} = 3{,}45 \cdot 10^{-3}\ \frac{\mathrm{J}}{^\circ\mathrm{C\ mm}^3}$$

$$B = 234{,}5\ ^\circ\mathrm{C}$$

$$\varrho_{20} = 17{,}241 \cdot 10^{-6}\ \Omega\mathrm{mm}$$

Mit der Endtemperatur von 160 °C und der Anfangstemperatur von 70 °C für PVC-isolierte Kupferleiter ergibt sich eine maximal zulässige Ausschaltzeit von:

$$t = \frac{3{,}45 \cdot 10^{-3} \cdot (234{,}5 + 20)}{17{,}241 \cdot 10^{-6}} \cdot \ln\left(1 + \frac{160 - 70}{234{,}5 + 70}\right) \cdot \frac{1{,}5^2}{200^2}$$

$$\underline{\underline{t = 0{,}75\ \mathrm{s}}}$$

Aus den Zeit/Strom-Kennlinien für Sicherungen in Bild 4-1a und 4-1b ist abzulesen, daß die Ausschaltzeit von 0,75 s bei 200 A Kurzschlußstrom von einer Sicherung 25 A gerade noch eingehalten wird. Eine größere Sicherung darf zum Schutz der Leitung bei Kurzschluß nicht eingesetzt werden.

Alle vorstehend aufgeführten Werte zulässiger Kurzschlußtemperaturen und k-Faktoren oder auch die Zeit/Strom-Diagramme gelten nur für Kurzschlüsse bis zu 5 s Dauer. Werden die zulässigen Kurzschlußtemperaturen erst nach mehr als 5 s erreicht, verursachen sie eine nicht mehr tolerierbare Alterung der Leitung. Auch die Näherungsformel

$$t = \left(\mathrm{k} \cdot \frac{S}{I}\right)^2$$

gilt nur für Kurzschlüsse bis zu 5 s Dauer.
Treten Kurzschlüsse von mehr als 5 s Dauer auf, kann der Errichter nur dann einen ausreichenden Schutz voraussetzen, wenn die Leitungen durch geeignete Schutzeinrichtungen gegen Überlast geschützt sind. Diese Schutzeinrichtungen können zusätzlich auch den Schutz bei Kurzschluß übernehmen. Die Auslösekennlinie dieser gemeinsamen Überstrom-Schutzeinrichtung verläuft unterhalb der Kennlinie für die zulässige thermische Beanspruchung der zugehörigen Leitung und bietet daher Schutz bei jeder Art von Überströmen – also auch bei dem zu erwartenden Kurzschlußstrom (siehe auch Bild 4-39 und Abschnitt 4.5.1). Dabei sollte für Leitungsschutzschalter allerdings Voraussetzung sein, daß ihr Ausschaltvermögen auch ohne Vorsicherung (siehe Abschnitt 4.4.3) mindestens dem vollkommenen Kurzschlußstrom am Einbauort entspricht. Andernfalls könnten die Verhältnisse recht unübersichtlich werden. Dort wo Abschaltzeiten von mehr als 5 s Dauer auftreten, ist die vorgenannte Bedingung jedoch so gut wie immer erfüllt.
Bei Einsatz von Leistungsschaltern lassen sich Auslösezeiten von weniger als 5 s einstellen.
Die Forderung, daß bei sehr kurzen zulässigen Ausschaltzeiten ($< 0{,}1$ s) das aus der Gleichung zu ermittelnde Produkt $\mathrm{k}^2 \cdot S^2$ größer sein muß als der vom Hersteller angegebene $I^2 \cdot t$-Wert der strombegrenzenden Schutzeinrichtung, wurde bereits anhand der Bilder 4-41 bis 4-46 im Abschnitt 4.4.1 begründet.
Soweit für den Schutz bei Kurzschluß Sicherungen verwendet werden, die gleichzeitig den Schutz der Leitung bei Überlast übernehmen können, ist die Forderung nach DIN VDE 0100 Teil 430, Abschnitt 6.3.2.2 (siehe Abschnitt 4.4.3 dieses Bandes) automatisch erfüllt; sie muß nicht durch Rechnung nachgewiesen werden (siehe auch Bild 4-41).
Anders ist das beim Einsatz von Leitungsschutzschaltern für den Schutz bei Überlast und Kurzschluß (Bild 4-42). Für eine PVC-isolierte Leitung von 1,5 mm Cu ergibt sich für den $I^2 \cdot t$-Wert der strombegrenzenden Schutzeinrichtung die Forderung:

$$I^2 \cdot t < \mathrm{k}^2 \cdot S^2$$

$$I^2 \cdot t < 115^2 \cdot 1{,}5^2$$

Für eine 1,5 mm^2 Cu-Leitung errechnet sich somit ein

$I^2 \cdot t < 29.756 \approx 29.800\ A^2 s$.

In **Bild 4-50** ist der $I^2 \cdot t$-Wert einer Halbwelle (50 Hz) in Abhängigkeit vom Kurzschlußstrom eingetragen. Ebenso sind die Kurven der maximalen $I^2 \cdot t$-Werte, die Sicherungen mit dem Nennstrom von 63 A und 100 A durchlassen, eingezeichnet. Der durchgezogene Teil dieser Kurven entspricht den in DIN VDE 0636 festgelegten Anforderungen, während die gestrichelten Äste die physikalisch logische Fortsetzung der Kurven in dem Bereich hoher Kurzschlußströme darstellen.
Da vorausgesetzt werden kann, daß die heute üblicherweise verwendeten Leitungsschutzschalter für den Schutz bei Kurzschluß innerhalb einer Halbwelle abschalten, können diese Schalter den Schutz bei Kurzschluß bis zum Schnittpunkt der $I^2 \cdot t$-Kennlinie für eine Halbwelle (50 Hz) mit dem für eine 1,5 mm^2 Cu-Leitung zulässigen Wert von 29.800 $A^2 s$ übernehmen. Dieser Schnittpunkt liegt bei einem Kurzschlußstrom von 1.750 A.
Eine Sicherung von 63 A läßt bei einem Kurzschlußstrom von 1.750 A maximal etwa 28.000 $A^2 s$ und bei höheren Kurzschlußströmen noch weniger Energie durch. Damit garantiert die Kombination aus einem innerhalb einer Halbwelle löschenden Leitungsschutzschalter mit einer Sicherung von 63 A für eine Leitung von 1,5 mm^2 Cu immer einen ausreichenden Schutz bei hohen Kurzschlußströmen. Deshalb wird in der Anmerkung zu DIN VDE 0100 Teil 430, Abschnitt 6.3.2.2 (siehe Abschnitt 4.4.3 dieses Bandes) darauf hingewiesen, daß bei Verwendung von nicht strombegrenzenden Leitungsschutzschaltern in Stromkreisen mit einem Leiterquerschnitt von mindestens 1,5 mm^2 Cu in PVC-Isolierung die Bedingung $I^2 \cdot t < k^2 \cdot S^2$ erfüllt ist, wenn eine Leitungsschutzsicherung bis 63 A Nennstrom vorgeschaltet ist.
Aus Bild 4-50 kann ebenfalls abgeleitet werden, daß die Kombination eines Leitungsschutzschalters mit einer Sicherung von 100 A auch für eine 2,5 mm^2 Cu-Leitung einen ausreichenden Schutz bei recht hohen Kurzschlußströmen sicherstellt.
Für den Schutz von Leitungen kleiner Querschnitte werden in der Praxis so gut wie nur noch Leitungsschutzschalter der Selektivitätsklasse 3 eingesetzt. Deren aus DIN VDE 0641 abgeleitete Kennlinien sind für Schalter mit den Nennströmen von 16 A und 25 A ebenfalls in Bild 4-50 eingetragen. Es ist abzulesen, daß eine 1,5 mm^2 Cu-Leitung auch durch die Kombination eines Leitungsschutzschalters 16 A der Selektivitätsklasse 3 mit einer Sicherung 100 A geschützt werden kann. Die geringe Überschreitung des zulässigen Wertes von 29.800 $A^2 s$ bei Kurzschlußströmen größer 5,1 kA kann in Kauf genommen werden, da von der Wahrscheinlichkeit her kaum beide der eingesetzten Schutzeinrichtungen an der oberen nach DIN VDE 0636 und DIN VDE 0641 zugelassenen Grenze liegen werden.
Diese Annahme wird im übrigen von den Herstellern der Schutzeinrichtungen bestätigt. Außerdem sinkt bei einer 1,5 mm^2 Cu-Leitung ganz sicher schon nach

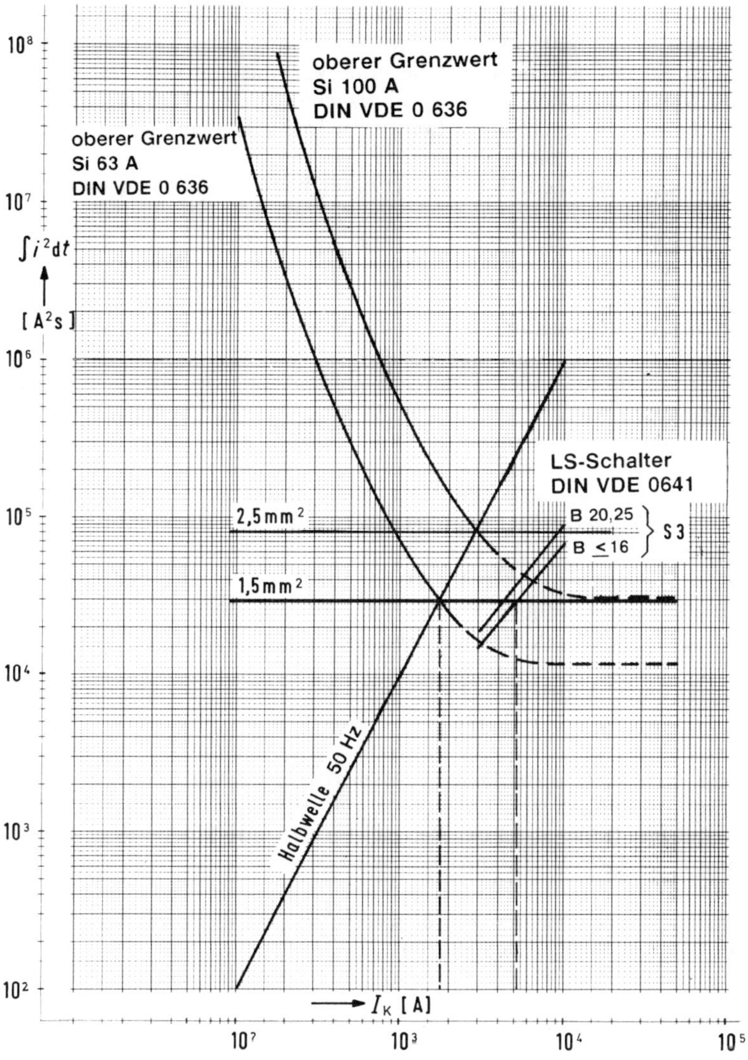

Bild 4-50. Schutz bei Kurzschluß für Leitungen bei hohen Kurzschlußströmen durch das Zusammenwirken von Sicherung und Leitungsschutzschalter

zwei Metern der Kurzschlußstrom unter 5,1 kA. Tritt innerhalb dieser ersten beiden Meter tatsächlich einmal ein Kurzschluß auf, wird der Elektrofachmann sehr wahrscheinlich an der Kurzschlußstelle eine Verbindungsdose setzen und die defekten zwei Meter zwischen Leitungsschutzschalter und Verbindungsdose auswechseln. Das heißt, die geschädigte Leitung würde ausgetauscht und somit zukünftig keine Gefahrenstelle mehr darstellen.
Zusammenfassend ist festzustellen, daß der Errichter beim Einsatz von Leitungsschutzschaltern der Selektivitätsklasse 3 für den Schutz bei Überlast die unter DIN VDE 0100 Teil 430, Abschnitt 6.3.2.2 (siehe Abschnitt 4.4.3 dieses Bandes) formulierte Bedingung erst bei Vorsicherungen von mehr als 100 A beachten muß. Nach der Anmerkung zu Abschnitt 6.3.2.2 der DIN VDE 0100 Teil 430 wird bei Einsatz von Leitungsschutzschaltern der Selektivitätsklasse 3 die Forderung $I^2 \cdot t < \mathrm{k}^2 \cdot S^2$ bereits als erfüllt angesehen.
Wie kann der Errichter in anderen Fällen nachprüfen, ob die Bedingung $I^2 \cdot t < \mathrm{k}^2 \cdot S^2$ eingehalten wird?
Üblicherweise geben die Informationsschriften der Leitungsschutzschalterhersteller darüber Auskunft, wie groß die Vorsicherung in Abhängigkeit vom Querschnitt der zu schützenden Leitung sein darf. Falls diese Unterlagen nicht zur Verfügung stehen, wird empfohlen, beim Hersteller der Leitungsschutzschalter nachzufragen.
Sind diesbezügliche Angaben nicht in Erfahrung zu bringen, muß der Errichter für eine individuelle Beurteilung den gesamten Verlauf und nicht nur einen einzelnen Wert der $I^2 \cdot t$-Kennlinie sowohl des Leitungsschutzschalters als auch der Vorsicherung kennen. Er muß dann zunächst den maximal möglichen Kurzschlußstrom am Einbauort und den $\mathrm{k}^2 \cdot S^2$-Wert der zu schützenden Leitung errechnen. Sodann ist anhand der $I^2 \cdot t$-Kennlinien zu prüfen, ob bei dem errechneten Kurzschlußstrom entweder die Sicherung oder der Leitungsschutzschalter nur einen $I^2 \cdot t$-Wert durchlassen, der niedriger als der $\mathrm{k}^2 \cdot S^2$-Wert ist. Im Prinzip ist die vorangegangene Diskussion des Schutzes einer Leitung von 1,5 mm² Cu anhand des Bildes 4-50 ein Beispiel für die individuelle Beurteilung, ob der Forderung $I^2 \cdot t < \mathrm{k}^2 \cdot S^2$ entsprochen wird.

4.4.4 Anordnung der Schutzeinrichtungen für den Schutz bei Kurzschluß (DIN VDE 0100 Teil 430, Abschnitt 6.4)

4.4.4.1 Allgemeines (DIN VDE 0100 Teil 430, Abschnitt 6.4.1)

Schutzeinrichtungen für den Schutz bei Kurzschluß müssen am Anfang jeden Stromkreises **(Bild 4-51)** sowie an allen Stellen eingebaut werden, an denen die Kurzschlußstrom-Belastbarkeit gemindert wird, sofern eine vorgeschaltete Schutzeinrichtung den geforderten Schutz bei Kurzschluß nicht sicherstellen kann.
Die Minderung der Kurzschlußstrom-Belastbarkeit kann z. B. durch Verringerung des Leiterquerschnitts oder eine andere Leiterisolierung verursacht sein.

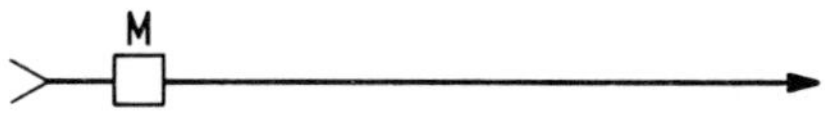

Bild 4-51. Schutzeinrichtung M für den Schutz bei Kurzschluß am Anfang der Leitung

Der Einbau einer Schutzeinrichtung für den Schutz bei Kurzschluß kann entfallen, wenn die Ansprechkennlinie eines vor der Querschnittsverringerung oder der sonstigen Änderung angeordneten Schutzeinrichtung so beschaffen ist, daß auch die Leitung mit geminderter Kurzschlußstrom-Belastbarkeit bei Kurzschluß geschützt ist **(Bild 4-52).**
Bei der Anordnung der Schutzeinrichtungen ist zu berücksichtigen, daß bei Kurzschlüssen – durch den Kurzschlußstrom bedingt – dynamische Kräfte wirksam werden, in deren Folge der Bruch von zu schwachen Isolierkörpern oder Halterungen oder das Verformen von Leitungen bzw. Stromschienen auftreten kann.

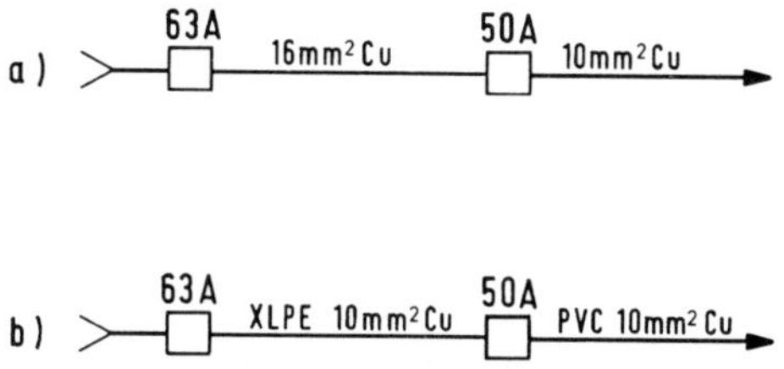

Bild 4-52. Minderung der Kurzschlußstrombelastbarkeit
a) Verringerung des Leiterquerschnitts
b) andere Leiterisolierung

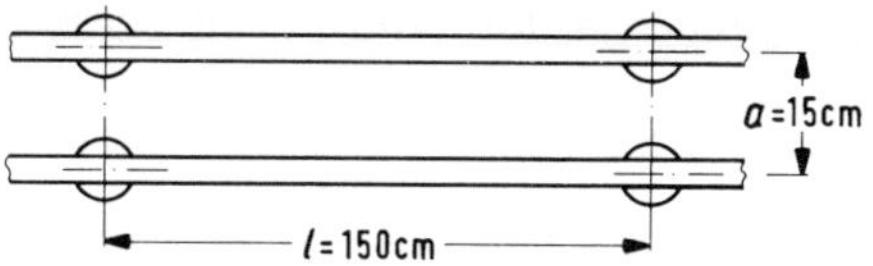

Bild 4-53. Leiteranordnung für Stromkraftermittlung

Die Stromkraft zwischen zwei Hauptleitern beträgt z. B. im Einphasen-Wechselstromsystem bei der Leiteranordnung nach **Bild 4-53:**

$$F_H = \frac{\mu_0}{2\pi} \cdot I_s^2 \frac{l}{a}$$

$$F_H = 0,2 \cdot I_s^2 \cdot \frac{l}{a}$$

Darin bedeuten:

F_H Stromkraft zwischen den Hauptleitern in N
μ_0 magnetische Feldkonstante ($\mu_0 = 4\pi \times 10^{-7}$ in Vs/Am)
I_s Stoßkurzschlußstrom in kA
l Stützabstand in cm
a Hauptleitermittenabstand in cm

Beispiel
Gesucht wird die Stromkraft zwischen zwei Stromschienen. Der Stützabstand beträgt $l = 150$ cm, der Schienenmittenabstand $a = 15$ cm. Es ist von einem Stoßkurzschlußstrom $I_s = 10$ kA auszugehen.

$$F_H = 0{,}2 \cdot I_s^2 \cdot \frac{l}{a}$$

$$F_H = 0{,}2 \cdot 100 \cdot \frac{150}{15}$$

$$\underline{\underline{F_H = 200\ \text{N}}}\ (20\ \text{kp})$$

4.4.4.2 Versetzen der Schutzeinrichtung für den Schutz bei Kurzschluß (DIN VDE 0100 Teil 430, Abschnitt 6.4.2)

Abgesehen von Anlagen, für die in besonderen Normen abweichende Bedingungen gelten, z. B. in feuer- und explosionsgefährdeten Räumen, darf die Schutzeinrichtung für den Schutz bei Kurzschluß im Zuge der zu schützenden Leitungen oder der zu schützenden Kabel versetzt werden, wenn der zwischen der Querschnittsverringerung oder sonstiger Änderung und der Schutzeinrichtung liegende Leitungs- oder Kabelteil gleichzeitig folgenden Anforderungen entspricht:
- die Länge überschreitet nicht 3 m,
- durch die Ausführung wird die Gefahr eines Kurzschlusses auf ein Mindestmaß beschränkt und
- er ist so ausgeführt, daß die Gefahr von Feuer und Personenschäden auf ein Mindestmaß beschränkt ist.

Die zweite und dritte Anforderung ist praktisch gleichbedeutend mit der kurzschluß- und erdschlußsicheren Verlegung der Leitungen und Kabel. Bei der dritten Anforderung ist sicherzustellen, daß die Leitungen und Kabel nicht in der Nähe brennbarer Materialien verlegt sind. Beispiele für das Versetzen der Schutzeinrichtung zeigt das **Bild 4-54.**
Die Überstrom-Schutzeinrichtung M_1 muß nur den Leitungsabschnitt S_1 bei Kurzschluß schützen (zur Einschränkung der Gefahr eines Kurzschlusses bzw. zur kurzschluß- und erdschlußsicheren Verlegung siehe auch vorausgegangene Erläuterungen in Abschnitt 4.3.5.2). Die Leitungslänge von 3 m gestattet selbst unter den ungünstigsten Bedingungen eine Verbindung zwischen der Abzweig-

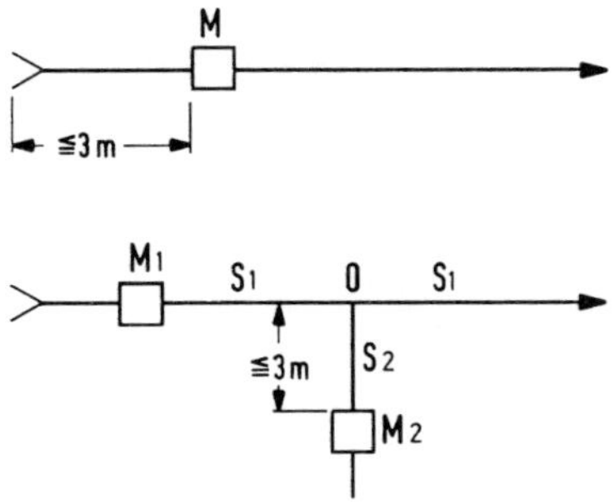

Bild 4-54. Versetzen der Schutzeinrichtung für den Schutz bei Kurzschluß

stelle O in der Hauptleitung und der Anschlußklemme der Schutzeinrichtung M_2 für den Abzweig (Bild 4-54). Die Schutzeinrichtung für den Schutz bei Kurzschluß darf im Zuge der zu schützenden Leitung bis zur Länge OV gemäß der Darstellung im **Bild 4-55** versetzt werden.
Das Dreieckdiagramm in Bild 4-55 ist nur ein Hilfsmittel, mit dem überprüft werden kann, ob entsprechend den Forderungen in DIN VDE 0100 Teil 430, Abschnitt 6.4.2 die nächste vorgeordnete Schutzeinrichtung den geforderten Schutz bei Kurzschluß noch sicherstellen kann. Da es nur ein Hilfsmittel ist, d.h. keine eigentliche Bestimmung darstellt, wurde es schon in der vorletzten Fassung der DIN VDE 0100 Teil 430 nicht mehr in den Bestimmungstext aufgenommen.

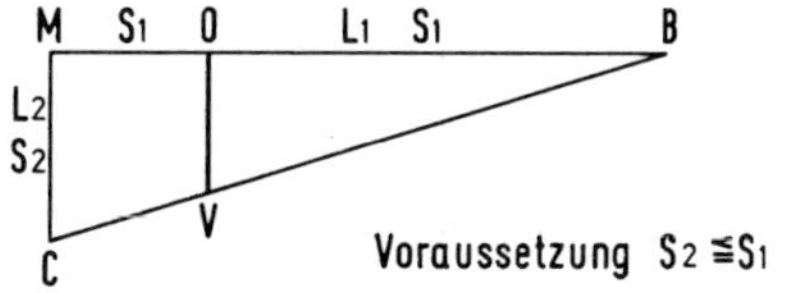

Bild 4-55. Versetzen der Schutzeinrichtung für den Schutz bei Kurzschluß auf der Basis des Dreieckdiagramms

Die Länge OV, um die die Schutzeinrichtung für den Schutz bei Kurzschluß versetzt werden darf, kann graphisch oder mathematisch ermittelt werden.

Graphische Ermittlung:
Die Strecke MB = L_1 stellt die größte Länge der Leitung mit dem Querschnitt S_1 dar, die durch die in M angeordnete Schutzeinrichtung für den Schutz bei Kurzschluß geschützt ist **(Bild 4-56).**
Die Strecke MC = L_2 ist die größte Länge der Leitung mit dem Querschnitt S_2, die durch die in M angeordnete Schutzeinrichtung für den Schutz bei Kurzschluß geschützt ist.

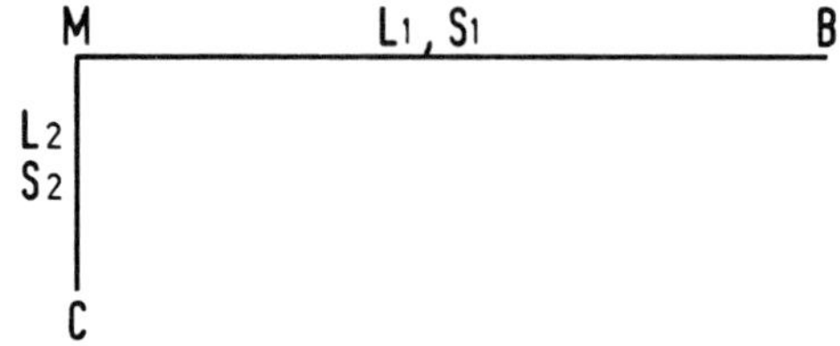

Bild 4-56. Versetzen der Schutzeinrichtung für den Schutz bei Kurzschluß. Anordnung des Abzweiges unmittelbar am Anfang M

Wird ein Abzweig unmittelbar am Anfang M angeordnet, d.h. sofort hinter der Schutzeinrichtung für den Schutz bei Kurzschluß, so schützt die Schutzeinrichtung sowohl die maximale Länge L_1 mit dem Querschnitt S_1 als auch die maximale Länge L_2 mit dem Querschnitt S_2.
Liegt der Abzweig im Punkt B, ist die geschützte Länge des Abzweigs gleich Null. Dazwischen können alle durch die in M angeordneten Schutzeinrichtungen für den Schutz bei Kurzschluß geschützten Längen OV mit dem Querschnitt S_2, bezogen auf die jeweilige Entfernung MO des Abzweigpunktes O von der Schutzeinrichtung M, für den Schutz bei Kurzschluß aus dem zu zeichnenden Dreieck abgegriffen werden **(Bild 4-57).**

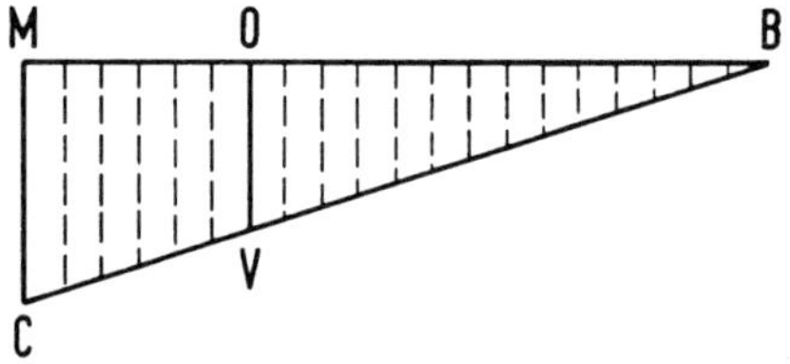

Bild 4-57. Versetzen der Schutzeinrichtung für den Schutz bei Kurzschluß. Beliebige Anordnung der Abzweige zwischen M und B

Mathematische Ermittlung:
Die mathematische Lösung basiert gleichfalls auf den Längenverhältnissen in dem rechtwinkligen Dreieck.

$$\mathrm{MB} : \mathrm{MC} = (\mathrm{MB} - \mathrm{MO}) : \mathrm{OV}$$

Hierbei ist OV die gesuchte Länge.
Aufgelöst nach OV ergibt sich:

$$\mathrm{OV} = \frac{(\mathrm{MB} - \mathrm{MO}) \cdot \mathrm{MC}}{\mathrm{MB}}$$

Sind die tatsächlich zur Verlegung kommenden Längen mit dem Querschnitt S_2 sowie die Länge MO bis zur Abzweigstelle am Querschnitt S_1 sehr kurz und ist deshalb mit Ausschaltzeiten von weniger als 0,1 s zu rechnen, ist zusätzlich DIN VDE 0100 Teil 430, Abschnitt 6.3.2.2 (siehe Abschnitt 4.4.3 dieses Bandes) zu berücksichtigen.

Beispiel
Eine Mantelleitung NYM von 16 mm² wird durch Sicherungen von 63 A bei Kurzschluß geschützt. Nach 33 m (Entfernung MO) soll eine Mantelleitung NYM 6 mm² abzweigen. Wie lang darf dieser Abzweig sein, wenn er noch durch die Sicherungen von 63 A geschützt sein soll? Die Schleifenimpedanz bis zu den 63 A-Sicherungen beträgt $Z_S = 400\ \text{m}\Omega$.

Ermittlungsgang
Für die Mantelleitung NYM von 16 mm² ergibt sich nach der Tabelle 4-5 bei Sicherungen von 63 A und einer Schleifenimpedanz von 400 mΩ eine maximal geschützte Länge $l_1 = 86$ m. Für die Mantelleitung NYM 6 mm² ergibt sich nach der gleichen Tabelle bei den Sicherungen 63 A und der gleichen Impedanz vor der Schutzeinrichtung eine maximal geschützte Länge $l_2 = 24$ m.

Graphische Ermittlung
Die maximal zulässige Länge OV des Abzweiges von 6 mm² Querschnitt an der 33 m entfernten Stelle kann nach **Bild 4-58** mit 15 m abgegriffen werden.

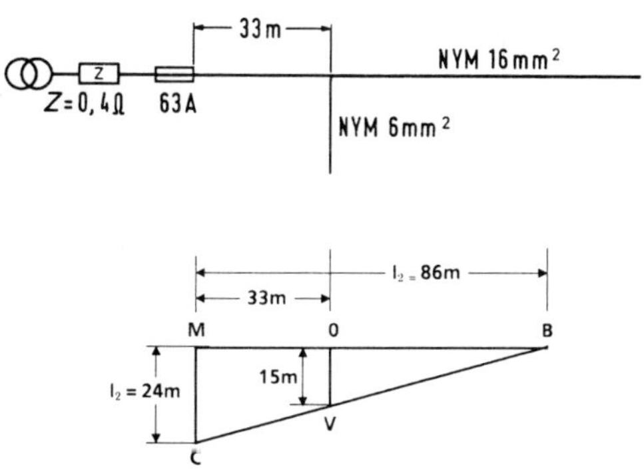

Bild 4-58. Versetzen der Schutzeinrichtung für den Schutz bei Kurzschluß

Mathematische Ermittlung:

$$\frac{(86-33)\cdot 24}{86}$$

$$\text{OV} = \frac{(\text{MB}-\text{MO})\cdot \text{MC}}{\text{MB}}$$

$$\underline{\underline{\text{OV} = 14{,}79\ \text{m}}}$$

4.4.4.3 Fälle, in denen auf den Schutz bei Kurzschluß verzichtet werden darf (DIN VDE 0100 Teil 430, Abschnitt 6.4.3)

Vorab sei angemerkt, daß die Abschnitte 6.4.4 der DIN VDE 0100 Teil 430/06.81 »Fälle, in denen auf den Schutz bei Kurzschluß aus Sicherheitsgründen verzichtet werden muß« und 6.4.5 »Schutz von parallel geschalteten Leitern« nicht mehr in dem Bestimmungstext der neuen DIN VDE 0100 Teil 430 aufgenommen wurden. Zu begründen ist diese Änderung durch die Harmonisierung der DIN VDE-Normen. Anforderungen dieser Art gehören nicht zum Normeninhalt bei IEC (364-4-43 : 1977 und 364-4-473 : 1977) und CENELEC (HD 384.4.4.43 S1 und HD 384.4.473 S1).
Die Erläuterungen der DIN VDE 0100 Teil 430/11.91 geben jedoch zu erkennen, daß das Deutsche Komitee bereits Änderungsvorschläge bei CENELEC und IEC eingebracht hat. Zu diesen Änderungswünschen gehört auch die Wiederaufnahme der beiden entfallenen Abschnitte in DIN VDE 0100 Teil 430. Deshalb sollen im folgenden die Fälle, in denen auf den Schutz bei Kurzschluß verzichtet werden darf oder gar muß bzw. auf den Schutz von parallel geschalteten Leitern, getrennt behandelt werden.
Zunächst sei im Zusammenhang mit Fällen, in denen auf den Schutz bei Kurzschluß verzichtet werden darf, auf die Erläuterungen in den Abschnitten 4.3.6 und 4.3.8 hingewiesen.
In bestimmten Meßstromkreisen darf die Schutzeinrichtung für den Schutz bei Kurzschluß entfallen, da sonst die ordnungsgemäße Registrierung, z. B. des Stromverbrauches, nicht gewährleistet ist. Ein Beispiel hierfür sind Spannungspfadleitungen für Elektrizitätszähler **(Bild 4-59).** Auf kurzschluß- und erdschlußsichere Verlegung darf jedoch nicht verzichtet werden.

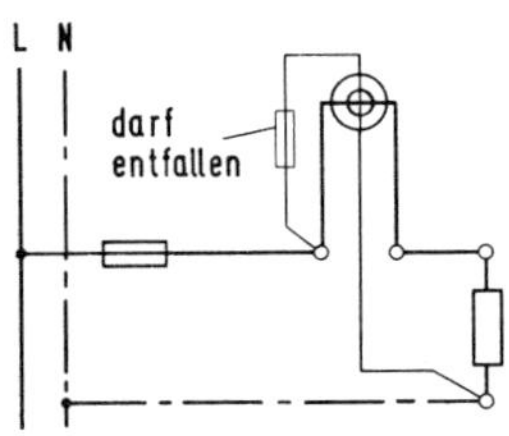

Bild 4-59. Meßstromkreis

Das gleiche gilt für Kabel und Leitungen, wenn sie gleichzeitig kurzschluß- und erdschlußsicher verlegt sind und die Gefahr von Feuer und Personenschäden praktisch ausgeschlossen werden kann. Aussagen über kurzschluß- und erdschlußsichere Verlegung siehe Abschnitt 4.3.5.2.

4.4.4.4 Fälle, in denen auf eine Schutzeinrichtung für den Schutz bei Kurzschluß aus Sicherheitsgründen verzichtet werden muß

Obwohl – wie bereits erwähnt – der Bestimmungstext der DIN VDE 0100 Teil 430 einen Abschnitt mit dem vorgenannten Titel nicht mehr enthält, wird in dem Erläuterungstext darauf hingewiesen, daß das Deutsche Komitee unter anderem auch hierzu eine Änderung des CENELEC-Harmonisierungsdokumentes 384.4.83 S 1 vorschlägt. Danach muß bei Stromkreisen, deren Unterbrechung den Betrieb entsprechender Anlagen gefährden könnte, auf den Einsatz einer Schutzeinrichtung für den Schutz bei Kurzschluß verzichtet werden, vorausgesetzt dieser Schutz wird nicht für spezielle Räume in besonderen Normen ausdrücklich gefordert. Stromkreise, in denen auf Kurzschlußschutz verzichtet werden muß, können zum Beispiel Erregerstromkreise von Hubwagenmotoren oder auch Stromkreise sein, die der Sicherheit dienen (z. B. Feuerlöscheinrichtungen). Siehe hierzu auch Abschnitt 4.3.8.

4.4.4.5 Schutz von parallel geschalteten Leitern in ein- oder mehradrigen Kabeln und Leitungen

Auch dieser Abschnitt ist im Bestimmungstext der DIN VDE 0100 Teil 430 nicht mehr enthalten. Wie bei dem Abschnitt zuvor, wird in den Erläuterungen darauf hingewiesen, daß das Deutsche Komitee auch hierzu eine Änderung des CENELEC-Harmonisierungsdokuments vorschlägt. Der Änderungsvorschlag läßt eine gemeinsame Schutzeinrichtung in der Zuleitung zum Schutz bei Kurzschluß zu, wenn diese auf den kleinstmöglichen Kurzschlußstrom einer Parallelstrecke anspricht. Das **Bild 4-60** macht die Situation deutlich.

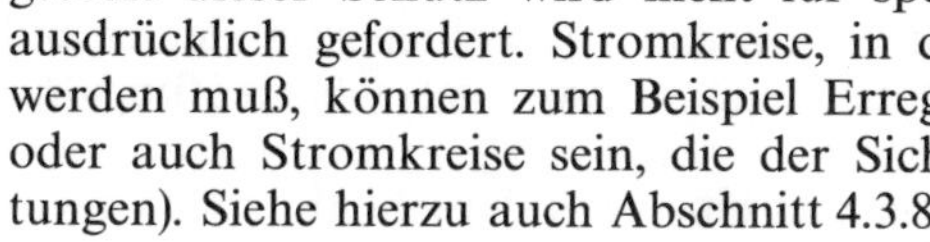

Bild 4-60. Beispiel für drei parallel geschaltete Leiter mit einer gemeinsamen Schutzeinrichtung zum Schutz bei Kurzschluß

Bei einem Kurzschluß an der Stelle A wird der Kurzschlußstrom über alle drei Leiter auf die Kurzschlußstelle A eingespeist. Der Kurzschlußstrom und die Abschaltzeit der gemeinsamen Schutzeinrichtung M werden unter Berücksichtigung der Vorimpedanz aus der Parallelschaltung der Impedanzen von S_1, S_2 und S_3 errechnet. Des weiteren ist die Aufteilung des Gesamtkurzschlußstromes auf die drei Querschnitte zu ermitteln. Es muß dann gemäß DIN VDE 0100 Teil 430, Abschnitt 6.3.2 (siehe Abschnitt 4.4.3 dieses Bandes) geprüft werden, ob die errechnete Ausschaltzeit bei dem die einzelnen Querschnitte durchfließenden Teilkurzschlußstrom noch zulässig ist.

Kritischer ist aber bei einer Parallelschaltung ein Kurzschluß an der Stelle **B** (im kleinsten Querschnitt). Es ist daher davon auszugehen, daß der Querschnitt S_3 an der Stelle **B** unterbrochen ist, und zwar so, daß der Kurzschlußstrom zunächst über die Parallelschaltung der Querschnitte S_1 und S_2 und dann zurück über den Querschnitt S_3 auf die Kurzschlußstelle **B** eingespeist wird. Der Kurzschlußstrom und die Abschaltzeit der gemeinsamen Schutzeinrichtung werden unter Berücksichtigung der Vorimpedanz aus der Impedanz der Parallelschaltung von S_1 und S_2 zuzüglich der Impedanz von S_3 errechnet. Für den (kleinsten) Querschnitt S_3 muß dann gemäß DIN VDE 0100 Teil 430, Abschnitt 6.3.2 (siehe Abschnitt 4.3.3 dieses Bandes) geprüft werden, ob die errechnete Ausschaltzeit bei dem den Querschnitt S_3 durchfließenden Gesamtkurzschlußstrom noch zulässig ist.
Bei einem Kurzschluß an der Stelle **B** ist der Gesamtkurzschlußstrom kleiner und damit auch die Ausschaltzeit länger. Es genügt also eine Überprüfung der Stelle **B**, da diese am kritischsten ist.
Die beschriebenen Berechnungen werden bei einer Parallelschaltung von mehr als zwei Leitern bereits recht umfangreich und kompliziert. Von der erleichternden Bestimmung nach DIN VDE 0100 Teil 430, Abschnitt 7.1 »Schutz durch eine gemeinsame Überstrom-Schutzeinrichtung« (siehe Abschnitt 4.5.1 dieses Bandes) kann bei einer Parallelschaltung nach Bild 4-60 kein Gebrauch gemacht werden, da nur die Leiter in ihrer Gesamtheit, nicht aber die einzelnen Leiter bei einer Unterbrechung eine Schutzeinrichtung zum Schutz bei Überlast haben.
Es empfiehlt sich deshalb bei einer Parallelschaltung von mehr als zwei Leitern, jeden Leiter einzeln mit gemeinsamen Schutzeinrichtungen für Überlast und Kurzschluß auszurüsten. Im Hinblick darauf, daß diese Schutzeinrichtungen im Falle eines Kurzschlusses z. B. an der Stelle **B** in Bild 4-60 nicht gleichzeitig auslösen werden oder der Leiter an der Stelle **B** unterbrochen sein kann, müssen die gemeinsamen Schutzeinrichtungen für Überlast und Kurzschluß sowohl am Anfang als auch am Ende der Parallelschaltung vorgesehen werden **(Bild 4-61).**

Bild 4-61. Beispiel für den Schutz bei Kurzschluß von drei parallel geschalteten Leitern

Damit ist ganz sicher ein ausreichender Schutz bei Kurzschluß gegeben, und jede komplizierte Rechnung kann entfallen. Theoretisch ist zwar auch ein Schutz gegeben, wenn nur am Anfang oder am Ende eines jeden Leiters eine Schutzeinrichtung zum Schutz bei Überlast (siehe Abschnitt 4.3.4) und zusätzlich am Anfang **und** am Ende jeden Leiters eine Schutzeinrichtung zum Schutz bei Kurzschluß eingebaut ist. Von der Erleichterung nach DIN VDE 0100 Teil 430, Abschnitt 7.1 (siehe Abschnitt 4.5.1 dieses Bandes) kann dann aber wiederum kein Gebrauch gemacht werden. Auf die Überprüfung der Ausschaltzeit

$$t = \left(k \cdot \frac{S}{I}\right)^2$$

– wie zu Bild 4-60 erläutert – kann nicht verzichtet werden.
Bei der Parallelschaltung von nur zwei Leitern ist eine gemeinsame Schutzeinrichtung allerdings verhältnismäßig einfach zu berechnen.

Beispiel
Parallelschaltung von zwei Kabeln NYY 4 × 120 mm² und 4 × 95 mm² mit je 50 Meter Länge Verlegung in Luft. Die Schleifenimpedanz beträgt 10 mΩ. Wie groß darf der Nennstrom der als gemeinsame Überstrom-Schutzeinrichtung einzusetzenden Sicherung M nach **Bild 4-62** sein?

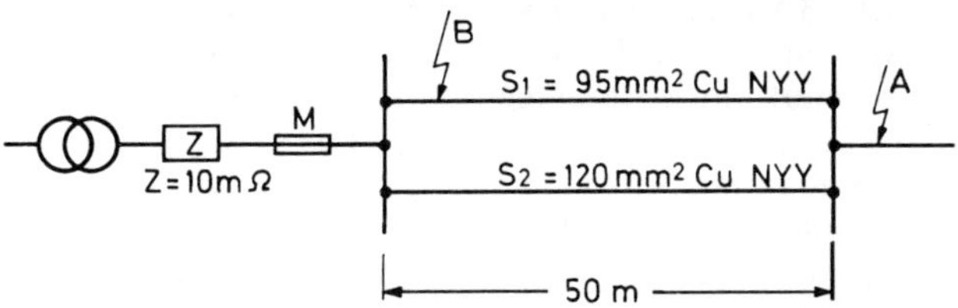

Bild 4-62. Beispiel für zwei parallel geschaltete Leiter

Ermittlung der Schutzeinrichtung für den Schutz bei Überlast gemäß den Erläuterungen in Abschnitt 4.3.4.

1. Die Summe beider Querschnitte beträgt 215 mm², der nächst niedrigere Normquerschnitt ist 185 mm². Er darf nach Tabelle 5 der DIN VDE 0298 Teil 2 mit 371 A belastet und mit 355 A abgesichert werden. Umrechnungsfaktoren sind bei der gegebenen Verlegeart nicht zu berücksichtigen. Diese Sicherung kann auch als gemeinsame Schutzeinrichtung M für den Schutz bei Überlast gewählt werden. In DIN VDE 0636 ist eine Sicherung mit dem Nennstrom von 355 A zwar nicht vorgesehen; sie wird jedoch von namhaften Herstellern angeboten. Nach DIN VDE 0636 wäre eine Sicherung mit dem Nennstrom von 315 A einzusetzen.
2. Anwendung der Formel

$$I_{\text{zgesamt}} = I_{\text{Smax}} \left(1 + \frac{S_1}{S_{\text{max}}}\right)$$

$$I_{\text{Smax}} = 282\ \text{A (DIN VDE 0298 Teil 2, Tabelle 5)}$$

$$I_{\text{zgesamt}} = 282\ \text{A} \left(1 + \frac{95}{120}\right)$$

$$\underline{\underline{I_{\text{zgesamt}} = 505\ \text{A}}}$$

Somit ergibt sich eine gemeinsame Schutzeinrichtung M für den Schutz bei Überlast von 500 A. Die Formel führt also zu einem wirtschaftlicheren Ergebnis als die Ermittlung auf der Basis der Addition der Querschnitte.

4.5 Koordinieren des Schutzes bei Überlast und Kurzschluß (DIN VDE 0100 Teil 430, Abschnitt 7)

4.5.1 Schutz durch eine gemeinsame Überstrom-Schutzeinrichtung (DIN VDE 0100 Teil 430, Abschnitt 7.1)

Überstrom-Schutzeinrichtungen müssen entsprechend DIN VDE 0100 Teil 430, Abschnitte 5.4 (siehe Abschnitt 4.3.5 dieses Bandes) **und** 6.4 (siehe Abschnitt 4.4.4 dieses Bandes) angeordnet werden. Da in der Praxis fast alle Leitungen durch eine gemeinsame Überstrom-Schutzeinrichtung geschützt werden, ist der Abschnitt 7.1 (siehe Abschnitt 4.5.1 dieses Bandes) der DIN VDE 0100 Teil 430 für den Errichter von besonderer Bedeutung, denn er befreit ihn von der nicht ganz so einfachen Ermittlung der zulässigen Ausschaltzeit im Kurzschlußfall (siehe Abschnitt 4.4.3). Nur bei sehr hohen Kurzschlußströmen und Vorsicherungen von mehr als 63 A ist für Leitungsschutzschalter eine Überprüfung gemäß Abschnitt 4.4.3 erforderlich. Bei niedrigen Kurzschlußströmen verläuft die Auslösekennlinie der Schutzeinrichtungen zum Schutz bei Überlast unterhalb der Zeit/Strom-Kennlinie der zulässigen Belastbarkeiten der zu schützenden Leitungen und Kabel (siehe Bild 4-39).

4.5.2 Schutz durch getrennte Schutzeinrichtungen (DIN VDE 0100 Teil 430, Abschnitt 7.2)

Die Schutzeinrichtung zum Schutz bei Überlast muß allein den Anforderungen des Schutzes bei Überlast nach DIN VDE 0100 Teil 430, Abschnitt 5 (siehe Abschnitt 4.3 dieses Bandes) genügen. Die Schutzeinrichtung für den Schutz bei Kurzschluß muß ebenfalls allein den Bestimmungen des Schutzes bei Kurzschluß nach DIN VDE 0100 Teil 430, Abschnitt 6 (siehe Abschnitt 4.4 dieses Bandes) genügen.

Schalteinrichtungen müssen grundsätzlich den Anforderungen bezüglich der Verschweißfestigkeit, dynamischen Festigkeit der Kontakte und Strombahnen wie auch der Durchlaßenergie an der Einbaustelle genügen. Dies gilt insbesondere für die Schutzfunktion übernehmenden Schutzeinrichtungen zum Schutz bei Überlast. Sie müssen allen Einwirkungen des Kurzschlußstromes standhalten.

Die Überstrom-Schutzeinrichtung M (im **Bild 4-63** z. B. eine Sicherung) – für den Schutz der Leitung S_1 bei Überlast und Kurzschluß – schützt auch den Abzweig S_2 (Länge OV) bei Kurzschluß. Die Schutzeinrichtung V zum Schutz bei Überlast (z. B. Schutz mit thermisch verzögertem Auslöser) übernimmt den Schutz bei Überlast für den Abzweig S_2. Die Schutzeinrichtung für den Schutz bei Kurzschluß muß so ausgewählt sein, daß der von ihr durchgelassene Kurz-

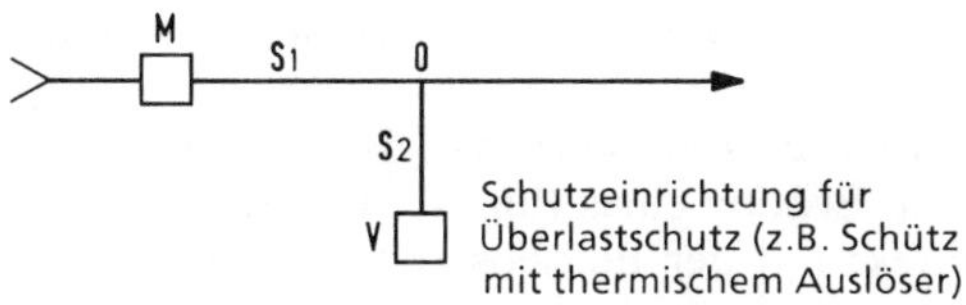

Bild 4-63. Schutz durch getrennte Überstrom-Schutzeinrichtungen

schlußstrom das Schütz mit dem thermisch verzögerten Auslöser nicht beschädigt.
Im übrigen müssen auch alle anderen Betriebsmittel im Zuge der Leitung – wie beispielsweise Schalter und Steckdosen – den Anforderungen des Kurzschlußstromes genügen. Die Schutzeinrichtung zum Schutz bei Überlast ist nur eines dieser Betriebsmittel.

4.6 Überstrombegrenzung durch die Art der Einspeisung (DIN VDE 0100 Teil 430, Abschnitt 8)

Wird eine Leitung nach Bild 4-32 von einer Stromquelle gespeist, die keinen höheren Strom als die Strombelastbarkeit der Leitung S_2 liefern kann, z.B. ein Transformator, dürfen Schutzeinrichtungen zum Schutz bei Überlast und Kurzschluß entfallen (siehe Abschnitt 4.3.6). Voraussetzung für eine solche Installation ist ein fester Anschluß des Verbrauchsmittels.

4.7 Schutz nach Art der Stromkreise (DIN VDE 0100 Teil 430, Abschnitt 9)

4.7.1 Netzform

4.7.1.1 Allgemeines

Zum besseren Verständnis dieses Abschnittes seien vorab die Netzformen nach DIN VDE 0100 Teil 300 erläutert. Die in diesem Zusammenhang benutzten Kurzzeichen (Buchstaben) haben folgende Bedeutung:

Erster Buchstabe – Erdungsverhältnisse der Stromquelle

T – direkte Erdung eines Punktes (Betriebserde)

I – entweder Isolierung aller aktiven Teile von Erde oder Verbindung eines Punktes mit Erde über eine Impedanz (in Wechselspannungsnetzen ist der geerdete Punkt im allgemeinen der Sternpunkt).

Zweiter Buchstabe – Erdungsverhältnisse der Körper der elektrischen Anlage

T – Körper direkt geerdet, unabhängig von der etwa bestehenden Erdung eines Punktes der Stromquelle

N – Körper direkt mit der Betriebserde verbunden.

4.7.1.2 TT-System (-Netz)

Das TT-System ist eine Netzform, bei der ein Punkt der Stromquelle (in der Praxis meist der Sternpunkt) direkt geerdet ist (deshalb erster Buchstabe ein T), während die Körper der elektrischen Anlage an Erder angeschlossen sind, die unabhängig vom Betriebserder sind, d.h. die geerdeten Schutzleiter sind nicht direkt mit der Sternpunktleitung verbunden (deshalb zweiter Buchstabe ein T). Als Schutzmaßnahme wird in Deutschland üblicherweise die Fehlerstrom-Schutzeinrichtung angewendet **(Bild 4-64).**

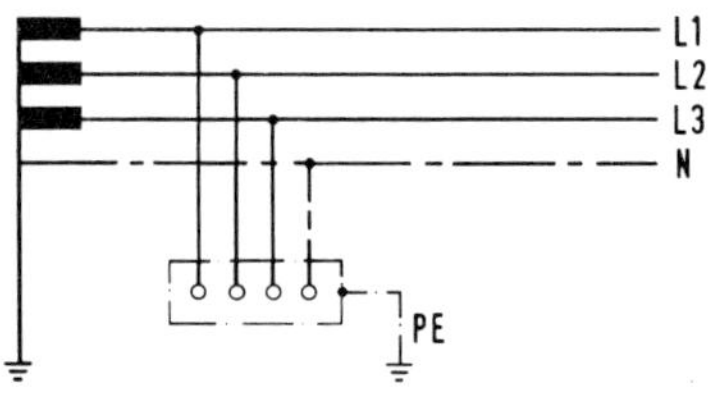

Bild 4-64. TT-System (-Netz)

4.7.1.3 TN-System (-Netz)

Das TN-System ist eine Netzform, bei der ein Punkt der Stromquelle (in der Praxis meist der Sternpunkt) direkt geerdet ist (deshalb erster Buchstabe ein T) und die Körper der elektrischen Anlage durch Schutzleiter (PEN-Leiter) mit diesem Punkt verbunden sind (deshalb zweiter Buchstabe ein N). Als Schutzmaßnahme wird in Deutschland üblicherweise der Schutz durch Abschaltung mittels Überstrom-Schutzeinrichtungen, gelegentlich auch mit Fehlerstrom-Schutzeinrichtungen angewendet **(Bild 4-65).**

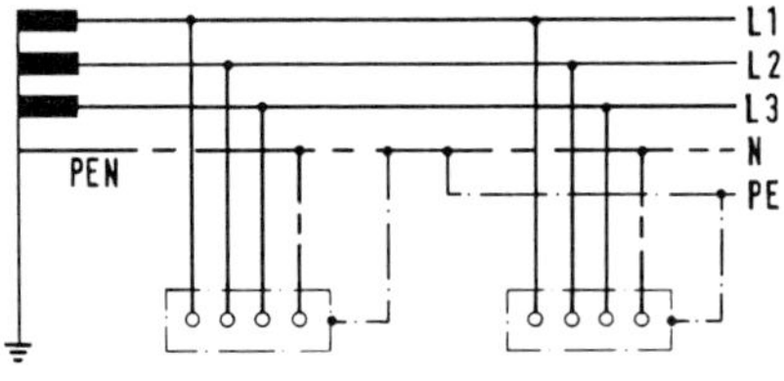

Bild 4-65. TN-System (-Netz)

4.7.1.4 IT-System (-Netz)

Das IT-System ist eine Netzform, bei der kein Punkt der Spannungsquelle direkt geerdet ist, d.h. ein Netz mit ungeerdetem oder allenfalls über eine Impedanz geerdetem Sternpunkt (deshalb erster Buchstabe ein I). Die Körper der elektrischen Anlage sind geerdet (deshalb zweiter Buchstabe ein T). Als Schutzeinrichtungen werden in Deutschland primär angewendet:

- Isolationsüberwachungseinrichtung mit zusätzlichem Potentialausgleich
- Überstrom-Schutzeinrichtungen
- Fehlerstrom-Schutzeinrichtungen

Bild 4-66 zeigt den prinzipiellen Aufbau des IT-Systems.

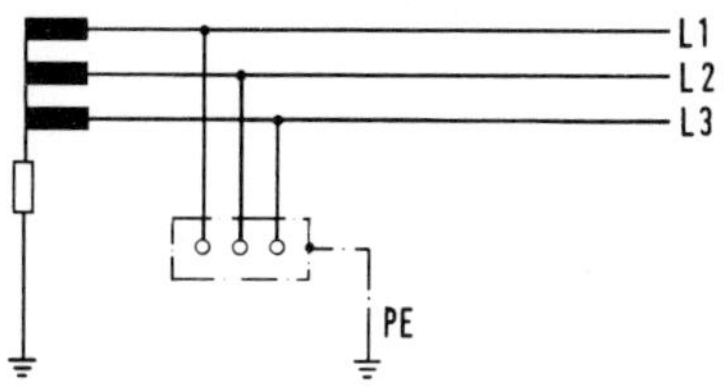

Bild 4-66. IT-System (-Netz)

4.7.2 Schutz der Außenleiter (DIN VDE 0100 Teil 430, Abschnitt 9.1)

DIN VDE 0100 Teil 430 fordert für alle Außenleiter Überstrom-Schutzeinrichtungen. Sie müssen jedoch nur den Leiter abschalten, in dem Überstrom auftritt. Die Überstrom-Schutzeinrichtung in L3 nach **Bild 4-67** muß nach der vorgenannten Anforderung ansprechen. In der Regel brauchen L1 und L2 nicht abgeschaltet zu werden. Eine zwangsläufige dreipolige Trennung, wie beispielsweise beim Einsatz eines Leistungsschalters, ist möglich und bei Motoren auch meist zweckmäßig.
Gefahren durch Einphasenlauf von Drehstrommotoren nach Abschaltung nur eines Außenleiters können z.B. im Reversierbetrieb von Krananlagen oder Walzwerken auftreten. Um diese Gefahren abzuwenden, müssen geeignete Vorkehrungen getroffen werden.

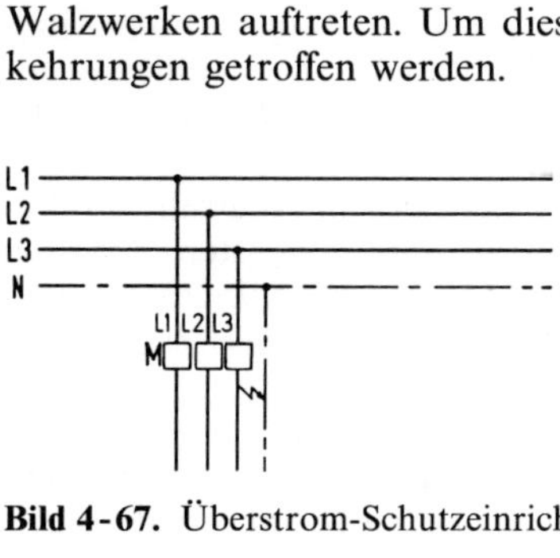

Bild 4-67. Überstrom-Schutzeinrichtung in allen Außenleitern

Kommt ein TT-System ohne Neutralleiter zur Anwendung, darf in einem Außenleiter auf die Überstrom-Schutzeinrichtung verzichtet werden; das jedoch nur dann, wenn vor oder in dem zu schützenden Stromkreis eine Fehlerstrom-Schutzeinrichtung eingebaut ist, die im Fehlerfall alle Außenleiter abschaltet. Das **Bild 4-68** zeigt einen solchen Anwendungsfall.

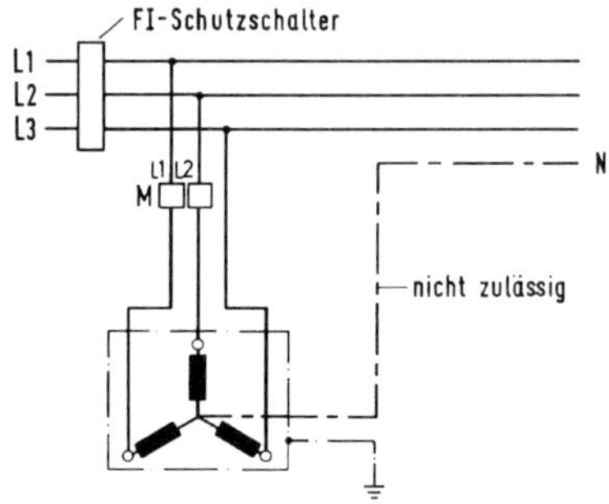

Bild 4-68. TT-System mit FI-Schutzeinrichtung vor der zu schützenden Leitung. Das Mitführen des Neutralleiters ist für diesen Anwendungsfall nicht zulässig

Würde der Neutralleiter von einem künstlichen Sternpunkt aus mitgeführt, ist L3 bei einem Kurzschluß zwischen L3 und dem Neutralleiter nicht geschützt (siehe Bild 4-68). Deshalb darf für einen derartigen Anwendungsfall der Neutralleiter nicht mitgeführt werden. Bei allen denkbaren Kurzschlüssen zwischen den Außenleitern würden jeweils zwei Außenleiter in Reihe geschaltet, womit auch der Leiter L3 geschützt wäre.
Andere Verhältnisse ergeben sich im Falle von Erdschlüssen. In derartigen Fällen übernimmt die vorgeschaltete Fehlerstrom-Schutzeinrichtung die Abschaltung.

4.7.3 Schutz der Neutralleiter (DIN VDE 0100 Teil 430, Abschnitt 9.2)

4.7.3.1 Anlagen mit direkt geerdetem Sternpunkt: TN- oder TT-System (-Netz) (DIN VDE 0100 Teil 430, Abschnitt 9.2.1)

Auf eine Überstromerfassung oder eine Abschalteinrichtung im Neutralleiter darf verzichtet werden, wenn der Querschnitt des Neutralleiters mindestens dem der Außenleiter entspricht. Das **Bild 4-69** zeigt unter anderem die Mindestanforderung, die der Neutralleiter erfüllen muß, wenn auf eine Überstromerfassung oder Abschalteinrichtung in diesem Leiter verzichtet werden soll.
Anders zu bewerten sind die Fälle, in denen der Querschnitt des Neutralleiters geringer ist als der der Außenleiter. In derartigen Anlagen ist eine dem Querschnitt des Neutralleiters angemessene Überstromerfassung im Neutralleiter

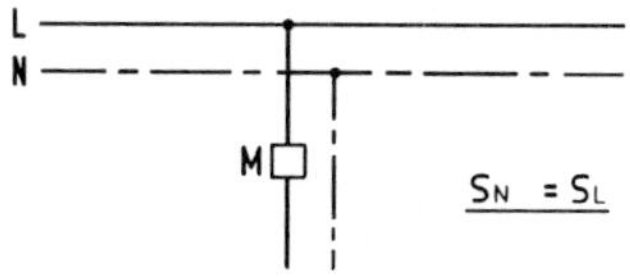

Bild 4-69. Überstromerfassung im Neutralleiter nicht erforderlich

vorzusehen. Diese Überstromerfassung muß nicht die Abschaltung des Neutralleiters bewirken; es reicht aus, wenn im Bedarfsfall die Außenleiter abgeschaltet werden.
Die Überstromerfassung kann z. B. durch einen Leitungsschutzschalter mit Hilfskontakt zur Ansteuerung eines Schützes mit Öffnern in den drei Außenleitern erfolgen. Eine solche Lösung zeigt **Bild 4-70.** Sie ist entsprechend dem geringeren Querschnitt des Neutralleiters auszulegen.
Auf die zuvor beschriebene Überstromerfassung im Neutralleiter kann verzichtet werden, wenn die beiden nachfolgenden Bedingungen erfüllt sind:

- Der Neutralleiter muß durch die Schutzeinrichtung der Außenleiter des Stromkreises bei Kurzschluß geschützt sein und
- der Höchststrom, der den Neutralleiter durchfließen kann, ist bei normalem Betrieb beträchtlich geringer als der Wert der Strombelastbarkeit dieses Leiters.

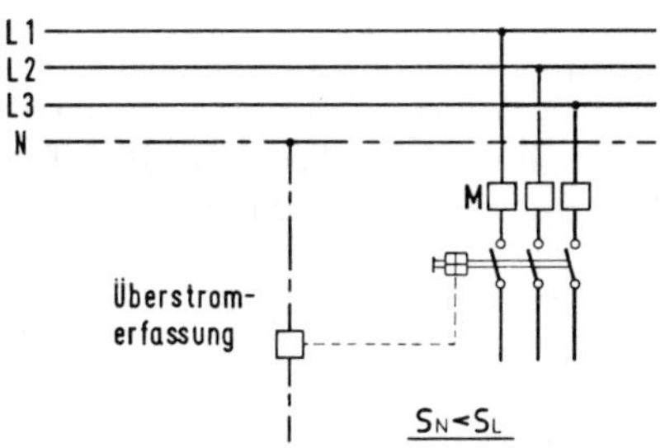

Bild 4-70. Überstromerfassung im Neutralleiter erforderlich

Die letzte der beiden Bedingungen gilt als erfüllt, wenn die übertragene Leistung möglichst gleichmäßig auf die Außenleiter aufgeteilt ist. Das ist z. B. der Fall, wenn die Summe der Leistungsaufnahme der zwischen Außenleiter und Neutralleiter angeschlossenen Verbrauchsmittel, wie beispielsweise Leuchten und Steckdosen, wesentlich kleiner ist als die gesamte über diesen Stromkreis übertragene Leistung. Diese zweite Bedingung ist aber nur dann erfüllt, wenn der Querschnitt des Neutralleiters nicht kleiner ist als die Werte in Abschnitt 524.2 des Entwurfs der DIN VDE 0100 Teil 520 A 1/02.86. In den folgenden **Bildern 4-71** und **4-72** sind die vorgenannten Anforderungen umgesetzt.

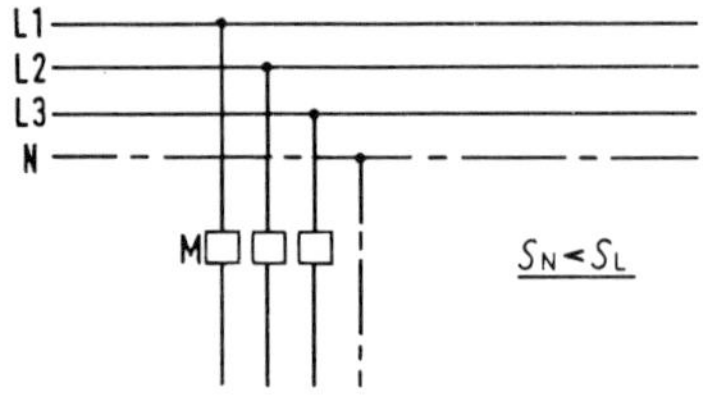

Bild 4-71. Überstromerfassung im Neutralleiter nicht erforderlich; Schutzeinrichtungen in den Außenleitern schützen Neutralleiter

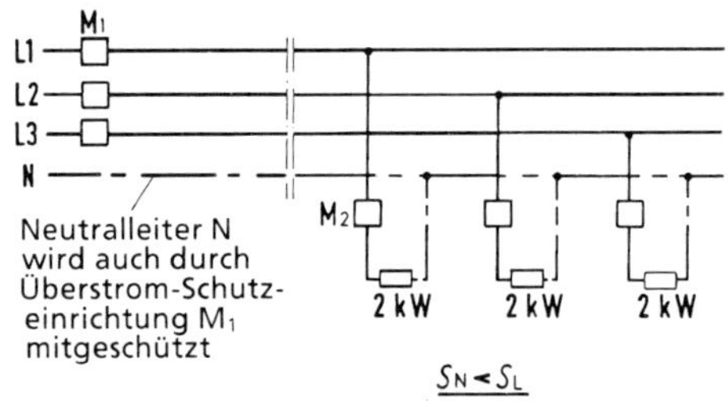

Bild 4-72. Übertragene Leistung ist möglichst gleichmäßig auf die Außenleiter verteilt

Der Neutralleiter wird durch die Schutzeinrichtungen in den Außenleitern des Stromkreises bei Kurzschluß geschützt, wenn sie so ausgelegt sind, daß die nach DIN VDE 0100 Teil 430, Abschnitt 6.3 (siehe Abschnitt 4.4.3 dieses Bandes) für den Neutralleiterquerschnitt im Kurzschlußfall zulässigen Ausschaltzeiten eingehalten werden (siehe Bild 4-71).
Die möglichst gleichmäßige Aufteilung der zu übertragenden Leistung auf die Außenleiter zeigt als Beispiel Bild 4-72.

4.7.3.2 Anlagen mit nicht direkt geerdetem Sternpunkt: IT-System (-Netz) (DIN VDE 0100 Teil 430, Abschnitt 9.2.2)

Ist in der Netzform IT-System das Mitführen eines Neutralleiters erforderlich, muß im Neutralleiter jedes Stromkreises eine Überstromerfassung vorgesehen werden, die die Abschaltung aller aktiven Leiter, also auch des Neutralleiters bewirkt.
Der Verzicht hierauf ist zulässig, wenn der Neutralleiter – zum Beispiel an der Einspeisung der Anlage – gegen Kurzschluß geschützt ist oder der Stromkreis durch eine Fehlerstrom-Schutzeinrichtung geschützt ist, deren Nennfehlerstrom $I_{\Delta n}$ das 0,15fache der Strombelastbarkeit des betreffenden Neutralleiters nicht überschreitet. Auch hier muß sichergestellt sein, daß die Schutzeinrichtung alle aktiven Leiter abschaltet.

Durch diese Bestimmung soll ein Schutz des Neutralleiters bei Doppelerdschlüssen sichergestellt werden, wenn einer der beiden Erdschlüsse im Neutralleiter auftritt. Befindet sich die zweite Erdschlußstelle im Außenleiter eines Stromkreises mit einem höheren Querschnitt als der des Stromkreises mit dem erdschlußbehafteten Neutralleiter, wird dessen Neutralleiter überlastet **(Bild 4-73).**

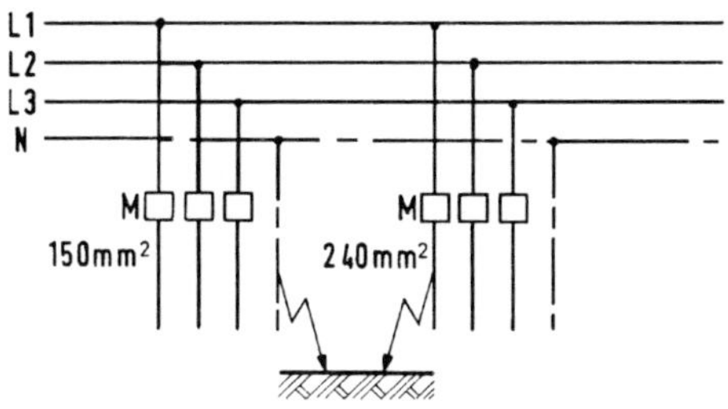

Bild 4-73. Schutz des Neutralleiters bei Auftreten eines Doppelerdschlusses (Beispiel)

4.7.4 Abschalten des Neutralleiters (Entwurf DIN VDE 0100 Teil 530/5.85, Abschnitt 531.1)

Die in der DIN VDE 0100 Teil 430 aus dem Jahre 1981 enthaltene Forderung, daß in den Fällen, in denen die Abschaltung des Neutralleiters vorgeschrieben ist, die verwendete Schutzeinrichtung so beschaffen sein muß, daß der Neutralleiter in keinem Fall vor den Außenleitern ausgeschaltet und nach diesen wieder eingeschaltet werden kann, ist in der Neufassung der DIN VDE 0100 Teil 430 aus dem Jahre 1991 nicht mehr enthalten. Sinngemäß wurde dieser Bestimmungstext inzwischen in der Entwurfsfassung DIN VDE 0100 Teil 530/5.85, Abschnitt 531.1 eingearbeitet, weshalb er hier kurz erläutert werden soll.
Würde der Neutralleiter einer elektrischen Anlage vor dem Außenleiter abgeschaltet, kann im Falle eines Schlusses zwischen Neutralleiter und Körper (Gehäuse) eines Verbrauchsmittels der gesamte Betriebsstrom des Stromkreises durch den Neutralleiter der Geräteanschlußleitung zur Erde abfließen. Der Querschnitt dieses Leiters könnte zu gering sein.
Außerdem wird es bei unsymmetrischer Belastung der drei Außenleiter zu unerwünschten Spannungsunsymmetrien kommen, die z. B. Störungen von elektronischen Geräten verursachen können. Die Anforderung gilt natürlich auch für den Fall, daß die Abschaltung des Neutralleiters zwar nicht vorgeschrieben ist, aber dennoch vorgenommen wird. Die **Bilder 4-74** und **4-75** veranschaulichen den Sachverhalt.

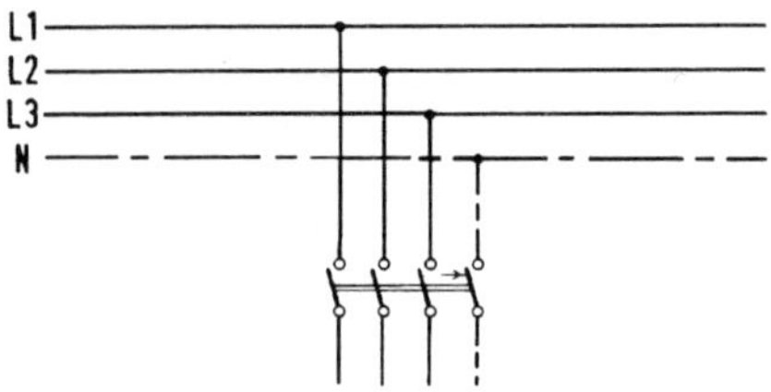

Bild 4-74. Neutralleiter schaltet nacheilend

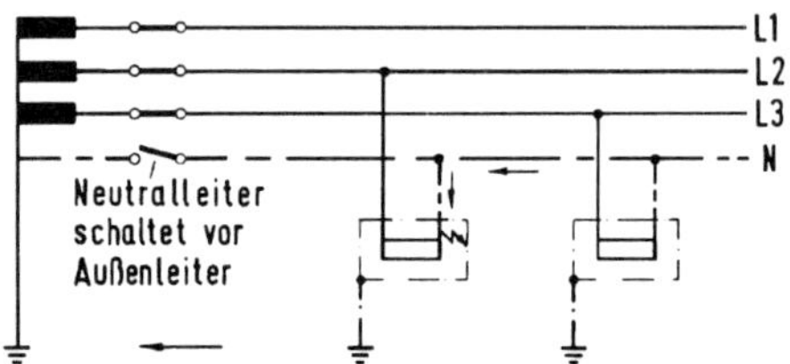

Bild 4-75. Stromfluß bei Schaltung des Neutralleiters vor den Außenleitern

5 Literatur

DIN 43670	Stromschienen aus Aluminium; Bemessung für Dauerstrom; Beuth Verlag, Berlin.
DIN 43671	Stromschienen aus Kupfer; Bemessung für Dauerstrom; Beuth Verlag, Berlin.
DIN 18015 Teil 1	Elektrische Anlagen in Wohngebäuden; Planungsgrundlagen; Beuth Verlag, Berlin.
DIN VDE 0100 Beiblatt 5 (Entwurf 03.88)	Errichten von Starkstromanlagen mit Nennspannungen bis 1000 V; Maximal zulässige Längen von Kabeln und Leitungen unter Berücksichtigung des Schutzes bei indirektem Berühren, des Schutzes bei Kurzschluß und des Spannungsfalls; vde-verlag, Berlin.
DIN VDE 0100 Teil 200	–; Allgemeingültige Begriffe; vde-verlag, Berlin.
DIN VDE 0100 Teil 300	–; Allgemeine Angaben zur Planung elektrischer Anlagen; vde-verlag, Berlin.
DIN VDE 0100 Teil 410	–; Schutzmaßnahmen; Schutz gegen gefährliche Körperströme; vde-verlag, Berlin.
DIN VDE 0100 Teil 430	–; Schutz von Leitungen und Kabeln bei Überstrom; vde-verlag, Berlin.
Beiblatt 1 zu DIN VDE 0100 Teil 430	–; Empfohlene Werte für die Strombelastbarkeit I_z und die Zuordnung von Überstrom-Schutzeinrichtungen zum Schutz bei Überlast; vde-verlag, Berlin.
DIN VDE 0100 Teil 510	–; Auswahl und Errichtung elektrischer Betriebsmittel; Allgemeines; vde-verlag, Berlin.
DIN VDE Teil 520	–; Kabel, Leitungen und Stromschienen; vde-verlag, Berlin.
DIN VDE 0100 Teil 523	–; Bemessung von Leitungen und Kabeln; Mechanische Festigkeit; Spannungsfall und Strombelastbarkeit; vde-verlag, Berlin.
DIN VDE 0100 Teil 540	–; Auswahl und Errichtung elektrischer Betriebsmittel, Erdung, Schutzleiter, Potentialausgleichsleiter; vde-verlag, Berlin.
DIN VDE 0100 Teil 732	–; Hausanschlüsse in öffentlichen Kabelnetzen; vde-verlag, Berlin.
DIN VDE 0102	Berechnung von Kurzschlußströmen in Drehstromnetzen; vde-verlag, Berlin.
Normen der Reihe DIN VDE 0108	Starkstromanlagen und Sicherheitsstromversorgung in baulichen Anlagen für Menschenansammlungen; vde-verlag, Berlin.

DIN VDE 0211	Bau von Starkstrom-Freileitungen mit Nennspannungen bis 1000 V; vde-verlag, Berlin.
Normen der Reihe DIN VDE 0250	Isolierte Starkstromleitungen; vde-verlag, Berlin.
Normen der Reihe DIN VDE 0281	PVC-isolierte Starkstromleitungen; vde-verlag, Berlin.
Normen der Reihe DIN VDE 0282	Gummi-isolierte Starkstromleitungen; vde-verlag, Berlin.
DIN VDE 0298 Teil 1	Verwendung von Kabeln und isolierten Leitungen für Starkstromanlagen; Allgemeines für Kabel mit Nennspannungen U_0/U bis 18/30 kV; vde-verlag, Berlin.
DIN VDE 0298 Teil 2	–; Empfohlene Werte für die Strombelastbarkeit von Kabeln mit Netzspannungen U_0/U bis 18/30 kV; vde-verlag, Berlin.
DIN VDE 0298 Teil 3	–; Allgemeines für Leitungen; vde-verlag, Berlin.
DIN VDE 0298 Teil 4	–; Empfohlene Werte für die Strombelastbarkeit von Leitungen; vde-verlag, Berlin.
E DIN VDE 0298 Teil 4 A 1	–; Empfohlene Werte für die Strombelastbarkeit von Leitungen; Änderung 1; vde-verlag, Berlin.
DIN VDE 0413 Teil 3	VDE-Bestimmung für Geräte zum Prüfen der Schutzmaßnahmen in elektrischen Anlagen; Schleifenwiderstandsmeßgeräte; vde-verlag, Berlin.
DIN VDE 0623 a	Bestimmungen für Industriesteckvorrichtungen bis 200 A und 750 V – Änderung a; vde-verlag, Berlin.
DIN VDE 0636 Teil 1	Niederspannungssicherungen; Allgemeine Festlegungen; vde-verlag, Berlin.
DIN VDE 0636 Teil 21	–; NH-System; Kabel und Leitungsschutz bis 1260 A und ~ 500 V; = = = 440 V sowie ~ 660 V; vde-verlag, Berlin.
E DIN VDE 0636 Teil 21 A 4	–; Änderung 4; vde-verlag, Berlin.
DIN VDE 0636 Teil 31	–; D-System; Kabel- und Leitungsschutz bis 100 A und 500 V bzw. bis 63 A und ~ 660 = = = V; vde-verlag, Berlin.
E DIN VDE 0636 Teil 31 A 3	–; Änderung 3; vde-verlag, Berlin.
DIN VDE 0636 Teil 41	–; D0-System; Kabel- und Leitungsschutz bis 100 A und ~ 380 V ——— 250 V; vde-verlag, Berlin.
E DIN VDE 0636 Teil 41 A 3	–; Änderung 3; vde-verlag, Berlin.
E DIN VDE 0636 Teil 104	Allgemeine Anforderungen; identisch mit IEC 269-1; Ausgabe 1986; vde-verlag, Berlin.
DIN VDE 0641	Leitungsschutzschalter bis 63 A Nennstrom, 415 V Wechselspannung; vde-verlag, Berlin.

DIN VDE 0641 A1 –; Änderung 4; Auslösecharakteristiken B und C; vde-verlag, Berlin.

E DIN VDE 0641 Teil 1 Leitungsschutzschalter für Wechselstrom; IEC 898, modifiziert; vde-verlag, Berlin.

DIN VDE 0641 Teil 2 Leitungsschutzschalter bis 63 A Nennstrom und bis 440 V Gleichspannung; vde-verlag, Berlin.

DIN VDE 0641 Teil 3 Leitungsschutzschalter bis 63 A Nennstrom, bis 415 V Wechselspannung und bis 440 V Gleichspannung; vde-verlag, Berlin.

DIN VDE 0660 Teil 101 Schaltgeräte; Niederspannung-Schaltgeräte; vde-verlag, Berlin.

DIN VDE 0660 Teil 104 –; Niederspannungs-Motorstarter; Wechselstrom-Motorstarter bis 1000 V zum direkten Einschalten (unter voller Spannung); vde-verlag, Berlin.

DIN VDE 0660 Teil 500 –; Niederspannung-Schaltgerätekombination; vde-verlag, Berlin.

Technische Anschlußbedingungen für den Anschluß an das Niederspannungsnetz (TAB); VWEW-Verlag, Frankfurt; EVU.

HEA-Bilderdienstblatt 3.2.3: Serie Schutzmaßnahmen; Schutz von Leitungen und Kabeln gegen zu hohe Erwärmung; VWEW-Verlag, Frankfurt.

Harms, G.: Belastbarkeit elektrischer Leitungen in wärmedämmenden Wänden; etz Elektrotechnische Zeitschrift 110 (1989), Heft 9, Seiten 414 bis 480; vde-verlag, Berlin.

Haufe, H.: Auswahl der Schutzeinrichtungen für den Schutz bei Überlast und Kurzschluß; de/der elektromeister + deutsches elektrohandwerk, Heft 5/1989, Seiten 279 bis 281; Hüthig & Pflaum Verlag, München/Heidelberg.

Krefter, K. H.; Niemand, Th.: Strombelastbarkeit elektrischer Leitungen bei unterschiedlichen Verlegearten; etz Elektrotechnische Zeitschrift 110 (1989), Heft 18, Seiten 964 bis 973; vde-verlag, Berlin.

Menges, H.: Mehr Sicherheit durch Sicherungsautomaten in der Industrie; Der Elektriker, Heft 5 1987; VWEW-Verlag, Frankfurt.

Menges, H.: Neue Auslösecharakteristiken für Sicherungsautomaten; Strompraxis 2/1989; VWEW-Verlag, Frankfurt.

Runtsch, E.: Die Zuordnung von Sicherungsautomaten für den Leitungsschutz; de/der elektromeister + deutsches elektrohandwerk, Heft 5/1989, Seiten 282 bis 290; Hüthig & Pflaum Verlag, München/Heidelberg.

Siemens AG (Herausgeber): Schalten, Schützen, Verteilen in Niederspannungsnetzen – Handbuch mit Auswahlkriterien und Projektierungshinweisen für Schaltgeräte, Schaltanlagen und Verteiler; Siemens Aktiengesellschaft, Erlangen, 2. Auflage 1990.

Spindler, U.: Moderner Leitungsschutz; etz Elektrotechnische Zeitschrift 109 (1988), Heft 18, Seiten 830 bis 835; vde-verlag, Berlin.

Spindler, U.: Schutz von Kabeln und Leitungen bei Überstrom – DIN VDE 0100 Teil 430; Elektropraktiker, Heft 6/1991, Seiten 371 bis 376.

Winkler, A.: Belastbarkeit von NYM-Leitungen bei horizontaler Einzelverlegung; etz Elektrotechnische Zeitschrift 109 (1988), Heft 18, Seiten 836 bis 839; vde-verlag, Berlin.

6 Stichwortverzeichnis

Anordnung von Überstrom-Schutzeinrichtungen 113 ff., 120, 176 ff.
Ansprechstrom (siehe Auslösestrom)
Aufgewickelte Leitungen 38
Auslösecharakteristik 69 ff., 105 ff., 130
Auslösestrom 13, 87 ff.
Ausschaltzeit 125 ff., 138 ff., 184
Ausschaltvermögen (siehe Schaltvermögen)
Aussetzbetrieb 55, 118
Auswahl von Überstrom-Schutzeinrichtungen 99 ff.

Back-up-Schutz 68, 83
Belastbarkeit (siehe Strombelastbarkeit)
Belastete Adern 30, 36
Beleuchtungsstromkreis 98
Betriebsart 23
Betriebsbedingungen 19, 23 ff.
— Betriebsart 23
— Umgebungsbedingungen 33
— Verlegebedingungen 24 ff.
Betriebsklasse 64
Betriebsstrom 13, 87
Bündelung (siehe Häufung)

Dauerbetrieb 23
Doppelerdschluß 193
Dreieckdiagramm 168
Durchlaßenergie 63, 71, 131 ff., 186

Elektrowärmegeräte 118
Erdschlußsicher 115, 178, 182
Erregerstromkreise von umlaufenden Maschinen 121, 183

Feuer- und explosionsgefährdete Räume 119, 178
Funktionsklasse 64

Gemeinsame Schutzeinrichtung 111, 138, 186
Getrennte Schutzeinrichtungen 186
Großer Prüfstrom 68, 87 ff.

Häufung von Kabeln und Leitungen 19, 36
Hilfsstromkreise 119

$I^2 \cdot t$-Wert 63, 71, 131 ff.
Isolationsüberwachung im IT-System 120 ff.
Isolierwerkstoff 20

$k^2 \cdot S^2$-Wert 134, 173
Kleiner Prüfstrom 68
Konventionelle Prüfdauer 68
Kurzschluß 13
Kurzschlußsicher 115, 178, 182
Kurzschlußstrom 13, 124
Kurzschlußschutz 63, 124 ff.
— Koordinieren mit Überlastschutz 186
Kurzschlußtemperatur 124 ff.
Kurzschlußzeit 125 ff., 138 ff.
Kurzzeitbetrieb 55, 118

Leistungsschalter 84 ff.
Leitertemperatur (siehe zulässige Betriebstemperatur)
Leiterwiderstandsbeläge 170
Leitungen im Innern von Geräten 61
Leitungsaufbau 19
Leitungsschutzschalter 68 ff.
Leitungsschutzsicherungen 63 ff.
— Bauart 64
— Betriebsklasse 64
— Funktionsklasse 64

Materialbeiwert k 126 ff.
Materialkoeffizient k (siehe Materialbeiwert)
Maximal zulässige Leitungslängen 138 ff.
Mehrmotorenbetrieb 56
Meßstromkreise 182

Nennstrom der Schutzeinrichtung 13
Netzformen 187 ff.

Netzimpedanz 138
Neutralleiter 191, 193
Nutzungsgrad N 99ff.

Öffentliche Verteilungsnetze 119

Parallel geschaltete Leiter 108, 182, 183
Prüfstrom
— großer 68, 87ff.
— kleiner 68

Reduzierfaktoren (siehe Umrechnungsfaktoren)
Referenz-Verlegearten 25, 26, 28

Schaltvermögen 68, 82, 137
Schleifenimpedanz 139ff.
Schutz bei Kurzschluß 18
Schutz der Außenleiter 189
Schutz der Neutralleiter 190
Schutz nach Art der Stromkreise 187ff.
Schutzeinrichtung (siehe Überstrom-Schutzeinrichtungen)
Schutzgrad S 102ff.
Selektivitätsklasse 71, 83, 176
Sekundärstromkreise von Stromwandlern 121
Sonneneinstrahlung 19
Speisestromkreise von Hubmagneten 121f.
Steckdosenstromkreise 98
Strombegrenzende Leitungsschutzschalter 70, 132ff., 174ff.
Strombelastbarkeit 14
— Einflußgrößen 18ff.
— Physikalische Grundlagen 15ff.
— von flexiblen Leitungen 50ff.
— von im Erdreich verlegten Kabeln 51
— von Kabeln und Leitungen für feste Verlegung 42ff.
— von Leitungen mit erhöhter Wärmebeständigkeit 51
— von Leitungen und Kabeln in Sonderfällen 51
— Werte 41ff., 91ff.
Stromkraftermittlung 177
Stromkreise, die der Sicherheit dienen 121f.
Stromschienensysteme 60
Stromwärme 15ff., 124ff.

Temperaturdifferenz 16

Überlastschutz 63, 86ff.
— Koordinieren mit Kurzschlußschutz 186
Überlaststrom 14
Überstrom 14
Überstrombegrenzung 187
Überstromerfassung 191
Überstrom-Schutzeinrichtungen 14
— Anordnung 113ff., 120, 176
— Ausschaltvermögen 137
— Auswahl 99ff.
— Gemeinsame 111, 138, 186
— Getrennte 186
— Leistungsschalter 84ff.
— Leitungsschutzsicherungen 63ff.
— Leitungsschutzschalter 68ff.
— Versetzen 114ff., 178ff.
— Verzicht 116ff., 182, 183, 187
— Wegfall aus Sicherheitsgründen 121ff.
— Wegfall im IT-System 120
— Zeit/Strom-Diagramme 65ff., 127ff.
— Zuordnung 87ff., 105ff.
Umgebungsbedingungen 23, 33ff.
— Lufttemperaturerhöhung 35
— Umgebungstemperatur 17, 19, 30ff., 42, 92ff.
— Wärmestrahlung 40
Umgebungstemperatur 17, 19, 30ff., 42, 92ff.
Umrechnungsfaktoren für
— aufgewickelte Leitungen 38
— Häufung 36ff.
— Strombelastbarkeit 30ff.

VDEW/ZVEH-Papier 48, 96ff.
Verlegearten (siehe Verlegebedingungen)
Verlegebedingungen 23ff.
Verlustwärme 15, 19, 35
Versetzen von Überstrom-Schutzeinrichtungen 114ff., 178ff.
Verzicht auf Überstrom-Schutzeinrichtungen 116ff., 182f., 187
Vollkommener Kurzschlußstrom 135ff.

Wärmekapazität 124ff.
Wärmeleistung 15
Wärmemenge 15, 63, 124, 126
Wärmespannung 16
Wärmestrahlung 40
Wärmeströmung 16

Wärmewiderstand 16, 19
Werkstoffeigenschaften 19
Wirkwiderstand 19

Zeit/Strom-Diagramm 65ff., 127ff.
Zulässige Betriebstemperatur 14, 18f., 30
Zulässige Kurzschlußtemperatur 14, 126
Zuordnung von Überstrom-Schutzeinrichtungen 87ff., 105ff.
Zuordnungsbedingungen 87ff., 105ff.
Zuordnungstabelle 91ff.

VDE-Schriftenreihe

Band 1	Wo steht was im VDE-Vorschriftenwerk? 1992, **ISBN 3-8007-1851-0**	**DM 15,–**
Band 6	Erläuterungen zu den VDE-Bestimmungen für Antennenanlagen DIN VDE 0855 mit Berechnungsbeispielen, **ISBN 3-8007-1430-2**	**DM 19,80**
Band 10	Erläuterungen zu den VDE-Bestimmungen für umlaufende elektrische Maschinen DIN 57 530/VDE 0530, **ISBN 3-8007-1378-0**	**DM 28,70**
Band 11	Errichten von Starkstromanlagen mit Nennspannungen über 1kV, **ISBN 3-8007-1545-7**	**DM 19,–**
Band 12	Erläuterungen zur VDE-Bestimmung für Leuchten mit Betriebsspannungen unter 1000 V und deren Installation, VDE 0710 Teile 1 bis 15, **ISBN 3-8007-1194-X**	**DM 25,–**
Band 13	Betrieb von Starkstromanlagen – Allgemeine Festlegung, Erläuterungen zu DIN VDE 0105 Teil 1/07.83, **ISBN 3-8007-1463-9**	**DM 24,80**
Band 15	Kurzzeichen an elektrischen Betriebsmitteln, Kennzeichen und graphische Symbole an Geräten und Bauteilen für Anlagenbauer, **ISBN 3-8007-1749-2**	**DM 39,–**
Band 16	Funk-Entstörung von elektrischen Betriebsmitteln und Anlagen, Erläuterungen zu DIN VDE 0875, **ISBN 3-8007-1708-5**	**DM 25,–**
Band 17	Starkstromanlagen in Krankenhäusern und in anderen medizinischen Einrichtungen, Erläuterungen zu DIN VDE 0107, **ISBN 3-8007-1584-8**	**DM 29,–**
Band 23	Zertifizierungsregister 1991, **ISBN 3-8007-1785-9**	**DM 74,–**
Band 26	Elektrische Ausrüstung von Industriemaschinen, Erläuterungen zu DIN VDE 0113 Teil 1/02.86, **ISBN 3-8007-1432-9**	**DM 29,50**
	English translation: Electrical Equipment of Industrial Machines, Explanatory Notes to DIN VDE 0113 Part 1/02.86, **ISBN 3-8007-1814-6**	**DM 59,–**
Band 28	Einführung in die DIN VDE 0660 Teil 500, Schaltgeräte, Niederspannung-Schaltgeräte-kombinationen (inkl. Ergänzung von 1992: Anmerkungen zur Neuausgabe DIN VDE 0660 Teil 500: 04.91 und Teil 507: 04.91, EN 60439 Teil 1: 1990 und HD 528 S1, **ISBN 3-8007-1456-6**	**DM 54,–**
Band 32	Schutz von Kabeln und Leitungen bei Überstrom, DIN VDE 0100 Teil 430 mit Beiblatt, DIN VDE 0298, **ISBN 3-8007-1798-0**	**DM 25,–**
Band 33	Internationales Register von Firmenkennfäden und Firmenkennzeichen für Kabel und isolierte Leitungen, **ISBN 3-8007-1418-3**	**DM 67,–**
Band 34	Mechanismus der Gewitter und Blitze, **ISBN 3-8007-1433-7**	**DM 20,–**
Band 35	Potentialausgleich, Fundamenterder, Korrosionsgefährdung, DIN VDE 0100, DIN VDE 0190 und viele mehr, **ISBN 3-8007-1512-0**	**DM 29,50**
Band 36	Prüfung der Schutzmaßnahmen, Erstprüfungen nach DIN VDE 0100 Teil 600 und Wiederholungsprüfungen, **ISBN 3-8007-1598-8**	**DM 26,–**
Band 38	Erläuterungen zur VDE-Bestimmung für den Schutz von Fernmeldeanlagen gegen Überspannungen DIN 57 845/VDE 0845/04.76, **ISBN 3-8007-1206-7**	**DM 19,80**
Band 40	Lexikon der Elektrotechnik – Definitionen des VDE-Vorschriftenwerks, **ISBN 3-8007-1284-9**	**DM 54,60**
Band 41	Lexikon der Nachrichtentechnik – Definitionen der Begriffe der Nachrichtentechnik in den NTG-Empfehlungen, **ISBN 3-8007-1441-8**	**DM 46,50**
Band 42	Elektrische Anlagen auf Baustellen, Erläuterungen zu DIN VDE 0100 Teil 704/11.87, **ISBN 3-8007-1564-3**	**DM 25,–**
Band 43	VDE-Prüfung nach Forderung der VBG 4, **ISBN 3-8007-1578-3**	**DM 48,–**
Band 44	Blitzschutzanlagen – Erläuterungen zu DIN 57 185/VDE 0185, **ISBN 3-8007-1303-9**	**DM 24,–**
Band 45	Elektro-Installation in Wohngebäuden, Handbuch für die Installationspraxis, **ISBN 3-8007-1715-8**	**DM 34,–**
Band 47	Sicherheitstechnische Prüfungen in elektrischen Anlagen mit Spannungen bis 1000 V, Erläuterungen zu DIN VDE 0100, 0105, 0107, 0108, 0165 und 0701, **ISBN 3-8007-1670-4**	**DM 98,–**
Band 48	Arbeitsschutz in elektrischen Anlagen, DIN VDE 0105, 0680 0681, 0682, 0683, **ISBN 3-8007-1619-4**	**DM 26,–**
Band 50	Einführung in das VDE-Vorschriftenwerk, **ISBN 3-8007-1252-0**	**DM 5,–**
Band 51	Tabellen und Diagramme für die Elektrotechnik – aus dem VDE-Vorschriftenwerk ausgewählt, **ISBN 3-8007-1434-5**	**DM 78,–**
Band 54	Sicherheit in der Fernmelde- und Informationstechnik, **ISBN 3-8007-1716-6**	**DM 28,–**
Band 55	Sicherheit in der Büro- und Informationstechnik, Erläuterungen zu DIN VDE 0805/ 05.90, **ISBN 3-8007-1709-3**	**DM 25,–**
Band 56	Isolationskoordination in Niederspannungsanlagen, Erläuterungen zu DIN VDE 0110, **ISBN 3-8007-1710-1**	**DM 18,–**
Band 57	The physical fundamentals of low-voltage insulation co-ordination, (English translation of VDE-Schriftenreihe Band 56), **ISBN 3-8007-1745-X**	**DM 19,80**
Band 60	Elektrische Ausrüstung von Hebezeugen, Erläuterungen zu DIN VDE 0100 Teil 726, **ISBN 3-8007-1793-X**	**DM 27,80**
Band 91	Jahrbuch zum VDE-Vorschriftenwerk 1991, **ISBN 3-8007-1769-7**	**DM 48,–**